大数据处理框架 Apache Spark 设计与实现

许利杰　方亚芬　著

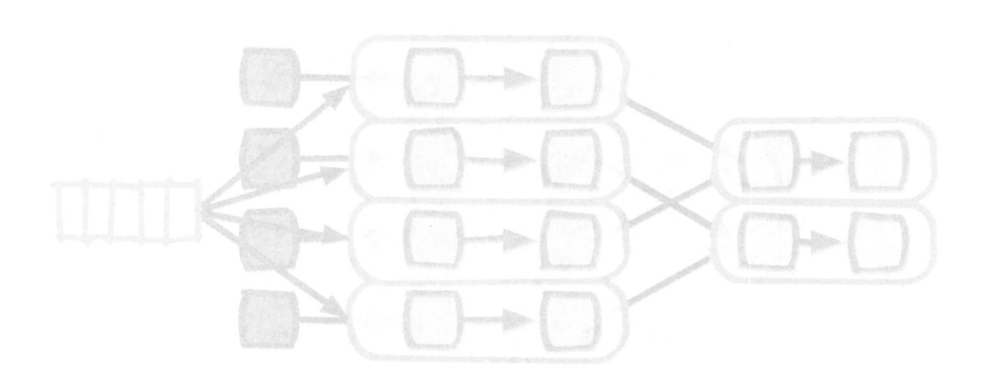

電子工業出版社
Publishing House of Electronics Industry
北京•BEIJING

内 容 简 介

近年来，以Apache Spark为代表的大数据处理框架在学术界和工业界得到了广泛的使用。本书以Apache Spark框架为核心，总结了大数据处理框架的基础知识、核心理论、典型的Spark应用，以及相关的性能和可靠性问题。本书分9章，主要包含四部分内容。

第一部分　大数据处理框架的基础知识（第1～2章）：介绍大数据处理框架的基本概念、系统架构、编程模型、相关的研究工作，并以一个典型的Spark应用为例概述Spark应用的执行流程。

第二部分　Spark大数据处理框架的核心理论（第3～4章）：介绍Spark框架将应用程序转化为逻辑处理的流程，进而转化为可并行执行的物理执行计划的一般过程及方法。

第三部分　典型的Spark应用（第5章）：介绍迭代型的Spark机器学习应用和图计算应用。

第四部分　大数据处理框架性能和可靠性保障机制（第6～9章）：介绍Spark框架的Shuffle机制、数据缓存机制、错误容忍机制、内存管理机制等。

本书将帮助大数据系统的用户、开发者、研究人员等从理论层和实现层深入理解大数据处理框架，也帮助其对大数据处理框架进一步优化改进。

图书在版编目（CIP）数据

大数据处理框架Apache Spark设计与实现 / 许利杰，方亚芬著. —北京：电子工业出版社，2020.8

ISBN 978-7-121-39171-2

Ⅰ. ①大… Ⅱ. ①许… ②方… Ⅲ. ①数据处理软件 Ⅳ. ①TP274

中国版本图书馆CIP数据核字（2020）第111059号

责任编辑：孙学瑛　　　　特约编辑：田学清
印　　刷：北京天宇星印刷厂
装　　订：北京天宇星印刷厂
出版发行：电子工业出版社
　　　　　北京市海淀区万寿路173信箱　　　邮编：100036
开　　本：787×980　1/16　印张：17.25　字数：355.2千字
版　　次：2020年8月第1版
印　　次：2024年1月第9次印刷
定　　价：106.00元

凡所购买电子工业出版社图书有缺损问题，请向购买书店调换。若书店售缺，请与本社发行部联系，联系及邮购电话：（010）88254888，88258888。

质量投诉请发邮件至 zlts@phei.com.cn，盗版侵权举报请发邮件至 dbqq@phei.com.cn。

本书咨询联系方式：010-51260888-819，faq@phei.com.cn。

前　言

近年来，大数据凭借其数据量大、数据类型多样、产生与处理速度快、价值高的“4V”特性成为学术界和工业界的研究热点。由于传统软件难以在可接受的时间范围内处理大数据，所以学术界和工业界研发了许多分布式的大数据系统来解决大规模数据的存储、处理、分析和挖掘等问题。

关于 Apach Spark

2003—2006 年，Google 在计算机系统领域会议 SOSP/OSDI 上发表了 *Google File System*、*MapReduce*、*BigTable* 3 篇重量级的系统论文，分别讨论了大规模数据如何存储、处理及结构化组织。之后，Apache Hadoop 社区对这些论文进行了开源实现，开发了 HDFS 分布式文件系统、Hadoop MapReduce 大数据处理框架和 HBase 分布式 Key-Value 数据库，大大降低了大数据应用开发、运行及数据存储管理的难度。这些系统被广泛应用于互联网、电信、金融、科研等领域，以进行大规模数据存储与处理。

对于大数据处理框架来说，MapReduce 成功地将函数式编程思想引入分布式数据处理中，仅仅用两个函数（map() 和 reduce()）就解决了一大类的大数据处理问题，而且不要求用户熟悉分布式文件系统。然而，随着大数据应用越来越多，处理性能的要求越来越高，MapReduce 的一些缺点也显现出来。例如，MapReduce 编程模型的表达能力较弱，仅使用 map() 和 reduce() 两个函数难以实现复杂的数据操作；处理流程固定，不容易实现迭代计算；基于磁盘进行数据传递，效率较低。这些缺点导致使用 MapReduce 开发效率较低、执行复杂的数据处理任务的性能也不高。

为了解决这些问题，微软在 2008—2009 年研发了 Dryad/DryadLINQ，其中 Dryad 类似 MapReduce，但以有向无环图（Directed Acycline Graph，DAG）形式的数据流取代了 MapReduce 固定的 map-reduce 两阶段数据流，处理流程更通用，支持复杂的数据处理任务。DryadLINQ 为 Dryad 提供了高层编程语言，将更多的函数式编程思想（来源于 C# 的 LINQ）引入编程模型中，表达能力更强，如容易实现 join() 等操作。然而，由于 Dryad/DryadLINQ 在当时没有开源，所以没有得到大规模使用。

鉴于 MapReduce、Dryad 等框架存在一些问题，2012 年，UC Berkeley 的 AMPLab 研发并开源了新的大数据处理框架 Spark。其核心思想包括两方面：一方面对大数据处理框架的输入 / 输出、中间数据进行建模，将这些数据抽象为统一的数据结构，命名为弹性分布式数据集（Resilient Distributed Dataset，RDD），并在此数据结构上构建了一系列通用的数据操作，使得用户可以简单地实现复杂的数据处理流程；另一方面采用基于内存的数据聚合、数据缓存等机制来加速应用执行，尤其适用于迭代和交互式应用。Spark 采用 EPFL 大学研发的函数式编程语言 Scala 实现，并且提供了 Scala、Java、Python、R 四种语言的接口，以方便开发者使用熟悉的语言进行大数据应用开发。

经过多年的发展，Spark 也与 Hadoop 一样构建了完整的生态系统。Apache Spark 生态系统以 Spark 处理框架为核心，在上层构建了面向 SQL 语言的 Spark SQL 框架、面向大规模图计算的 GraphX 框架、面向大规模机器学习的 MLlib 框架及算法库，以及面向流处理的 Spark Streaming 框架；在下层，Spark 及其关联社区也推出了相关存储系统，如基于内存的分布式文件系统 Alluxio、支持 ACID 事务的数据湖系统 Delta Lake 等。由于整个 Spark 生态系统中包含的系统和框架众多，本书主要关注生态系统中核心的 Spark 处理框架本身。下面介绍本书的一些基本信息。

本书的写作目的及面向的读者

本书的写作目的是以 Spark 框架为核心，总结大数据处理框架的设计和实现原理，包括框架设计中面临的基本问题、可能的解决方案、Spark 采用的方案、具体实现方法，以及优缺点等。与机器学习等领域有成熟的理论模型不同，大数据处理框架并没有一个完整的理论模型，但是具有一些系统设计模型及设计方案，如编程模型、逻辑处理流程、物理执行计划及并行化方案等。这些模型及方案是研究人员和工程师在实践中经过不断探索和改进得到的实践经验。本书的目的是将这些宝贵经验抽象总结为系统设计模型和方案，帮助读者从理论层和实现层深入理解大数据处理框架，具体体现如下。

（1）帮助读者理解 Spark 应用，以及与 Spark 关联的上下层框架。 Spark 等大数据处理框架只将数据接口和操作接口暴露给用户，用户一般不了解应用程序是如何被转化为可分布执行任务的，以及任务是如何执行的。本书详细总结了 Spark 框架将应用程序转化为逻辑处理流程，并进一步转化为物理执行计划的一般过程。理解这个过程将帮助读者理解更复杂的 Spark 应用，如在第 5 章中介绍的迭代型机器学习应用和图计算应用。同时，理解 Spark 的设计与实现原理也有助于理解 Spark 生态圈中的上下层框架之间的关系，如 Spark SQL、MLlib、GraphX 是如何利用 Spark 框架来执行 SQL、机器学习和图计算任务的。

（2）**帮助读者开发性能更好、可靠性更高的大数据应用**。用户在运行大数据应用时，经常面临应用执行效率低下、无响应、I/O 异常、内存溢出等性能和可靠性问题。本书讲述了与 Spark 框架性能和可靠性相关的 Shuffle 机制、数据缓存机制、错误容忍机制、内存管理机制等。理解 Spark 应用性能和可靠性的影响因素，帮助读者在运行 Spark 应用时进行参数调优，有助于更好地利用数据缓存来提升应用性能，同时合理利用数据持久化机制来减少执行错误、内存溢出等可靠性问题。

（3）**帮助读者对 Spark 等大数据框架进行进一步优化和改进**。在实际使用大数据处理框架的过程中，开发者经常会因为软硬件环境、数据特征、应用逻辑、执行性能的特殊需求，需要对 Spark 框架的部分功能进行优化改进。例如，在内存较小的集群上运行需要对内存管理进行改进，经常出现网络阻塞时需要对 Shuffle 机制进行改进，针对一些特殊应用需要开发新的数据操作等。要对 Spark 框架进行改进，不仅需要非常了解 Spark 框架的设计和实现原理，还需要清楚改进后可能出现的正确性和可靠性问题。本书对 Spark 设计和实现过程中的问题挑战、解决方案、优缺点的阐述将帮助开发者和研究人员对框架进行优化改进。

因此，我们相信，本书对于大数据处理框架的用户、开发者和研究人员都会有一定的帮助。

本书的主要内容

本书主要介绍 Apache Spark 大数据处理框架的设计和实现原理，附带讨论与 Hadoop MapReduce 等框架的优缺点对比。全书分 9 章，主要包含以下四部分内容。

第一部分　大数据处理框架的基础知识。第 1 章介绍大数据处理框架的基本概念、系统架构，以及与其相关的研究工作。第 2 章概览 Spark 的系统架构、编程模型，并以一个典型的 Spark 应用为例概述 Spark 应用的执行流程。Spark 初学者可以直接从第 2 章开始阅读。

第二部分　Spark 大数据处理框架的核心理论。该部分包括两章，主要介绍 Spark 如何将应用程序转化为可以分布执行的计算任务。其中，第 3 章介绍 Spark 将应用程序转化为逻辑处理流程的一般过程及方法，并对常用的数据操作进行详细分析。第 4 章讨论 Spark 将逻辑处理流程转化为物理执行计划的一般过程及方法，以及常用的数据操作形成的计算任务。

第三部分　典型的 Spark 应用。第 5 章介绍复杂的迭代型 Spark 应用，包括迭代型机器学习应用和图计算应用，以及这些应用的并行化方法。这些应用也进一步验证了 Spark 框架的通用性。

第四部分　大数据处理框架性能和可靠性保障机制。该部分主要探究 Spark 框架性能和可靠性相关的技术，其中包括第 6 章的 Shuffle 机制、第 7 章的数据缓存机制、第 8 章的错误容忍机制及第 9 章的内存管理机制。

本书特点

本书注重设计原理和实现方案的阐述，写作方式考虑了技术深度、研究价值、易读性等因素，具体特点如下。

（1）采用问题驱动的阐述方式。本书在章节开头或者中间引入 Spark 设计和实现过程中面临的挑战性问题（Problems），然后将这些问题拆分为子问题逐步深入讨论可能的解决方案（Potential Solutions），最后介绍为什么 Spark 会使用当前的解决方案（Why）及具体是如何实现的（How）。这种表述方式可以让读者"知其然"，并且"知其所以然"，也就是让读者既从使用者角度又从设计者角度来理解大数据处理框架中的基本问题、基本设计方法及实现思想。

（2）强调基本原理的阐述。本书着重介绍 Spark 设计和实现的基本原理，不具体展示代码实现的细节。这样做的第一个原因是，其基本原理是对代码的高层抽象，对大数据框架的用户、开发者和研究人员来说，原理更重要、更容易理解。第二个原因是，代码在不断优化更新，而基本原理比较稳定。本书也可以看作从 Spark 代码中抽象出概要设计和详细设计。

（3）图文并茂，容易理解。本书将复杂的设计和实现逻辑抽象为图例，并通过文字描述和实例来方便读者理解复杂的设计方案和执行过程。对于一些复杂的问题，本书还进行了分类讨论，使技术内容更具有逻辑性、更容易被理解。

（4）**具有一定的学术研究价值。**本书讨论了 Spark 设计与实现过程中存在的一些挑战性问题及当前解决方案的不足，同时也探讨了一些相关的研究工作，并在必要时与 Hadoop 进行了对比。这些讨论将有助于读者研究和优化改进大数据处理框架。

Spark 版本与 API 问题

本书以 Spark 2.4.3 版和 RDD API 为基础进行编写。实际上，从 Spark 2.0 版到未来的 Spark 3.0 版，Spark 社区推荐用户使用 DataSet、DataFrame 等面向结构化数据的高层 API（Structured API）来替代底层的 RDD API，因为这些高层 API 包含更多的数据类型信息（Schema），支持 SQL 操作，并且可以利用经过高度优化的 Spark SQL 引擎来执行。然而，由于以下几个原因，本书使用 RDD API 来探讨 Spark 的设计原理和实现。

（1）**RDD API 更基础，更适合分析大数据处理框架中的一些基本问题和原理。**相比 DataSet、DataFrame 数据结构，RDD API 的数据结构更简单和通用，更适合用来展示一些基本概念和原理，如数据分区方法、每个数据操作的执行过程（生成什么样的 RDD API、建立什么样的数据依赖关系），以及执行阶段划分方法、任务划分方法等。而且，RDD API 包含更多的数据操作类型，可以用来展示更丰富的数据依赖关系、逻辑处理流程等。

（2）**学习 RDD API 及其执行原理，帮助读者理解高层 API 和 Spark SQL 执行引擎。**由于 Spark SQL 执行引擎采用了许多数据库、分布式系统、编译等领域的优化技术，其将应用程序（使用 DataSet/DataFrame API 编写）转化为物理执行计划的过程比较复杂。本书讲解了“**RDD API 应用程序—逻辑处理流程—物理执行计划**”的基本转化过程，帮助读者进一步学习和理解更复杂的 Spark SQL 转化过程。读者可以参阅 Bill Chambers 和 Matei Zaharia 合著的 *Spark: The Definitive Guide*，学习 DataSet、DataFrame API 的具体使用方法，也可以参阅朱锋、张韶全、黄明合著的《Spark SQL 内核剖析》，进一步学习 Spark SQL 引擎的执行过程和具体实现。

（3）**上层框架（如 MLlib、GraphX）中有很多代码使用 RDD API，**学习原生的 RDD API 有助于在分布式层面理解数据和计算的抽象表达，也有助于理解图计算应用和机器学习应用中的数据分区（如边划分、点划分），以及计算任务划分方法（如数据并行等）。

另外，在未来的 Spark 3.0 版本中还会有一些新的特性，如支持 GPU 调度、SQL 自适应查询执行等。如果有机会，我们会在本书的下一版中探讨更多关于 Spark SQL 执行引擎的设计原理，以及这些新特性。

与 SparkInternals 技术文档的关系

有些读者可能看过我们在 2015 年撰写并在 GitHub 上公开的 SparkInternals 技术文档。该文档介绍了 Spark 1.0 与 Spark 2.0 版本的设计原理和实现，迄今已收到 4000 多颗 stars、1500 次 forks，也被翻译为英文、日文和泰文，受到很多大数据工程师和研究人员的关注。

不过，SparkInternals 技术文档中总结的设计原理不够完整和深入，而且后几章中涉及的实现细节也较多（包含一些实现细节代码）。由于这本书的目的是总结设计原理和实现，所以并没有使用太多 SparkInternals 技术文档中的内容，而是按照“**问题—解决方案— Spark 采用的方案—实现—优缺点**”的逻辑重新撰写了相关章节，只是使用了 SparkInternals 技术文档中的部分图例。当然，如果读者想要了解一些实现细节和代码，也可将 SparkInternals 技术文档作为本书的补充资料。

我们在 GitHub 上建立了一个名为 ApacheSparkBook 的公开项目，将本书设计的示例代码和高清图片放到了项目中（项目地址为 https://github.com/JerryLead/ApacheSparkBook）。读者可以在项目中进行提问，方便我们解答问题或勘误。

由于作者水平和经验有限，本书的错漏和不足之处欢迎广大读者朋友批评指正，可以将意见提交到 GitHub 项目中或者通过电子邮件（csxulijie@gmail.com）联系作者。

在本书写作过程中，作者得到了所在单位（中国科学院软件研究所）诸多老师的关注和支持，在此感谢魏峻、武延军、王伟等老师提供的科研工作环境。作者的研究工作受到国家自然科学基金（61802377），以及中国科学院青年创新促进会的项目支持。

感谢参与本书初稿讨论和审阅的各位朋友，包括亚马逊的纪树平博士、腾讯的朱锋博士、阿里巴巴的沈雯婷、中国科学院软件研究所的李慧、王栋、叶星彤、康锴等同学，以及 Databricks 的 Xiao Li 博士及其团队。同时，也感谢广大读者对 GitHub 上 SparkInternals 技术文档的支持和反馈意见。

电子工业出版社的孙学瑛编辑及其团队在本书的审校、排版、出版发行过程中付出了巨大努力，在此表示由衷感谢！

最后，感谢家人及朋友对作者一如既往的支持。

目　录

第一部分　大数据处理框架的基础知识

第二部分　Spark 大数据处理框架的核心理论

第三部分　典型的 Spark 应用

第四部分　大数据处理框架性能和可靠性保障机制

读者服务

微信扫码回复：39171

- 获取博文视点学院 20 元付费内容抵扣券
- 获取免费增值资源
- 加入读者交流群，与更多读者互动
- 获取精选书单推荐

第一部分
大数据处理框架的基础知识

第1章 大数据处理框架概览

本章主要介绍大数据处理框架的基本概念，包括大数据的概念、大数据处理框架的概念及其发展历程。其中还介绍了大数据处理框架的编程模型和大数据应用运行时的四层结构，即用户层、分布式数据并行处理层、资源管理与任务调度层、物理执行层。在介绍这些技术内容的同时会总结相关的研究工作，扩充大数据处理框架的知识内容。

1.1 大数据及其带来的挑战

大数据越来越成为工业界和学术界的重要研究对象。企业和科研机构需要收集和处理大量数据，进而从大数据中获取知识或经济效益。例如，搜索引擎每天都在收集、处理、分析海量的网页及多媒体数据，并对外提供数据查询服务；社交网站每天记录大量的用户数据，组织形成虚拟的人际网络，提供社交和通信等服务；商业智能公司分析企业生产和销售的数据，为企业提供商务决策支持；学术研究机构也在天文、地理、物理、化学、生命科学等领域不断积累大量的实验数据，并从中分析挖掘各种科学知识。

互联网、云计算、物联网等技术的发展使得数据的产生速度越来越快、数据规模越来越大、数据类型越来越多。例如，社交网站 Facebook 每天要处理约 25 亿条消息和 500+TB 的新数据，用户每天上传 3 亿张照片 [1]。早在 2008 年，Google 每天就要处理约 20 000 TB

（20PB）的数据[2]，在 YouTube 网站上用户每分钟会上传约 48h 的视频[3]。早在 2012 年，在 Twitter 上用户每天大约发布 1.75 亿条微博[4]。

在这样的背景下，大数据的概念被提出。大数据具有数据量大（Volume）、数据类型多样（Variety）、产生与处理速度快（Velocity）、价值高（Value）的“4V”特性[5]。这些特性对传统数据处理系统提出了新的挑战，使得传统数据处理系统难以在可接受的时间范围内对大数据进行高效处理。虽然出现在 21 世纪 70 年代的关系数据库解决了关系型数据的存储与 OLTP（On-line Transaction Processing，在线事务处理）问题，以及之后出现的数据仓库解决了数据建模及 OLAP（On-line analytical processing，在线分析处理）问题，但是在大数据环境下，传统的数据库和数据仓库都面临着可扩展性的问题。该问题导致这些传统软件难以处理大数据或者处理效率低下。为了解决这个问题，经过工业界和学术界十多年的探索和实践，多种可扩展的大数据处理框架应运而生。

1.2　大数据处理框架

为了高效处理大数据，工业界和学术界提出了很多分布式大数据处理框架。2004 年 Google 在计算机系统领域顶级会议 OSDI 上提出了基于分治、归并和函数式编程思想的 MapReduce 分布式计算框架[6]。这一框架受到了广泛关注，也获得了巨大成功。随后，Apache 社区对 Google File System[7] 和 MapReduce 进行了开源实现，并命名为 Hadoop[8]。经过多年发展，Hadoop 已经形成一个完整的生态系统，被工业界和学术界广泛使用，成为当时大数据存储和处理的实际标准。2007 年微软公司提出了 Dryad 分布式计算框架[9]。Dryad 的思路跟 MapReduce 有相似之处，但更加灵活。不同于 MapReduce 固定的数据处理流程，Dryad 允许用户将任务处理组织成有向无环图（Directed Acyclic Graph，DAG）来获得更强的数据处理表达能力。2012 年 UC Berkeley 的 AMPLab 提出了基于内存，适合迭代计算的 Spark 分布式处理框架[10,11]。该框架允许用户将可重用的数据缓存（cache）到内存中，同时利用内存进行中间数据的聚合，极大缩短了数据处理的时间。这些大数据处理框架拥有共同的编程模型，即 MapReduce-like 模型，采用“分治－聚合”策略来对数据进行分布并行处理。

1.3 大数据应用及编程模型

大数据应用一般是指为满足业务需求，运行在大数据处理框架之上，对大数据进行分布处理的应用，如 Hadoop MapReduce 应用和 Spark 应用。大数据应用在工业界和学术界广泛存在，如网页索引的构建、日志挖掘、大数据 SQL 查询、机器学习、社交网络图分析等。

针对不同的大数据应用，需要解决的问题是如何将其转化为可以运行在特定大数据处理框架之上的程序。为了解决这一问题，大数据处理框架为用户提供了简单且具有扩展性的编程模型。没有任何并行和分布式应用开发经验的用户也可以通过简单的编程模型来开发数据密集型应用。目前通用的大数据处理框架，如 Hadoop、Dryad 和 Spark，都是以 MapReduce 编程模型为基础的。MapReduce 编程模型可以被简单地表示为

map 阶段： map<K1,V1> ⇒ list<K2,V2>

reduce 阶段：reduce<K2,list(V2)> ⇒ list<K3,V3>

在图 1.1 中，WordCount 应用使用 MapReduce 框架来统计一篇英文文章中每个单词出现的次数。我们首先将文章（Page）按行拆分为多个分块（input split），图 1.1 中的 Page 被拆分为 4 个分块，每个分块有两行，每行包含行号（lineNo）和该行的内容（line）。在 map 阶段，我们对每一行执行 map(K=lineNo, V=line) 函数。该函数对 line 进行分词，并统计 line 中每个 word（w）出现的次数。例如，line 1 中包含 5 个 w1 和 2 个 w2，就输出两个键值对（record），即 <w1,5> 和 <w2,2>。在 reduce 阶段，我们将包含相同词的 record 聚合在一起，形成 <word,list(count)>。例如，将多个 <w1,count> record 聚合为 <w1, list(5,1,9,6)>，之后对 list 中的值（Value）进行累加，得到并输出 <w1,21>。

从计算框架来说，Hadoop 支持标准的 MapReduce 编程模型，并得到了广泛使用。然而，MapReduce 编程模型也存在一些局限性。例如，该模型不能直接对多张表格数据进行 join()。为了提高 MapReduce 编程模型的通用型，Dryad 和 Spark 设计了一些更一般的、对用户更友好的操作符（operator），如 flatMap()、groupByKey()、reduceByKey()、cogroup() 和 join() 等。这些操作基于 map() 和 reduce() 的函数式编程思想构建，可以表达更复杂的数据处理流程。

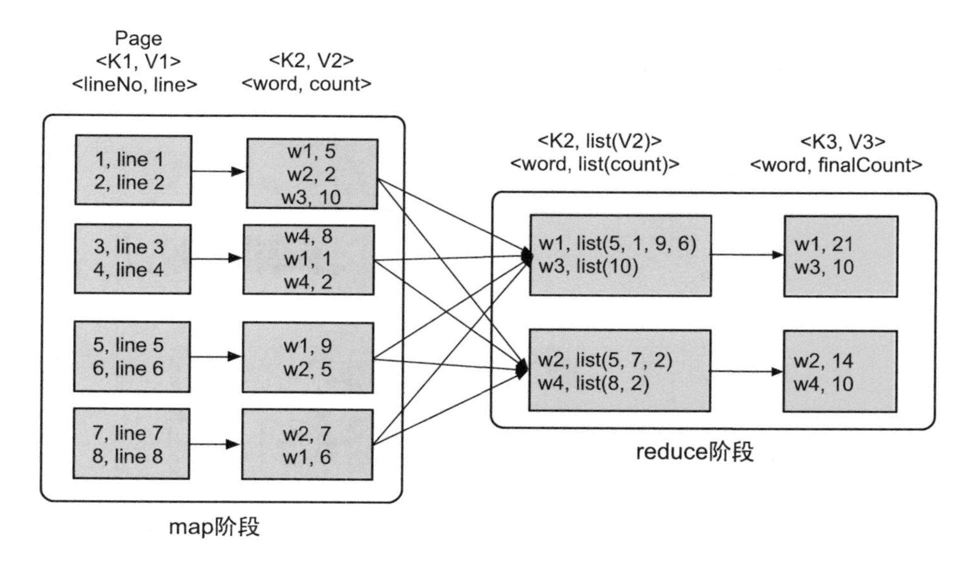

图 1.1 WordCount 应用的 MapReduce 执行流程

除了基于如上所述的编程模型开发大数据应用，用户也可以借助构建于框架之上的高层语言或者高层库来开发大数据应用。例如，在 Hadoop MapReduce 之上，Yahoo! 开发了 SQL-like 的 Pig Latin 语言[12]，可以将 SQL-like 脚本转化成 Hadoop MapReduce 作业；Facebook 开发的分布式数据仓库 Hive[13] 构建在 Hadoop MapReduce 之上，也可以将类 SQL 查询分析语言转化成 Hadoop MapReduce 作业；Apache Mahout[14] 提供了基于 Hadoop MapReduce 的机器学习库；在 Spark 之上，GraphX[15] 提供了面向大规模图处理的库，MLlib[16] 提供了面向大规模机器学习的库，Spark SQL[17] 提供了基于 Spark 的 SQL 查询框架及语言。

1.4 大数据处理框架的四层结构

一个大数据应用可以表示为 <输入数据，用户代码，配置参数>。应用的输入数据一般以分块（如以 128MB 为一块）形式预先存储在分布式文件系统（如 HDFS[18]）之上。用户在向大数据处理框架提交应用之前，需要指定数据存储位置，撰写数据处理代码，并设定配置参数。之后，用户将应用提交给大数据处理框架运行。

大数据处理框架大体可以分为四层结构：用户层、分布式数据并行处理层、资源管理与任务调度层、物理执行层。以 Apache Spark 框架为例，其四层结构如图 1.2 所示。在用

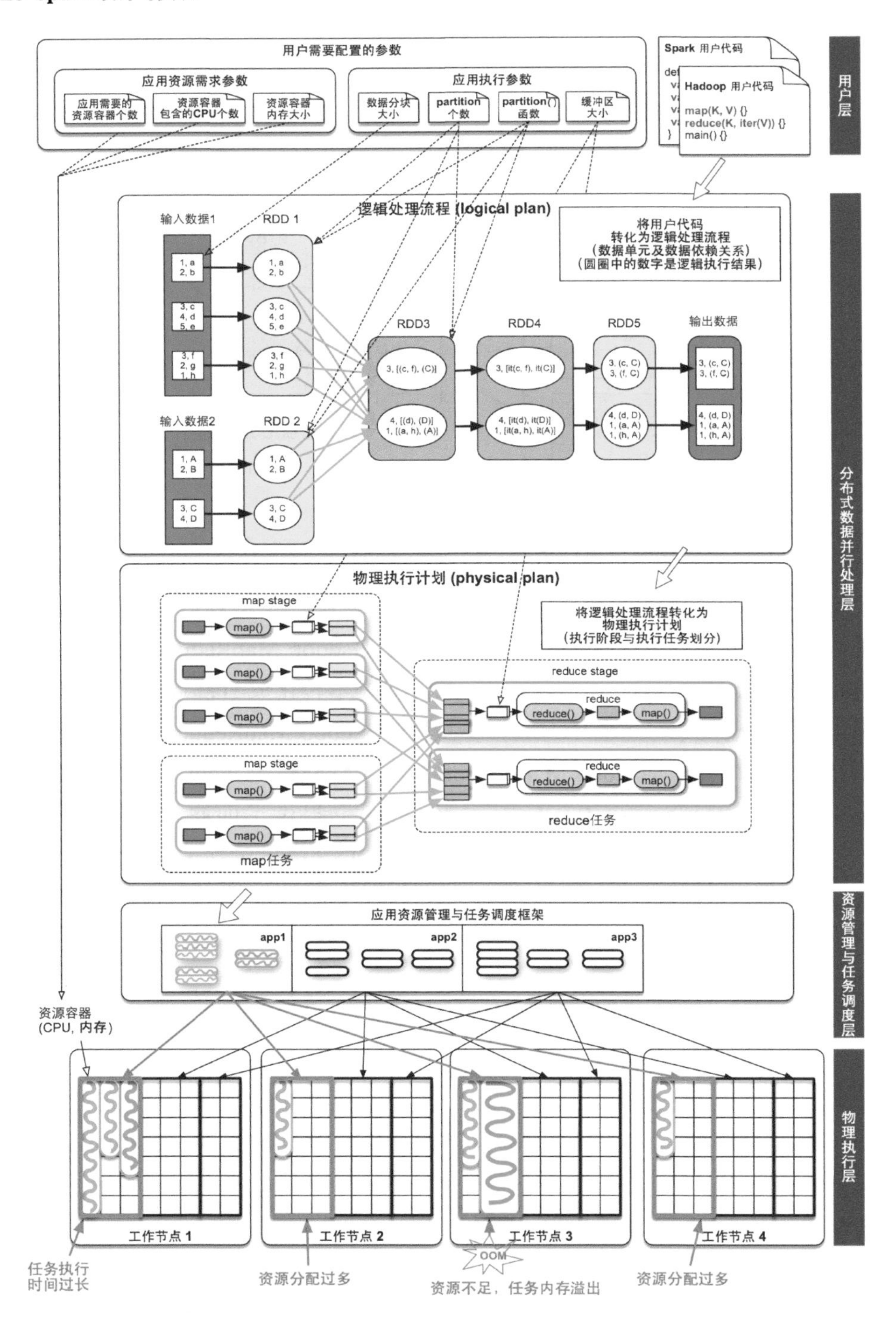

图 1.2　大数据处理框架的四层结构

户层中，用户需要准备数据、开发用户代码、配置参数。之后，分布式数据并行处理层根据用户代码和配置参数，将用户代码转化成逻辑处理流程（数据单元及数据依赖关系），然后将逻辑处理流程转化为物理执行计划（执行阶段及执行任务）。资源管理与任务调度层根据用户提供的资源需求来分配资源容器，并将任务（task）调度到合适的资源容器上运行。物理执行层实际运行具体的数据处理任务。下面具体介绍每个层次的详细信息，以及工业界和学术界进行的一些相关工作。

1.4.1 用户层

用户层方便用户开发大数据应用。如前所述，我们将一个大数据应用表示为 < 输入数据，用户代码，配置参数 >。下面介绍用户在开发应用时需要准备的输入数据、用户代码和配置参数。

1. 输入数据

对于批式大数据处理框架，如 Hadoop、Spark，用户在提交作业（job）之前，需要提前准备好输入数据。输入数据一般以分块（如以 128MB 为一块）的形式预先存储，可以存放在分布式文件系统（如 Hadoop 的分布式文件系统 HDFS）和分布式 Key-Value 数据库（如 HBase[19]）上，也可以存放到关系数据库中。输入数据在应用提交后会由框架进行自动分块，每个分块一般对应一个具体执行任务（task）。

对于流式大数据处理框架，如 Spark Streaming[20] 和 Apache Flink[21]，输入数据可以来自网络流（socket）、消息队列（Kafka）等。数据以微批（多条数据形成一个微批，称为 mini-batch）或者连续（一条接一条，称为 continuous）的形式进入流式大数据处理框架。

对于大数据应用，数据的高效读取常常成为影响系统整体性能的重要因素。为了提高应用读取数据的性能，学术界研究了如何通过降低磁盘 I/O 来提高性能。例如，PACMan[22] 根据一定策略提前将 task 所需的部分数据缓存到内存中，以提高 task 的执行性能。为了加速不同的大数据应用（如 Hadoop、Spark 等）之间的数据传递和共享，Tachyon[23]（现在更名为 Alluxio[24]）构造了一个基于内存的分布式数据存储系统，用户可以将不同应用产生的中间数据缓存到 Alluxio 中，而不是直接缓存到框架中，这样可以加速中间数据的写入和读取，同时也可以降低框架的内存消耗。

2. 用户代码

用户代码可以是用户手写的 MapReduce 代码，或者是基于其他大数据处理框架的具体应用处理流程的代码。图 1.3 展示了在 Hadoop MapReduce 上实现 WordCount 的用户代码，其用于计算字符出现的次数。在 Hadoop MapReduce 上用户需要自定义 map() 和 reduce() 函数。除了 map() 和 reduce() 函数，用户为了优化应用性能还定义了一个“迷你”的 reduce()，叫作 combine()。combine() 可以在 reduce() 执行之前对中间数据进行聚合，这样可以减少 reduce() 从各个节点获取的输入数据量，进而减少网络 I/O 开销和 reduce() 的压力。combine() 和 reduce() 的代码实现一般是相同的。Hadoop MapReduce 提供的 map() 和 reduce() 函数的处理逻辑比较固定单一，难以支持复杂数据操作，如常见的排序操作 sort()、数据库表的关联操作 join() 等。为此，Dryad 和 Spark 提供了更加通用的数据操作符，如 flatMap() 等。图 1.4 展示了在 Spark 上实现 WordCount 的用户代码，对于同样的应用处理逻辑，基于 Spark 的用户代码比基于 Hadoop MapReduce 的用户代码要更加简洁。

```
1. public class Mapper {
2.   StanfordLemmatizer slem = new StanfordLemmatizer();
3.   public void map(long Key, Text Value) {
4.     String line = Value.toString();
5.     for(String word: slem.lemmatize(line))
6.       emit(word, 1);
7.   }
8. }
```

```
1. public class Reducer
2.   public void reduce(Text Key, Iterable<OHMap> Values) {
3.     Iterator<OHMap> iter = Values.iterator();
4.     OHMap wordMap = new OHMap();
5.     while (iter.hasNext()) {
6.        wordMap.plus(iter.next());
7.     }
8.     emit(Key, wordMap);
9.    }
10.}
```

图 1.3　在 Hadoop MapReduce 上实现 WordCount 的用户代码

```
1. val textFile = spark.textFile(“hdfs://...”)
2. val counts = textFile.flatMap(line => line.split(“ ”))
3.                         .map(word => (word, 1))
4.                         .reduceByKey(_ + _)
5. counts.saveAsTextFile(“hdfs://...”)
```

图 1.4　在 Spark 上实现 WordCount 的用户代码

在实际系统中，用户撰写用户代码后，大数据处理框架会生成一个 Driver 程序，将用户代码提交给集群运行。例如，在 Hadoop MapReduce 中，Driver 程序负责设定输入 / 输出数据类型，并向 Hadoop MapReduce 框架提交作业；在 Spark 中，Driver 程序不仅可以产生数据、广播数据给各个 task，而且可以收集 task 的运行结果，最后在 Driver 程序的内存中计算出最终结果。图 1.5 展示了在 Spark 平台上 Driver 程序的运行模式。

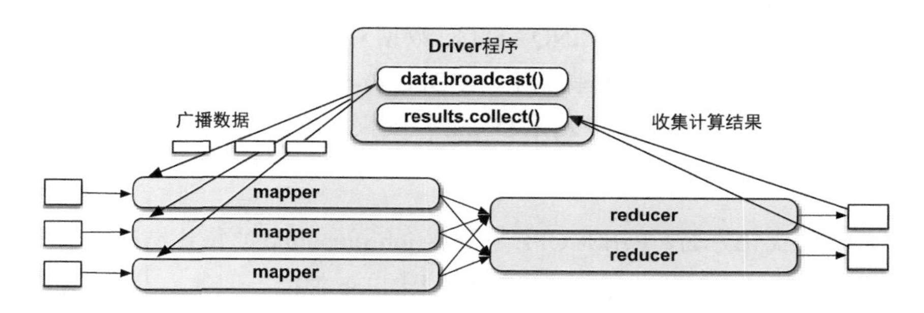

图 1.5 在 Spark 平台上 Driver 程序的运行模式

除了直接依赖底层操作手动撰写用户代码，用户还可以利用高层语言或者高层库来间接产生用户代码。例如，在图 1.6 中用户可以使用类似 SQL 的 Apache Pig 脚本自动转化生成 Hadoop MapReduce 代码。通过这种方式生成的代码是二进制的，map() 和 reduce() 等函数代码不可见。一些高层库还提供了更简单的方式生成用户代码，如使用 Spark 之上的机器学习库 MLlib 时，用户只需要选择算法和设置算法参数，MLlib 即可自动生成可执行的 Spark 作业了。

```
1. pTable = LOAD "tableA" as (pagerank,pageurl,aveduration);
2. rankTable = GROUP pTable BY pagerank;
3. urlTable = FOREACH rankTable {
4.     urls = DISTINCT urlTable.pageurl;
5.     GENERATE group, COUNT(urls), SUM(pTable.aveduration);
6. };
7. STORE urlTable into "/output/newTable";
```

图 1.6 使用类似 SQL 的 Apache Pig 脚本自动转化生成 Hadoop MapReduce 代码

除了 Apache Pig 和 MLlib，工业界和学术界也提出了很多更简单、更通用的高层语言和高层库，使用户不用手写较为烦琐的 map() 和 reduce() 代码。Google 提出了 FlumeJava[25]，可以将多个 MapReduce 作业以流水线（pipeline）的形式串联起来，并提供了基本的数据操作符，如 group()、join()，使常见的编程任务变得简单。Cascading[26] 是用 Java 编写的，它是构建在 Hadoop 之上的一套数据操作函数库。与 FlumeJava 类似，Cascading 同样为用户提供了基本的数据操作符，可以方便用户构建出较为复杂的数据流程。Google 设计的 Sawzall[27] 是一种用于数据查询的脚本语言，偏向统计分析。Sawzall 脚本可以自动转化为 MapReduce 作业执行，使得分析人员不用直接写 MapReduce 程序就可以进行大数据分析。Google 还设计了 Tenzing[28]，该模块构建在 MapReduce 框架之上，支持 SQL 查询语言，并实现高效、低延迟的数据查询服务。微软研究院也设计了自己的用户层语言 DryadLINQ[29] 和 SCOPE[30]。DryadLINQ 将针对数据对象操作的 LINQ 程序转化成 Dryad 任务，再利用 Dryad 框架来并行处理数据。SCOPE 与 Sawzall 在一个层次上，可以将 SQL 脚本转化成 Dryad DAG 任务，同样利用 Dryad 框架来并行处理数据。SCOPE 和 Dryad 是使用 C#/C++ 实现的。

在用户代码的优化方面，PeriSCOPE[31] 根据 job piepeline 的拓扑结构对用户代码采用类似编译的优化措施，自动优化运行在 SCOPE 上的 job 性能。

3. 配置参数

一个大数据应用可以有很多配置参数，如 Hadoop 支持 200 多个配置参数。这些配置参数可以分为两大类：一类是与资源相关的配置参数。例如，buffer size 定义框架缓冲区的大小，影响 map/reduce 任务的内存用量。在 Hadoop 中，map/reduce 任务实际启动一个 JVM 来运行，因此用户还要设置 JVM 的大小，也就是 heap size。在 Spark 中，map/reduce 任务在资源容器（Executor JVM）中以线程的方式执行，用户需要估算应用的资源需求量，并设置应用需要的资源容器个数、CPU 个数和内存大小。

另一类是与数据流相关的配置参数。例如，Hadoop 和 Spark 中都可以设置 partition() 函数、partition 个数和数据分块大小。partition() 函数定义如何划分 map() 的输出数据。partition 个数定义产生多少个数据分块，也就是有多少个 reduce 任务会被运行。数据分块大小定义 map 任务的输入数据大小。

由于 Hadoop/Spark 框架本身没有提供自动优化配置参数的功能，所以工业界和学术界研究了如何通过寻找最优配置参数来对应用进行性能调优。StarFish[32] 研究了如何选择性能最优的 Hadoop 应用配置参数，其核心是一个 Just-In-Time 的优化器，该优化器可以对 Hadoop 应用的历史运行信息进行分析，并根据分析结果来预测应用在不同配置参数下的执行时间，以选择最优参数。Verma 等 [33, 34] 讨论了在给定应用完成时限的情况下，如何为 Hadoop 应用分配最佳的资源（map/reduce slot）来保证应用能够在给定时限内完成。DynMR[35] 通过调整任务启动时间、启动顺序、任务个数来减少任务等待时间和由于过早启动而引起的任务之间的资源竞争。MROnline[36] 根据任务执行状态，使用爬山法寻找最优的缓冲区大小和任务内存大小，以减少应用执行时间。Xu 等 [37] 研究了如何离线估计 MapReduce 应用内存用量，采用的方法是先用小样本数据运行应用，然后根据应用运行信息来估算应用在大数据上的实际内存消耗。SkewTune[38] 可以根据用户自定义的代价函数来优化数据划分算法，在保持数据输入顺序的同时，减少数据倾斜问题。

1.4.2 分布式数据并行处理层

分布式数据并行处理层首先将用户提交的应用转化为较小的计算任务，然后通过调用底层的资源管理与任务调度层实现并行执行。

在 Hadoop MapReduce 中，这个转化过程是直接的。因为 MapReduce 具有固定的执行流程（map—Shuffle—reduce），可以直接将包含 map/reduce 函数的作业划分为 map 和 reduce 两个阶段。map 阶段包含多个可以并行执行的 map 任务，reduce 阶段包含多个可以并行执行的 reduce 任务。map 任务负责将输入的分块数据进行 map() 处理，并将其输出结果写入缓冲区，然后对缓冲区中的数据进行分区、排序、聚合等操作，最后将数据输出到磁盘上的不同分区中。reduce 任务首先将 map 任务输出的对应分区数据通过网络传输拷贝到本地内存中，内存空间不够时，会将内存数据排序后写入磁盘，然后经过归并、排序等阶段产生 reduce() 的输入数据。reduce() 处理完输入数据后，将输出数据写入分布式文件系统中。

与 Hadoop MapReduce 不同，Spark 上应用的转化过程包含两层：逻辑处理流程、执行阶段与执行任务划分。如图 1.7 所示，Spark 首先根据用户代码中的数据操作语义和操作顺序，将代码转化为逻辑处理流程。逻辑处理流程包含多个数据单元和数据依赖，每个数据单元包含多个数据分块。然后，框架对逻辑处理流程进行划分，生成物理执行计划。该计划包含多个执行阶段（stage），每个执行阶段包含若干执行任务（task）。微软的大数据编程框架 DryadLINQ 也提供类似的编译过程，可以将用户编写的大数据应用程序（LINQ）编译为可分布运行的 Dryad 执行计划和任务。

为了将用户代码转化为逻辑处理流程，Spark 和 Dryad 对输入 / 输出、中间数据进行了更具体的抽象处理，将这些数据用一个统一的数据结构表示。在 Spark 中，输入 / 输出、中间数据被表示成 RDD（Resilient Distributed Datasets，弹性分布式数据集）。在 RDD 上可以执行多种数据操作，如简单的 map()，以及复杂的 cogroup()、join() 等。一个 RDD 可以包含多个数据分区（partition）。parent RDD 和 child RDD 之间通过数据依赖关系关联，支持一对一和多对一等数据依赖关系。数据依赖关系的类型由数据操作的类型决定。如图 1.7 所示，逻辑处理流程是一个有向无环图（Directed Acyclic Graph，简称 DAG 图），其中的节点是数据单元 RDD，每个数据单元里面的圆形是指 RDD 的多个数据分块，正方形专指输入数据分块。箭头是在 RDD 上的一些数据操作（也隐含了 parent RDD 和 child RDD 之间的依赖关系）。

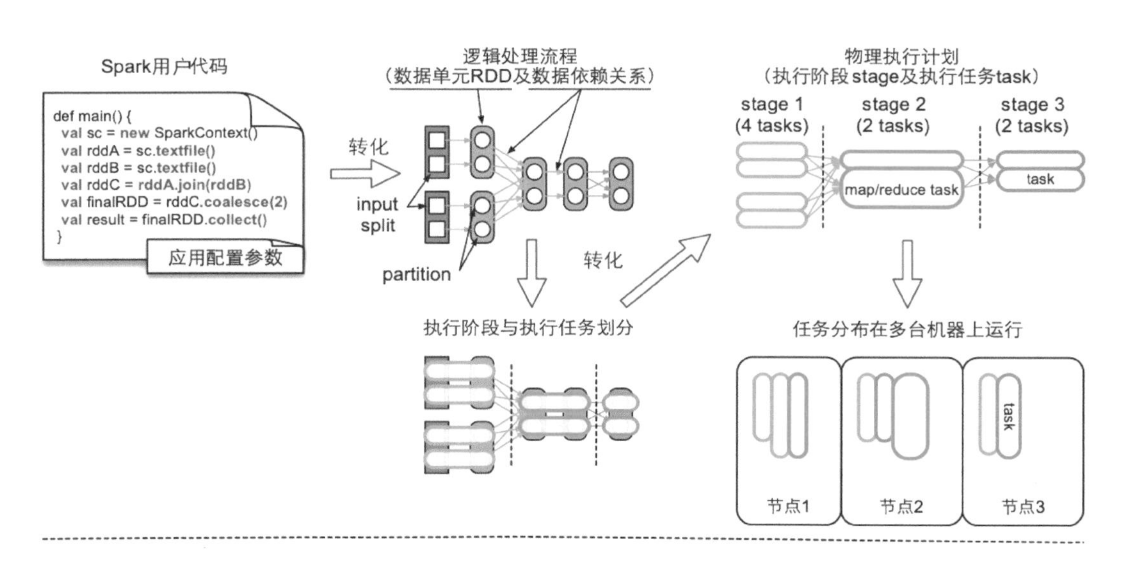

图 1.7　Spark 应用转化与执行流程

为了将逻辑处理流程转化为物理执行计划，Spark 首先根据 RDD 之间的数据依赖关系，将整个流程划分为多个小的执行阶段（stage）。例如，图 1.7 中逻辑处理流程被划分为 3 个执行阶段。之后，在每个执行阶段形成计算任务（task），计算任务的个数一般与 RDD 中分区的个数一致。与 MapReduce 不同的是，一个 Spark job 可以包含很多个执行阶段，而且每个执行阶段可以包含多种计算任务，因此并不能严格地区分每个执行阶段中的任务是 map 任务还是 reduce 任务。另外，在 Spark 中，用户可以通过调用 cache() 接口使框架缓存可被重用的中间数据。例如，当前 job 的输出可能会被下一个 job 用到，那么用户可以使用 cache() 对这些数据进行缓存。

1.4.3 资源管理与任务调度层

从系统架构上讲，大数据处理框架一般是主－从（Master-Worker）结构。主节点（Master节点）负责接收用户提交的应用，处理请求，管理应用运行的整个生命周期。从节点（Worker节点）负责执行具体的数据处理任务（task），并在运行过程中向主节点汇报任务的执行状态。以 Hadoop MapReduce 为例（见图 1.8），在主节点运行的 JobTracker 进程首先接收用户提交的 job，然后根据 job 的输入数据和配置等信息将 job 分解为具体的数据处理任务（map/reduce task），最后将 task 交给任务调度器调度运行。任务调度器根据各个从节点的资源总量与资源使用情况将 map/reduce task 分发到合适的从节点的 TaskTracker 中。TaskTracker 进程会为每个 map/reduce task 启动一个进程（在 Hadoop MapReduce 中是 JVM 进程）执行 task 的处理步骤。每个从节点可以同时运行的 task 数目由该节点的 CPU 个数等资源状况决定。

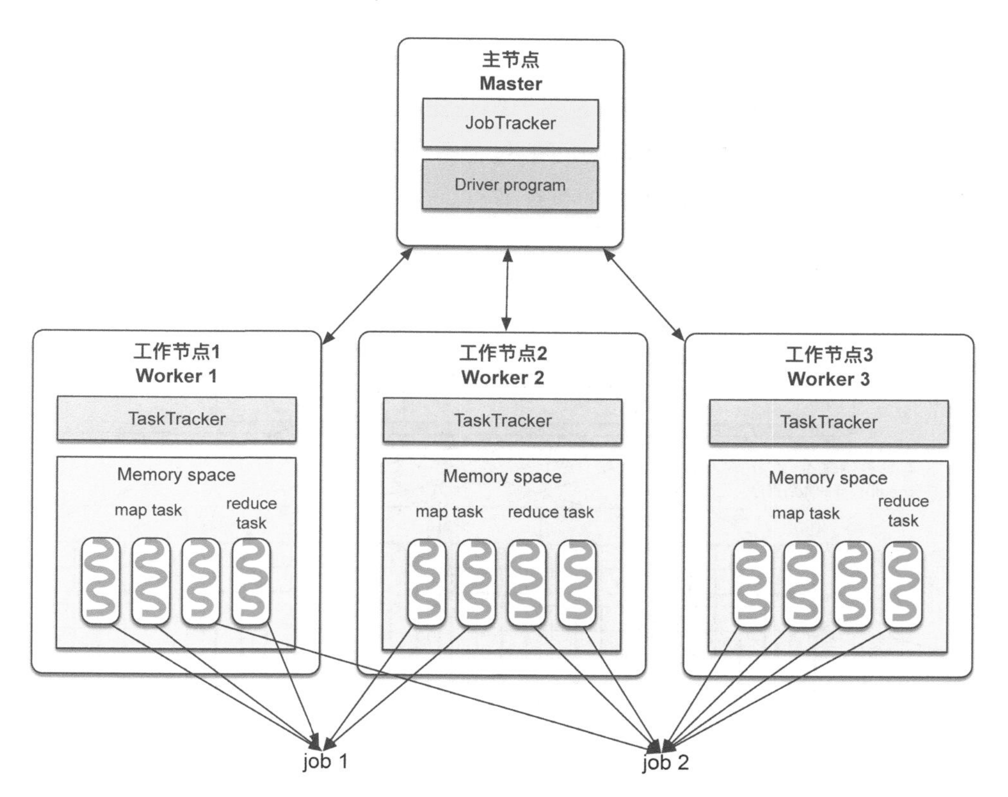

图 1.8　Hadoop MapReduce 框架的部署图，其中不同 job 的 task 可以分布在不同机器上

另外，大数据处理服务器集群一般由多个用户共享。如果多个用户同时提交了 job 且集群资源充足，那么集群会同时运行多个 job，每个 job 包含多个 map/reduce task。在图 1.8 中，Worker 1 节点上运行了 3 个 map task 和 1 个 reduce task，而 Worker 2 节点上运行了 2 个 map task 和 1 个 reduce task。Worker 1 节点上运行的 map task 和 Worker 2 节点上运行的 map task 可以分别属于不同的 job。

Spark 支持不同的部署模式，如 Standalone 部署模式、YARN 部署模式和 Mesos 部署模式等。其中 Standalone 部署模式与 Hadoop MapReduce 部署模式基本类似，唯一区别是 Hadoop MapReduce 部署模式为每个 task 启动一个 JVM 进程运行，而且是在 task 将要运行时启动 JVM，而 Spark 是预先启动资源容器（Executor JVM），然后当需要执行 task 时，再在 Executor JVM 里启动 task 线程运行。

在运行大数据应用前，大数据处理框架还需要对用户提交的应用（job）及其计算任务（task）进行调度。任务调度的主要目的是通过设置不同的策略来决定应用或任务获得资源的先后顺序。典型的任务调度器包含先进先出（FIFO）调度器、公平（Fair）调度器等。先进先出（FIFO）的任务调度器如图 1.9 所示，其有两种类型的调度器：一类是应用调度器，决定多个应用（app）执行的先后顺序；另一类是任务调度器，决定多个任务（task）执行的先后顺序。例如，Spark 中一个 stage 可能包含多个 map task，任务调度器可以根据数据本地化等信息决定这些 task 应调度到的执行节点。

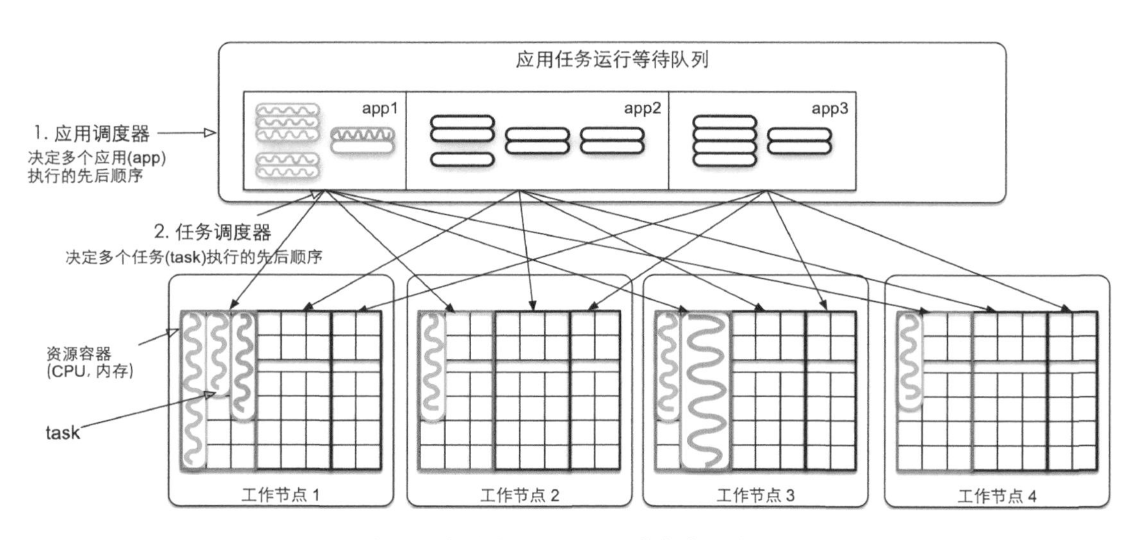

图 1.9　先进先出（FIFO）的任务调度器

传统的资源管理与任务调度层只针对某一种类型的应用进行资源管理和任务调度，而有一些新的研究对此进行了拓展。例如，UC Berkeley 提出将资源管理和任务调度模块构造为一个统一的集群资源管理系统，称为“集群操作系统”[39]。该系统可以集中调度多个不同大数据处理框架中的 job。再例如，第二代 Hadoop 的资源管理与调度框架 YARN[40] 能够同时为集群中运行的多种框架（如 Hadoop MapReduce，Spark）提供资源管理等服务。用户可以直接将应用提交给 YARN，并且在提交应用时指定应用的资源需求，如 CPU 个数和内存空间大小等。UC Berkeley 提出的 Mesos[41] 与 YARN 类似，可以对集群上各种应用进行资源分配与任务调度，支持 MapReduce 作业、Spark 作业、MPI[42] 作业等。尽管 YARN 和 Mesos 提供了比较成熟的资源管理策略，可以统一分配、管理和回收不同节点上的计算资源。然而，它们有一个共同的局限，即资源分配策略的执行依赖用户提供的资源需求与当前集群资源的监控信息，而不能根据应用的实际场景自动动态地调整资源分配。

1.4.4 物理执行层

大数据处理框架的物理执行层负责启动 task，执行每个 task 的数据处理步骤。在 Hadoop MapReduce 中，一个应用需要经历 map、Shuffle、reduce 3 个数据处理阶段。而在 Spark 中，一个应用可以有更多的执行阶段（stage），如迭代型应用可能有几十个执行阶段，每个执行阶段也包含多个 task。另外，这些执行阶段可以形成复杂的 DAG 图结构。在物理执行时首先执行上游 stage 中的 task，完成后执行下游 stage 中的 task。

在 Hadoop MapReduce 中，每个 task 对应一个进程，也就是说每个 task 以 JVM（Java 虚拟机）的方式来运行，所以在 Hadoop MapReduce 中 task 的内存用量指的是 JVM 的堆内存用量。在 Spark 中，每个 task 对应 JVM 中的一个线程，而一个 JVM 可能同时运行了多个 task，因此 JVM 的内存空间由 task 共享。在应用未运行前，我们难以预知 task 的内存消耗和执行时间，也难以预知 JVM 中的堆内存用量。

从应用特点来分析，我们可以将 task 执行过程中主要消耗内存的数据分为以下 3 类。

（1）框架执行时的中间数据。例如，map() 输出到缓冲区的数据和 reduce task 在 Shuffle 阶段暂存到内存中的数据。

（2）框架缓存数据。例如，在 Spark 中，用户调用 cache() 接口缓存到内存中的数据。

（3）用户代码产生的中间计算结果。例如，用户代码调用 map()、reduce()、combine()，在处理输入数据时会在内存中产生中间计算结果。

很多大数据处理框架在设计时就考虑了内存的使用问题，并进行了相应的优化设计。例如，Spark 框架是基于内存计算的，它将大量的输入数据和中间数据都缓存到内存中，这种设计能够有效地提高交互型 job 和迭代型 job 的执行效率。

由于大数据应用的内存消耗量很大，所以当前许多研究关注如何改进大数据处理框架的内存管理机制，以减少应用内存消耗。例如，UCSD 提出了 ThemisMR [43]，重新设计了 MapReduce 的数据流及内存管理方案，有效地将中间数据磁盘读写次数降低为两次，从而提高了 job 的执行性能。Tachyon 构造了一个基于内存的分布式数据存储系统，主要用于在不同 Hadoop/Spark 应用之间共享数据。用户可以将不同应用产生的中间数据缓存到 Tachyon 中而非直接缓存到框架中，以降低框架的内存消耗。FAÇADE[44] 提供了用于降低用户代码内存消耗的代码编译和执行环境。FAÇADE 的设计目的是将数据存储和数据操作分开，方法是将数据存放到 JVM 的堆外内存中，将对堆内对象的数据操作转化为对 FAÇADE 的函数调用。对于 Java 对象本身产生的 overhead（也就是 Java 对象自身所需的 header 和 reference），Bu 等 [45] 提出了一些优化方法，如将大量数据对象（record object）合并为少量的大的数据对象。Lu 等 [46] 提出了基于对象生命周期的内存管理机制，可以根据数据对象类型和生命周期，将对象分配到不同队列进行分配和回收。Xu 等 [47] 针对 Hadoop/Spark 等大数据框架经常出现的垃圾回收时间长、频繁等问题，通过实验分析主流 Java 垃圾回收算法在大数据环境下存在的性能缺陷，提出了垃圾回收算法的 3 种改进方法。Yak[48] 提出了一种混合 GC 算法，将堆内存划分为控制流区域和数据流区域，前者使用传统 GC 算法回收控制流代码的内存对象，后者使用基于时域区域（epoch-based region）的内存管理，并根据数据对象生命周期来回收内存。Spark 社区采用堆外内存管理机制和基于堆外内存的 Shuffle 机制，提出了钨丝计划 [49]。

另外，如何预测大数据应用的执行时间也被一些研究人员关注。如果能够预测出 job 的执行时间可以为任务调度器提供决策依据，则方便用户了解 job 的执行进度。华盛顿大学的研究人员提出了 KAMD [50] 和 ParaTimer [51]，可以根据 job 执行的历史信息并结合正在运行的 job 处理的数据量，使用启发式方法来估算 job 剩余的执行时间。UIUC 的研究人员提出了 ARIA [33]，细粒度地分析了单个 MapReduce job 的执行阶段，并提出了基于上下界的时间估算公式，可以通过 job 的历史信息或调试信息来估算执行时间。华盛顿大学的研究人员后来又提出了 PerfXplain[52]，通过对比两个包含同样处理逻辑的 job 的性能指标，来解释两个 job 执行效率不同的原因。

1.5 错误容忍机制

由于不能避免系统和用户代码的 Bug、节点宕机、网络异常、磁盘损坏等软硬件可靠性问题，分布式文件系统在设计时一般都会考虑错误容忍机制，在实现时也会针对各种失效情况采取相应措施。分布式大数据并行处理框架也不例外，设计了各种针对 Master 节点失效、task 执行失败等问题的错误容忍机制。然而，对于 task 的执行失败问题，框架的错误容忍机制比较简单，只是选择合适节点重新运行该 task。对于某些可靠性问题引起的 task 执行失败，如内存溢出等，简单地重新运行 task 并不能解决问题，因为内存溢出的问题很有可能会重复出现。现有框架的另一个局限是，一般用户在出错时很难找到真正的出错原因，即使是十分熟悉框架运行细节的用户，在缺乏分析诊断工具的情况下，也难以快速找到出错原因。下面我们总结分析一下在错误容忍机制方面的前沿工作。

在大数据应用错误分析方面：Li 等 [53] 研究了 250 个 SCOPE 作业（运行在微软的 Dryad 框架之上）的故障错误，发现错误发生的主要原因是未定义的列、错误的数据模式、不正确的行格式等。Kavulya 等 [54] 分析了 4100 个在 Yahoo! 管理的集群上执行失败的 Hadoop 作业，发现 36% 的故障是数组访问越界造成的，还有 23% 的故障是因为 I/O 异常。Xu 等 [55] 研究了 123 个 Hadoop/Spark 应用中的内存溢出错误，发现内存溢出的主要原因包括应用配置异常、数据流异常、代码空间复杂度过高和框架内存管理缺陷等。

在大数据应用错误诊断方面：Titian[56] 通过记录 Spark 应用中全部中间数据和数据依赖关系来追踪出错的数据路径。BigDebug[57] 为 Spark 应用提供了断点、观察点、细粒度数据追踪等调试功能。Xu 等 [58] 设计实现了 Hadoop MapReduce 的内存溢出错误诊断工具 Mprof，它可以建立执行任务内存用量与数据流量的定量关系。在此基础上，Mprof 设计了多种内存溢出错误诊断规则，这些规则根据应用配置、数据流量与任务内存用量的关联关系来定位内存溢出错误的相关代码、数据，以及不恰当的配置参数。

在大数据应用错误修复方面：Interruptile Tasks[59] 改进了现有的 task，使得 task 具备一定的错误容忍能力。当 task 在运行时遇到内存用量过大或者内存溢出的问题时，

Interruptile Tasks 会暂停当前 task 的运行，回收部分运行数据及中间结果，并将不能回收的结果溢写（spill）到磁盘上，然后执行用户定义的 interrupt 逻辑，等到内存用量下降到一定程度后，再让 task 继续运行。

1.6 其他大数据处理框架

除了本章介绍的分布式处理框架 MapReduce、Spark 和 Dryad，Yahoo! 还提出了 Map-Reduce merge[60] 框架，通过在 reduce 阶段后面加入 merge 阶段，提高了 MapReduce 对二维表的关系代数处理能力。UC Berkeley 提出了 MapReduce Online[61]，改进了从 map 阶段到 reduce 阶段的数据流动方式，使得 mapper 输出的数据可以更快地流入 reducer 中，提高 MapReduce 对数据的在线处理能力。UCI 的 Bu 等提出了 HaLoop[62]，提高了 MapReduce 迭代型任务的执行性能。NYU 提出的面向内存计算应用的分布式计算编程模型 Piccolo[63] 可以提供 Key-Value 表的操作接口。与 MapReduce 相比，Piccolo 能够轻松地访问中间状态及中间数据。Spark Structured Streaming[64] 和 Apache Flink 统一了批式处理与流式处理的执行流程。

1.7 本章小结

本章探讨了大数据的基本概念和大数据处理所面临的挑战，介绍了基本的大数据处理框架，讨论了用于支持不同大数据应用的通用编程模型，最后重点讲述了大数据处理框架的 4 层结构。通过本章可以了解到用户层如何开发应用，分布式数据并行处理层如何执行数据处理流程，资源管理和任务调度层如何分配资源、调度任务，物理执行层如何执行具体的任务，以及大数据处理框架的错误容忍机制。在各个章节中，我们还介绍了与大数据系统相关的各种前沿研究工作。这些背景知识是探讨下面章节中的 Spark 设计与实现原理的基础。

1.8 扩展阅读

除了支持基本的 RDD 数据结构，Spark 还支持在 RDD 基础上扩展的、面向结构化数据（主要是表格数据）的高级数据结构[65]，即 DataSet 和 DataFrame。使用 DataSet、DataFrame 开发的应用可以更好地执行各种 SQL 操作，并利用 Spark SQL 引擎中的优化技术来对执行计划进行优化。读者可以参考 *Spark: The Definitive Guide*[66] 了解 DataSet、DataFrame 数据结构的使用方法。本书主要讨论基于 RDD 数据结构的 Spark 应用，因为这些应用更为基础，也更有助于在分布式层面理解数据和计算任务的划分，以及生成规则。读者在理解这些应用的执行原理后，可以进一步参考 *Spark SQL* 论文和《Spark SQL 内核剖析》[67] 学习 Spark SQL 引擎中的优化技术。

另外需要注意的是，基于 RDD 应用的逻辑处理流程和物理执行计划与 Spark SQL 应用的 Logical plan 和 Physical plan 有所不同。基于 RDD 应用的逻辑处理流程指的是一系列 RDD 操作形成的输入 / 输出、中间数据及数据之间的依赖关系；物理执行计划指的是具体的执行阶段（stage）和执行任务（task）。Spark SQL 应用中的 Logical plan 指的是将 SQL 脚本转化后的逻辑算子树，包含各种 SQL 操作，如 Project()、filter()、join() 等；而 Physical plan 指的是对逻辑算子树进行转化后形成的物理算子树，树中的节点可以转化为 RDD 及其操作，也可以直接生成实现 Project()、filter()、join() 等操作的 Java 代码。更多的介绍可以参考文献 [67]。

第2章

Spark 系统部署与应用运行的基本流程

本章首先介绍 Spark 的安装部署与系统架构，然后通过一个简单的 Spark 应用例子简介 Spark 应用运行的基本流程，最后讨论 Spark 的编程模型。Spark 应用运行的详细流程将在之后的章节中详细讨论。

2.1 Spark 安装部署

在运行 Spark 应用之前，我们首先要在集群上安装部署 Spark。Spark 官网[68]上提供了多个版本，包括 Standalone、Mesos、YARN 和 Kubernetes 版本。这几个版本的主要区别在于：Standalone 版本的资源管理和任务调度器由 Spark 系统本身负责，其他版本的资源管理和任务调度器依赖于第三方框架，如 YARN 可以同时管理 Spark 任务和 Hadoop MapReduce 任务。为了方便探讨和理解 Spark 本身的系统结构和运行原理，我们选择 Standalone 版本安装。这里选择 Spark-2.4.3 版本安装部署在 9 台机器上，1 台机器作为 Master 节点，8 台机器作为 Worker 节点。由于官网和一些博客已经提供了详细的 Spark 安装过程，这里不再赘述。虽然 Spark 的版本在不断更新中，但其设计原理变化不大，因此本书的分析具有一定的通用性。

需要注意的是，在安装时需要配置很多资源信息，包括 CPU、内存等，在接下来的章节中会有一些涉及，读者如果想详细了解各种配置参数的含义，那么可以参考官网上的配置说明。另外，如果没有集群环境，但是想运行 Spark 用户代码，则可以直接下载 IntelliJ IDEA 集成开发环境，在 IDEA 中通过 Maven 包管理工具添加 Spark 包（Package），然后直接编写 Spark 用户代码，并通过 local（本地）模式运行。与集群版 Spark 的区别是，所有的 Spark 任务和 main() 函数等都运行在本地，没有网络交互等。

2.2　Spark 系统架构

如第 1 章所介绍，与 Hadoop MapReduce 的结构类似，Spark 也采用 Master-Worker 结构。如果一个 Spark 集群由 4 个节点组成，即 1 个 Master 节点和 3 个 Worker 节点，那么在部署 Standalone 版本后，Spark 部署的系统架构图如图 2.1 所示。简单来说，Master 节点负责管理应用和任务，Worker 节点负责执行任务。

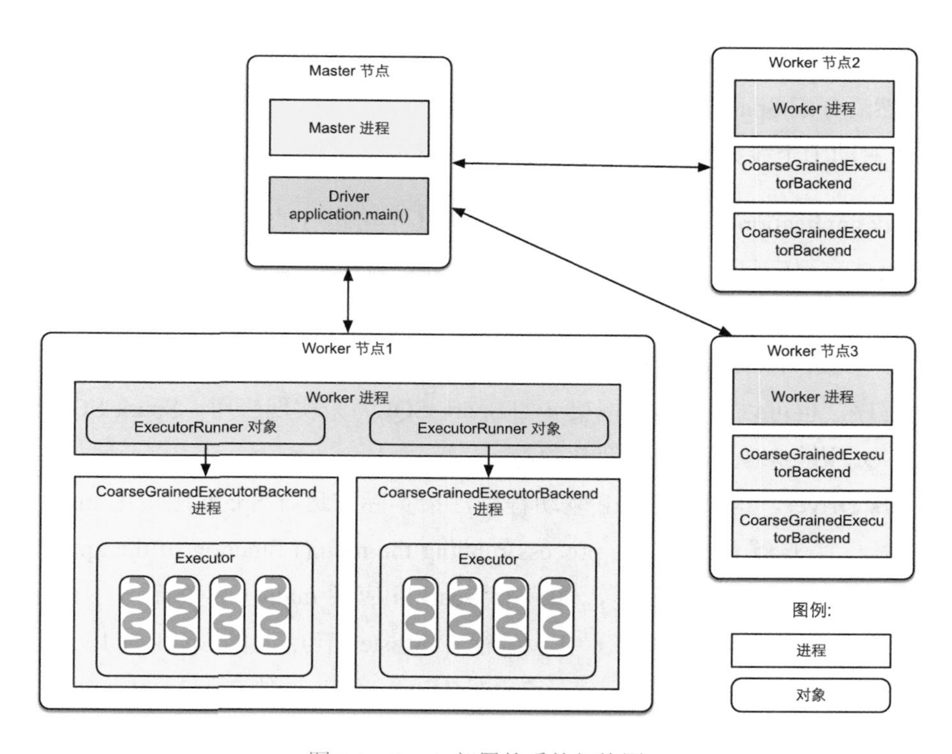

图 2.1　Spark 部署的系统架构图

我们接下来先介绍 Master 节点和 Worker 节点的具体功能，然后介绍一些 Spark 系统中的基本概念，以及一些实现细节。

Master 节点和 Worker 节点的职责如下所述。

- Master 节点上常驻 Master 进程。该进程负责管理全部的 Worker 节点，如将 Spark 任务分配给 Worker 节点，收集 Worker 节点上任务的运行信息，监控 Worker 节点的存活状态等。
- Worker 节点上常驻 Worker 进程。该进程除了与 Master 节点通信，还负责管理 Spark 任务的执行，如启动 Executor 来执行具体的 Spark 任务，监控任务运行状态等。

启动 Spark 集群时（使用 Spark 部署包中 start-all.sh 脚本），Master 节点上会启动 Master 进程，每个 Worker 节点上会启动 Worker 进程。启动 Spark 集群后，接下来可以提交 Spark 应用到集群中执行，如用户可以在 Master 节点上使用

```
./bin/run-example SparkPi 10
```

来提交一个名为 SparkPi 的应用。Master 节点接收到应用后首先会通知 Worker 节点启动 Executor，然后分配 Spark 计算任务（task）到 Executor 上执行，Executor 接收到 task 后，为每个 task 启动 1 个线程来执行。这里有几个概念需要解释一下。

- Spark application，即 Spark 应用，指的是 1 个可运行的 Spark 程序，如 WordCount.scala，该程序包含 main() 函数，其数据处理流程一般先从数据源读取数据，再处理数据，最后输出结果。同时，应用程序也包含了一些配置参数，如需要占用的 CPU 个数，Executor 内存大小等。用户可以使用 Spark 本身提供的数据操作来实现程序，也可以通过其他框架（如 Spark SQL）来实现应用，Spark SQL 框架可以将 SQL 语句转化成 Spark 程序执行。
- Spark Driver，也就是 Spark 驱动程序，指实际在运行 Spark 应用中 main() 函数的进程，官方解释是“The process running the main() function of the application and creating the SparkContext”，如运行 SparkPi 应用 main() 函数而产生的进程被称为 SparkPi Driver。在图 2.1 中，运行在 Master 节点上的 Spark 应用进程（通常由 SparkSubmit 脚本产生）就是 Spark Driver，Driver 独立于 Master 进程。如果是 YARN 集群，那么 Driver 也可能被调度到 Worker 节点上运行。另外，也可以在自

己的 PC 上运行 Driver，通过网络与远程的 Master 进程连接，但一般不推荐这样做，一个原因是需要本地安装一个与集群一样的 Spark 版本，另一个原因是自己的 PC 一般和集群不在同一个网段，Driver 和 Worker 节点之间的通信会很慢。简单来说，我们可以在自己的 IntelliJ IDEA 中运行 Spark 应用，IDEA 会启动一个进程既运行应用程序的 main() 函数，又运行具体计算任务 task，即 Driver 和 task 共用一个进程。

- Executor，也称为 Spark 执行器，是 Spark 计算资源的一个单位。Spark 先以 Executor 为单位占用集群资源，然后可以将具体的计算任务分配给 Executor 执行。由于 Spark 是由 Scala 语言编写的，Executor 在物理上是一个 JVM 进程，可以运行多个线程（计算任务）。在 Standalone 版本中，启动 Executor 实际上是启动了一个名叫 CoarseGrainedExecutorBackend 的 JVM 进程。之所以起这么长的名字，是为了不与其他版本中的 Executor 进程名冲突，如 Mesos、YARN 等版本会有不同的 Executor 进程名。Worker 进程实际只负责启停和观察 Executor 的执行情况。
- Task，即 Spark 应用的计算任务。Driver 在运行 Spark 应用的 main() 函数时，会将应用拆分为多个计算任务，然后分配给多个 Executor 执行。task 是 Spark 中最小的计算单位，不能再拆分。task 以线程方式运行在 Executor 进程中，执行具体的计算任务，如 map 算子、reduce 算子等。由于 Executor 可以配置多个 CPU，而 1 个 task 一般使用 1 个 CPU，因此当 Executor 具有多个 CPU 时，可以运行多个 task。例如，在图 2.1 中 Worker 节点 1 有 8 个 CPU，启动了 2 个 Executor，每个 Executor 可以并行运行 4 个 task。Executor 的总内存大小由用户配置，而且 Executor 的内存空间由多个 task 共享。

如果上述解释不够清楚，那么我们可以用一个直观例子来理解 Master、Worker、Driver、Executor、task 的关系。例如，一个农场主（Master）有多片草场（Worker），农场主要把草场租给 3 个牧民来放马、牛、羊。假设现在有 3 个项目（application）需要农场主来运作：第 1 个牧民需要一片牧场来放 100 匹马，第 2 个牧民需要一片牧场来放 50 头牛，第 3 个牧民需要一片牧场来放 80 只羊。每个牧民可以看作是一个 Driver，而马、牛、羊可以看作是 task。为了保持资源合理利用、避免冲突，在放牧前，农场主需要根据项目需求为每个牧民划定可利用的草场范围，而且尽量让每个牧民在每个草场都有一小片可放牧的区域（Executor）。在放牧时，每个牧民（Driver）只负责管理自己的动物（task），而农场主（Master）负责监控草场（Worker）、牧民（Driver）等状况。

回到Spark技术点讨论，这里有个问题是Spark为什么让task以线程方式运行而不以进程方式运行。在Hadoop MapReduce中，每个map/reduce task以一个Java进程（命名为Child JVM）方式运行。这样的好处是task之间相互独立，每个task独享进程资源，不会相互干扰，而且监控管理比较方便，但坏处是task之间不方便共享数据。例如，当同一个机器上的多个map task需要读取同一份字典来进行数据过滤时，需要将字典加载到每个map task进程中，则会造成重复加载、浪费内存资源的问题。另外，在应用执行过程中，需要不断启停新旧task，进程的启动和停止需要做很多初始化等工作，因此采用进程方式运行task会降低执行效率。为了数据共享和提高执行效率，Spark采用了以线程为最小的执行单位，但缺点是线程间会有资源竞争，而且Executor JVM的日志会包含多个并行task的日志，较为混乱。更多关于内存资源管理和竞争的问题将在后续章节进行阐述。

在图2.1中还有一些实现细节。

- 每个Worker进程上存在一个或者多个ExecutorRunner对象。每个ExecutorRunner对象管理一个Executor。Executor持有一个线程池，每个线程执行一个task。
- Worker进程通过持有ExecutorRunner对象来控制CoarseGrainedExecutorBackend进程的启停。
- 每个Spark应用启动一个Driver和多个Executor，每个Executor里面运行的task都属于同一个Spark应用。

2.3 Spark 应用例子

了解了Spark的系统部署之后，我们接下来先给出一个Spark应用的例子，然后通过分析该应用的运行过程来学习Spark框架是如何运行应用的。

2.3.1 用户代码基本逻辑

我们以Spark自带的example包中的GroupByTest.scala为例，这个应用模拟了SQL中的GroupBy语句，也就是将具有相同Key的<Key,Value> record（其简化形式

为 <K,V> record）聚合在一起。输入数据由 GroupByTest 程序自动生成，因此需要提前设定需要生成的 <K,V> record 个数、Value 长度等参数。假设在 Master 节点上提交运行 GroupByTest，具体参数和执行命令如下：

```
GroupByTest [numMappers] [numKVPairs] [valSize] [numReducers]

bin/run-example GroupByTest 3 4 1000 2
```

该命令启动 GroupByTest 应用，该应用包括 3 个 map task，每个 task 随机生成 4 个 <K,V> record，record 中的 Key 从 [0,1,2,3] 中随机抽取一个产生，每个 Value 大小为 1000 byte。由于 Key 是随机产生的，具有重复性，所以可以通过 GroupBy 将具有相同 Key 的 record 聚合在一起，这个聚合过程最终使用 2 个 reduce task 并行执行。这里虽然指定生成 3 个 map task，但需要注意的是我们一般不需要在编写应用时指定 map task 的个数，因为 map task 的个数可以通过"输入数据大小 / 每个分片大小"来确定。例如，HDFS 上的默认文件 block 大小为 128MB，假设我们有 1GB 的文件需要处理，那么系统会自动算出需要启动 1GB/128MB=8 个 map task。reduce task 的个数一般在使用算子时通过设置 partition number 来间接设置。更多的例子会在第 3 章中看到，我们这里主要关注应用的基本运行流程。

GroupByTest 具体代码如下，为了方便阅读和调试进行了一些简化。

```
def main(args: Array[String]) {
   val spark = SparkSession
      .builder
      .appName("GroupBy Test")  // 可以在后面加入 .Master(“local”) 在本地调试
      .getOrCreate()

   val numMappers = 3
   val numKVPairs = 4
   val valSize = 1000
   val numReducers = 2
   val input = 0 until numMappers // [0, 1, 2]

   val pairs1 = spark.sparkContext.parallelize(input, numMappers).flatMap
   { p =>
     val ranGen = new Random
     val arr1 = new Array[(Int, Array[Byte])](numKVPairs)
     for(i <- 0 until numKVPairs) {
        val byteArr = new Array[Byte](valSize)
        ranGen.nextBytes(byteArr)
```

```
      arr1(i) = (ranGen.nextInt(numKVPairs), byteArr)
    }
    arr1
  }.cache()

  // Enforce that everything has been calculated and in cache
  println(pairs1.count())
  println(pairs1.toDebugString)  // 打印出形成 pairs1 的逻辑流程图
  val results = pairs1.groupByKey(numReducers)
  println(results.count())
  println(results.toDebugString)  // 打印出形成 results 的逻辑流程图
  spark.stop()
}
```

阅读代码后，对照 GroupByTest 代码和图 2.2，我们分析一下代码的具体执行流程。

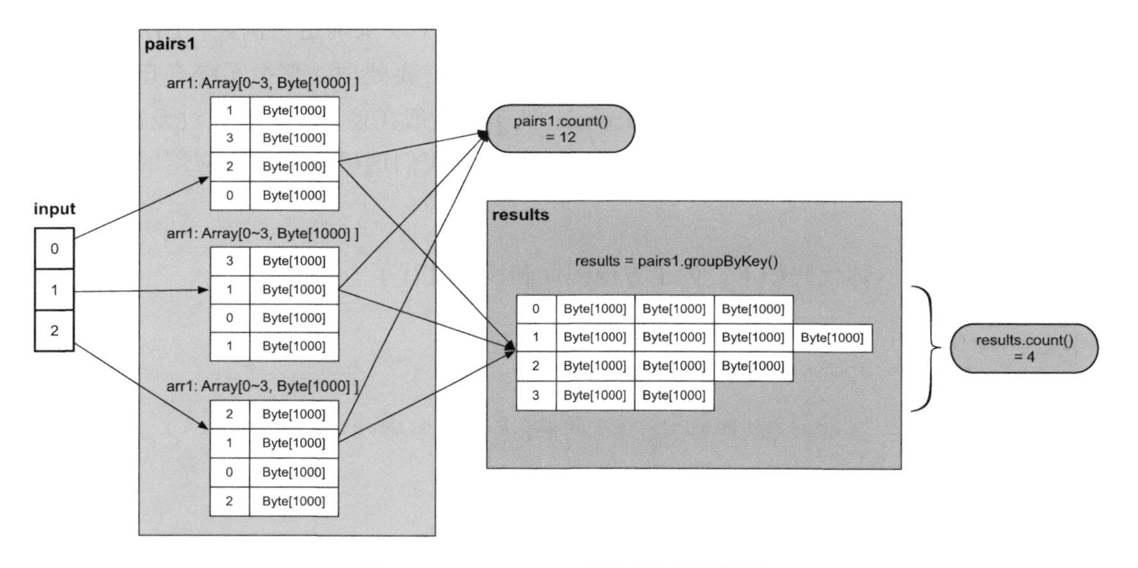

图 2.2　GroupByTest 应用的计算逻辑图

- 初始化 SparkSession，这一步主要是初始化 Spark 的一些环境变量，得到 Spark 的一些上下文信息 sparkContext，使得后面的一些操作函数（如 flatMap() 等）能够被编译器识别和使用，这一步同时创建 GroupByTest Driver，并初始化 Driver 所需要的各种对象。
- 设置参数 numMappers=3, numKVPairs=4, valSize=1000, numReducers= 2。
- 使用 sparkContext.parallelize(0 until numMappers, numMappers) 将 [0, 1, 2] 划分为 3 份，也就是每一份包含一个数字 $p=\{p=0, p=1, p=2\}$。接下来 flatMap() 的计算逻辑

是对于每一个数字 p（如 p=0），生成一个数组 arr1: Array[(Int, Byte[])]，数组长度为 numKVPairs=4。数组中的每个元素是一个 (Int, Byte[]) 对，其中 Int 为 [0, 3] 上随机生成的整数，Byte[] 是一个长度为 1000 的数组。因为 p 只有 3 个值，所以该程序总共生成 3 个 arr1 数组，被命名为 pairs1，pairs1 被声明为需要缓存到内存中。

- 接下来执行一个 action() 操作 pairs1.count()，来统计 pairs1 中所有 arr1 中的元素个数，执行结果应该是 numMappers * numKVPairs = 3×4=12。这一步除了计算 count 结果，还将每个 pairs1 中的 3 个 arr1 数组缓存到内存中，便于下一步计算。需要注意的是，缓存操作在这一步才执行，因为 pairs1 实际在执行 action() 操作后才会被生成，这种延迟（lazy）计算的方式与普通 Java 程序有所区别。action() 操作的含义是触发 Spark 执行数据处理流程、进行计算的操作，即需要输出结果，更详细的含义将在下一章中介绍。
- 执行完 pair1.count() 后，在已经被缓存的 pairs1 上执行 groupByKey() 操作，groupByKey() 操作将具有相同 Key 的 <Int, Byte[]> record 聚合在一起，得到 <Int, list (Byte[1000], Byte[1000],⋯, Byte[1000])>，总的结果被命名为 results。Spark 实际在执行这一步时，由多个 reduce task 来完成，reduce task 的个数等于 numReducers。
- 最后执行 results.count()，count() 将 results 中所有 record 个数进行加和，得到结果 4，这个结果也是 pairs1 中不同 Key 的总个数。

在探讨 GroupByTest 应用如何在 Spark 中执行前，我们先思考一下使用 Spark 编程与使用普通语言（如 C++/Java/Python）编写数据处理程序的不同。使用普通语言编程时，处理的数据在本地，程序也在本地进程中运行，我们可以随意定义变量、函数、控制流（分支、循环）等，编程灵活、受限较少，且程序按照既定顺序执行、输出结果。在 Spark 程序中，首先要声明 SparkSession 的环境变量才能够使用 Spark 提供的数据操作，然后使用 Spark 操作来定义数据处理流程，如 flatMap(func).groupByKey()。此时，我们只是定义了数据处理流程，而并没有让 Spark 真正开始计算，就像在一个画布上画出了数据处理流程，包括哪些数据处理步骤，这些步骤如何连接，每步的输入和输出是什么（如 flatMap() 中的 =>）。至于这些步骤和操作如何在系统中并行执行，用户并不需要关心。这有点像 SQL 语言，只需要声明想要得到的数据（select, where），以及如何对这些数据进行操作（GroupBy, join），至于这些操作如何实现，如何被系统执行，用户并不需要关心。在 Spark 中，唯一需要注意声明的数据处理流程在使用 action() 操作时，Spark 才真正执行处理流程，如果整个程序没有 action() 操作，那么 Spark 并不会执行数据处理流程。在普通程序中，程序一步步按照顺序执行，并没有这个限制。Spark 这样做与其需要分布式运行有关，更详细的内容在后续章节中介绍。

2.3.2 逻辑处理流程

了解了 Spark 应用的计算逻辑后，我们接下来研究 Spark 应用如何执行的问题。正如第 1 章介绍的，Spark 的实际执行流程比用户想象的要复杂，需要先建立 DAG 型的逻辑处理流程（Logical plan），然后根据逻辑处理流程生成物理执行计划（Physical plan），物理执行计划中包含具体的计算任务（task），最后 Spark 将 task 分配到多台机器上执行。

为了获得 GroupByTest 的逻辑处理流程，我们可以使用 toDebugString() 方法来打印出 pairs1 和 results 的产生过程，进而分析 GroupByTest 的整个逻辑处理流程。在这之前，我们先分析 GroupByTest 产生的 job 个数。由于 GroupByTest 进行了两次 action() 操作：pairs1.count() 和 results.count()，所以会生成两个 Spark 作业（job），如图 2.3 所示。接下来，我们分析 pairs1 和 results 的产生过程，即这两个 job 是如何产生的。

- Completed jobs (2)

Job Id	Description	Submitted	Duration	Stages: Succeeded/Total	Tasks (for all stages): Succeeded/Total
1	count at GroupByTest.scala:56 count at GroupByTest.scala:56	2019/06/12 10:50:58	0.7 s	2/2	5/5
0	count at GroupByTest.scala:52 count at GroupByTest.scala:52	2019/06/12 10:50:57	0.7 s	1/1	3/3

图 2.3 GroupByTest 应用生成的两个 job

1. pairs1.toDebugString() 的执行结果

```
(3) MapPartitionsRDD[1] at flatMap at GroupByTest.scala:41 [Memory
    Deserialized 1x Replicated]
 |       CachedPartitions:3; MemorySize:12.4 KB; ExternalBlockStoreSize:
         0.0 B; DiskSize: 0.0 B
 |   ParallelCollectionRDD[0] at parallelize at GroupByTest.scala:41
     [Memory Deserialized 1x Replicated]
```

第一行的“(3) MapPartitionsRDD[1]”表示的是 pairs1，即 pairs1 的类型是 MapPartitions-RDD，编号为 [1]，共有 3 个分区（partition），这是因为 pairs1 中包含了 3 个数组。由于设置了 pairs1.cache，所以 pairs1 中的 3 个分区在计算时会被缓存，其类型是 CachedPartitions。

那么 pairs1 是怎么生成的呢？我们看到描述“MapPartitionsRDD[1] at flatMap at GroupByTest.scala:41”，即 pairs1 是由 flatMap() 函数生成的，对照程序代码，可以发现确实是 input.parallelize().flatMap() 生成的。接着出现了“ParallelCollectionRDD[0]”，根据描述是由 input.parallelize() 函数生成的，编号为 [0]，因此，我们可以得到结论：input.parallelize() 得到一个 ParallelCollectionRDD，然后经过 flatMap() 得到 pairs1: MapPartitionsRDD。

2. results.toDebugString() 的执行结果

```
(2) ShuffledRDD[2] at groupByKey at GroupByTest.scala:55 []
 +-(3) MapPartitionsRDD[1] at flatMap at GroupByTest.scala:41 []
    |      CachedPartitions: 3; MemorySize: 12.4 KB;
           ExternalBlockStoreSize: 0.0 B; DiskSize: 0.0 B
    |  ParallelCollectionRDD[0] at parallelize at GroupByTest.scala:41 []
```

同样，第 1 行的“(2) ShuffledRDD[2]”表示的是 results，即 results 的类型是 ShuffledRDD，由 groupByKey() 产生，共有两个分区（partition），这是因为在 groupByKey() 中，设置了 partition number = numReducers = 2。接着出现了“MapPartitionsRDD [1]”，这个就是之前生成的 pairs1。接下来的 ParallelCollectionRDD 由 input.parallelize() 生成。

我们可以将上述过程画成逻辑处理流程图，如图 2.4 所示。

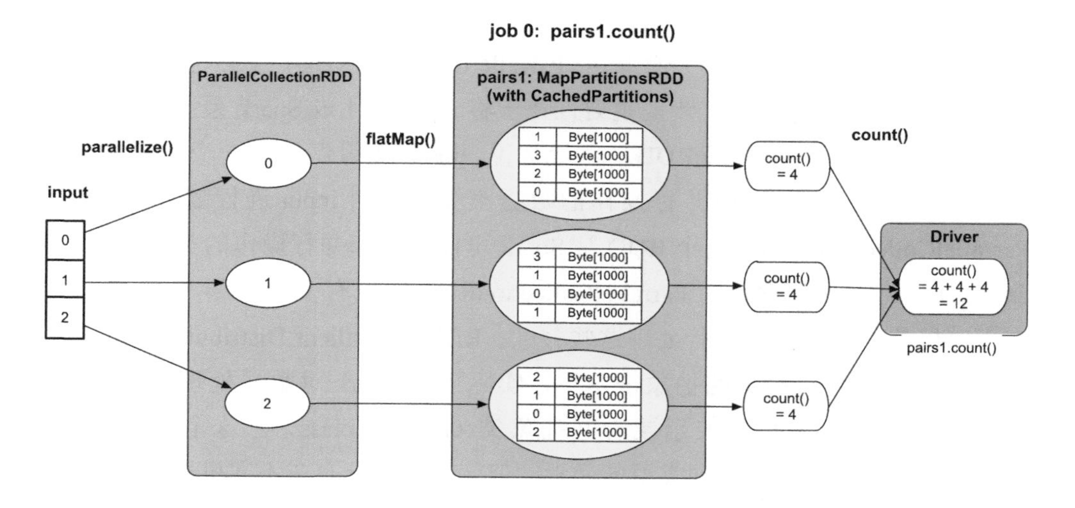

图 2.4　GroupByTest 的逻辑处理流程图

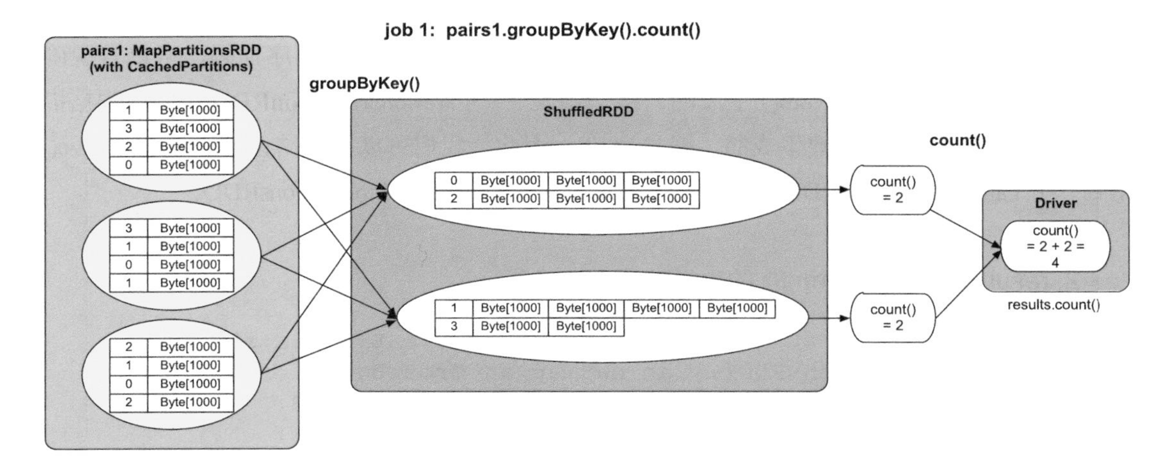

图 2.4　GroupByTest 的逻辑处理流程图（续）

图 2.4 展示了从 input 到最终结果的数据处理流程，即需要进行哪些操作，生成哪些中间数据，以及这些数据间的关联关系。Spark 在执行到 action() 操作时，会根据程序中的数据操作，自动生成这样的数据流程图，这里我们根据图 2.4 进一步解释 GroupByTest 生成的两个 job，并探讨其中涉及的概念。

第 1 个 job，即 pairs1.count() 的执行流程如下所述。

- input 是输入一个 [0, 1, 2] 的普通 Scala 数组。
- 执行 input.parallelize() 操作产生一个 ParrallelCollectionRDD，共 3 个分区，每个分区包含一个整数 *p*。这一步的重要性在于将 input 转化成 Spark 系统可以操作的数据类型 ParrallelCollectionRDD。也就是说，input 数组仅仅是一个普通的 Scala 变量，并不是 Spark 可以并行操作的数据类型。在对 input 进行划分后生成了 ParrallelCollectionRDD，这个 RDD 是 Spark 可以识别和并行操作的类型。可以看到 input 没有分区概念，而 ParrallelCollectionRDD 可以有多个分区，分区的意义在于可以使不同的 task 并行处理这些分区。RDD（Resilient Distributed Datasets）的含义是“并行数据集的抽象表示”，实际上是 Spark 对数据处理流程中形成的中间数据的一个抽象表示或者叫抽象类（abstract class），这个类就像一个“分布式数组”，包含相同类型的元素，但元素可以分布在不同机器上。例如，ParrallelCollectionRDD 中的每个元素是一个整数，这些元素具有 3 个分区，最多可以分布在 3 台机器上。RDD 还有一些其他特性，如不可改变性（immutable），这些特性会在后续章节中介绍。

- 在 ParrallelCollectionRDD 上执行 flatMap() 操作，生成 MapPartitionsRDD，该 RDD 同样包含 3 个分区，每个分区包含一个通过 flatMap() 代码生成的 arr1 数组。
- 执行 paris1.count() 操作，先在 MapPartitionsRDD 的每个分区上进行 count()，得到部分结果，然后将结果汇总到 Driver 端，在 Driver 端进行加和，得到最终结果。
- 由于 MapPartitionsRDD 被声明要缓存到内存中，因此这里将里面的分区都换成了黄色表示。缓存的意思是将某些可以重用的输入数据或中间计算结果存放到内存中，以减少后续计算时间。

第 2 个 job，即 results.count() 的执行流程如下所述。

- 在已经被缓存的 MapPartitionsRDD 上执行 groupByKey() 操作，产生了另外一个名为 ShuffledRDD 的中间数据，也就是 results，产生这个 RDD 的原因会在后面章节中讨论。这里我们将 ShuffledRDD 换了一种颜色表示，是因为 ShuffledRDD 与 MapPartitionsRDD 具有不同的分区个数，这样 MapPartitionsRDD 与 ShuffledRDD 之间的分区关系就不是一对一的，而是多对多的了，是多对多关系的原因会在后续章节中讨论。
- ShuffledRDD 中的数据是 MapPartitionsRDD 中数据聚合的结果，而且在不同的分区中具有不同 Key 的数据。
- 执行 results.count()，首先在 ShuffledRDD 中每个分区上进行 count() 的运算，然后将结果汇总到 Driver 端进行加和，得到最终结果。

经过以上分析，我们会有很多疑问，如 RDD 到底是一个什么概念？为什么要引入 RDD ？为什么会产生各种不同的 RDD，如 ParrallelCollectionRDD、MapPartitionsRDD ？这些 RDD 之间又有什么区别？为什么 RDD 之间的依赖关系有一对一、多对多，等等？这些问题我们将会在后续章节中详细解释。

这里我们只关心一个问题：有了这个逻辑处理流程图是不是就可以执行计算任务，算出结果了？答案是否定的，这个逻辑处理流程图只是表示输入 / 输出、中间数据，以及它们之间的依赖关系，并不涉及具体的计算任务。当然，我们可以简单地将每一个数据操作，如 map()、flatMap()、groupByKey()、count()，都作为一个计算任务，但是执行效率太低、内存消耗大，而且可靠性低。我们在第 4 章会详细分析该方案的问题。接下来，我们分析一下 Spark 是怎么根据逻辑处理流程生成物理执行计划，进而得到计算任务的。

2.3.3 物理执行计划

我们在分析了 GroupByTest 应用的逻辑处理流程后，明白该处理流程图表示的是输入 / 输出、中间数据及其之间的依赖关系，而不是计算任务的执行图。那么 Spark 是如何执行这个处理流程的，也就是如何生成具体执行任务的？

Spark 采用的方法是根据数据依赖关系，来将逻辑处理流程（Logical plan）转化为物理执行计划（Physical plan），包括执行阶段（stage）和执行任务（task）。具体包括以下 3 个步骤。

（1）首先确定应用会产生哪些作业（job）。在 GroupByTest 中，有两个 count() 的 action() 操作，因此会产生两个 job。

（2）其次根据逻辑处理流程中的数据依赖关系，将每个 job 的处理流程拆分为执行阶段（stage）。如图 2.4 所示，在 GroupByTest 中，job 0 中的两个 RDD 虽然是独立的，但这两个 RDD 之间的数据依赖是一对一的关系。因此，如图 2.5 所示，可以将这两个 RDD 放在一起处理，形成一个 stage，编号为 stage 0。在 job 1 中，MapPartitionsRDD 与 ShuffledRDD 之间是多对多的关系，Spark 将这两个 RDD 分别处理，形成两个执行阶段 stage 0 和 stage 1。为什么这么拆分，以及对于一般的应用怎么拆分将在后续章节中详细介绍。

（3）最后，对于每一个 stage，根据 RDD 的分区个数确定执行的 task 个数和种类。对于 GroupByTest 应用来说，job 0 中的 RDD 包含 3 个分区，因此形成 3 个计算任务（task）。如图 2.5 所示，首先，每个 task 从 input 中读取数据，进行 flatMap() 操作，生成一个 arr1 数组，然后，对该数组进行 count() 操作得到结果 4，完成计算。最后，Driver 将每个 task 的执行结果收集起来，加和计算得到结果 12。对于 job 1，其中 stage 0 只包含 MapPartitionsRDD，共 3 个分区，因此生成 3 个 task。每个 task 从内存中读取已经被缓存的数据，根据这些数据 Key 的 Hash 值将数据写到磁盘中的不同文件中，这一步是为了将数据分配到下一个阶段的不同 task 中。接下来的 stage 1 只包含 ShuffledRDD，共两个分区，也就是生成两个 task，每个 task 从上一阶段输出的数据中根据 Key 的 Hash 值得到属于自己的数据。图 2.5 中，stage 1 中的第 1 个 task 只获取并处理 Key 为 0 和 2 的数据，第 2 个 task 只获取并处理 Key 为 1 和 3 的数据。从 stage 0 到 stage 1 的数据分区和获取的过程称为 Shuffle 机制，也就是数据经过了混洗、重新分配，并且从一个阶段传递到了下一个阶段。关于 Shuffle 机制如何设计和实现将在后续章节中介绍。stage 1 中的 task 将相同 Key

的 record 聚合在一起，统计 Key 的个数作为 count() 的结果，完成计算。Driver 再将所有 task 的结果进行加和输出，完成计算。有关 task 的更多细节，如 task 的种类，将在后续章节中介绍。

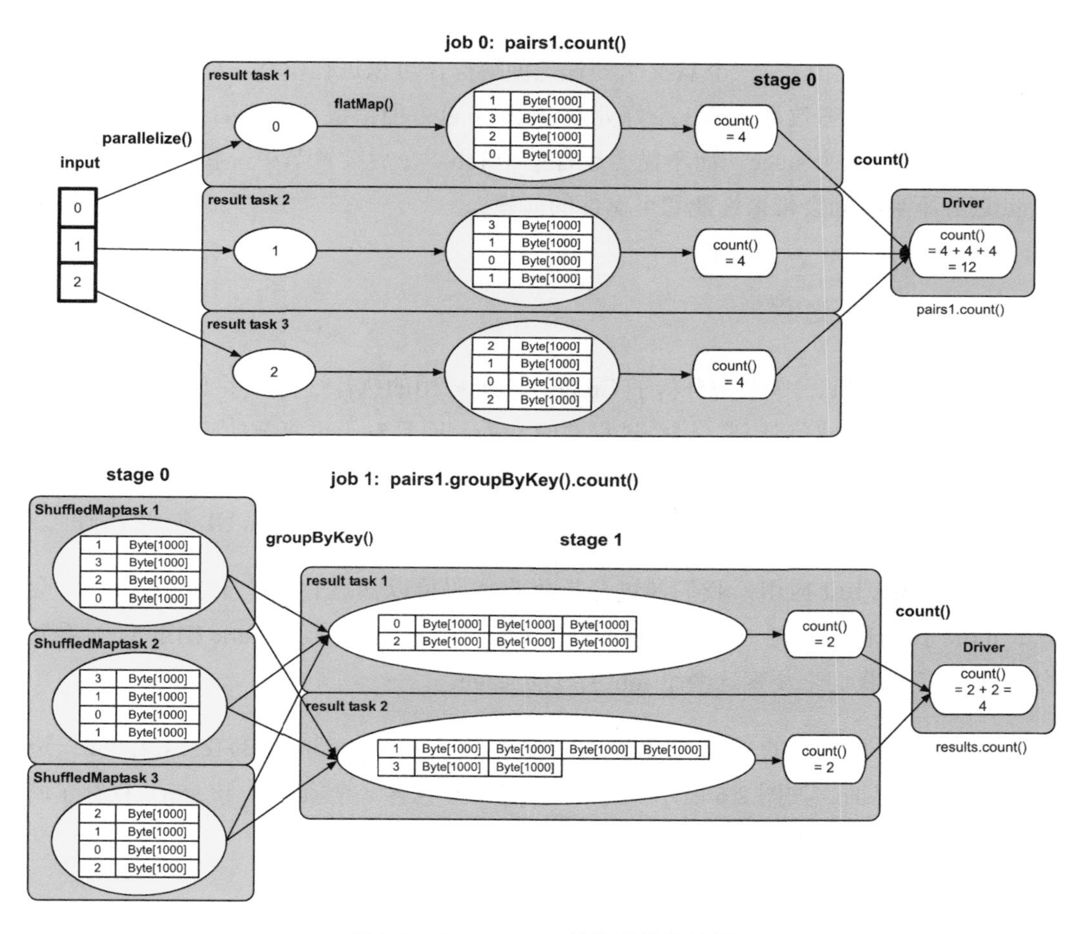

图 2.5　GroupByTest 的物理执行计划

生成执行任务 task 后，我们可以将 task 调度到 Executor 上执行，在同一个 stage 中的 task 可以并行执行。

至此，我们基本明白了 Spark 是如何根据应用程序代码一步步生成逻辑处理流程和物理执行计划的。然而，物理执行计划中还有很多问题我们没有探讨，如为什么要拆分为执行阶段？如何有一套通用的方法来将任意的逻辑处理流程拆分为执行阶段？ task 执行的时候是否会保存每一个 RDD 的中间数据？ Shuffle 机制如何实现？这里我们讨论一下第 1 个问题，其他问题会在后续章节中详细讨论。

为什么要拆分为执行阶段？在 2.3.2 节中我们讨论过，如果将每个操作都当作一个任务，那么效率太低，而且错误容忍比较困难。将 job 划分为执行阶段 stage 后，第 1 个好处是 stage 中生成的 task 不会太大，也不会太小，而且是同构的，便于并行执行。第 2 个好处是可以将多个操作放在一个 task 里处理，使得操作可以进行串行、流水线式的处理，这样可以提高数据处理效率。第 3 个好处是 stage 可以方便错误容忍，如一个 stage 失效，我们可以重新运行这个 stage，而不需要运行整个 job。在后续章节中，我们将会看到，如果 stage 划分不当，则会带来性能和可靠性的问题。

2.3.4 可视化执行过程

我们在 2.3.2 节和 2.3.3 节中分析了 GroupByTest 应用的执行过程，手工画出了该应用的逻辑处理流程和物理执行计划，这个过程费时费力，而且对于更复杂的应用来说，自己画出的逻辑处理流程和物理执行计划不一定正确，那么如何快速获得一个 Spark 应用的逻辑处理流程和物理执行计划呢？答案是根据 Spark 提供的执行界面，即 job UI 来进行分析。

对于 GroupByTest 应用，我们通过分析用户代码可以知道有两个 action() 操作，会形成两个 job。我们也可以通过 Spark 的 job UI（应用运行输出提示 Spark UI 地址）看到生成的 job。接下来我们来观察这两个 job 生成的 stage。

分析 job 0 及其包含的 stage，单击 job UI 中的“count at GroupByTest.scala:52”进入 Details for job 0 界面。如图 2.6 所示，可以看到 job 0 包含一个 stage，该 stage 执行了两个操作 parallelize() 和 flatMap()。

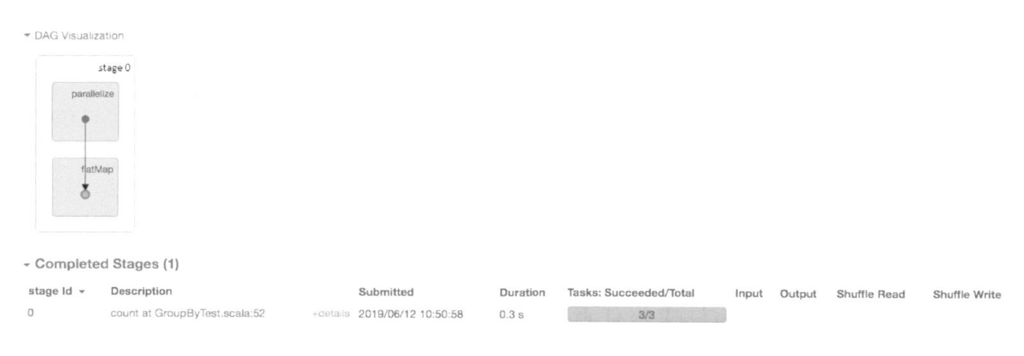

图 2.6　GroupByTest 中 job 0 包含的 stage

为了进一步分析该 stage 中的数据关联关系和生成的 task，我们可以单击图 2.6 中的“count at GroupByTest.scala:52”进入 Details for stage 0 界面。如图 2.7 所示，发现 stage 0 中包含两个 RDD，parallelize() 操作生成了 ParallelCollectonRDD，flatMap() 操作生成了 MapRartitionsRDD，并对该 RDD 进行缓存。cached 说明该 RDD 已经被缓存到内存中。这里没有显示这些 RDD 有几个分区，但是我们看到该 stage 有 3 个 task，可以断定分区个数为 3。task 中还有一些属性，如 Attempt、Locality Level、GC Time 等，我们在后续章节中再详细讨论。

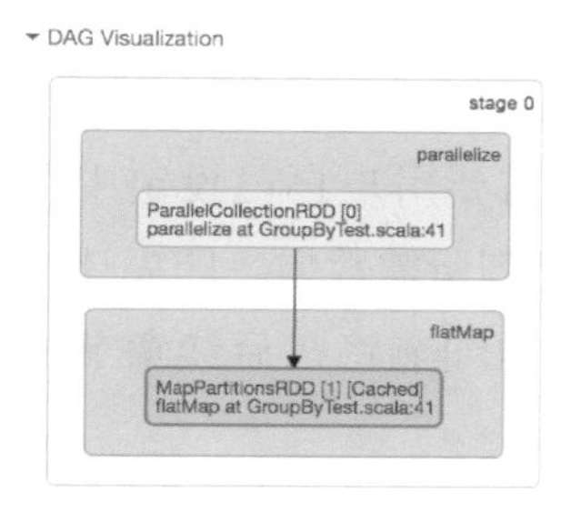

task (3)

Index ▲	ID	Attempt	Status	Locality Level	Executor ID	Host	Launch Time	Duration	GC Time	Errors
0	0	0	SUCCESS	PROCESS_LOCAL	Driver	localhost	2019/06/12 10:50:58	54 ms		
1	1	0	SUCCESS	PROCESS_LOCAL	Driver	localhost	2019/06/12 10:50:58	11 ms		
2	2	0	SUCCESS	PROCESS_LOCAL	Driver	localhost	2019/06/12 10:50:58	9 ms		

图 2.7　job 0 中 stage 0 的逻辑处理流程和生成的 task

分析 job 1 及其包含的 stage，单击 Spark job 页面（见图 2.3）中的“count at GroupByTest.scala:56”进入 Details for job 1 界面。如图 2.8 所示，可以看到 job 1 包含两个 stage，其中 stage 1 执行了两个操作 parallelize() 和 flatMap()，stage 2 执行了一个操作 groupByKey()。

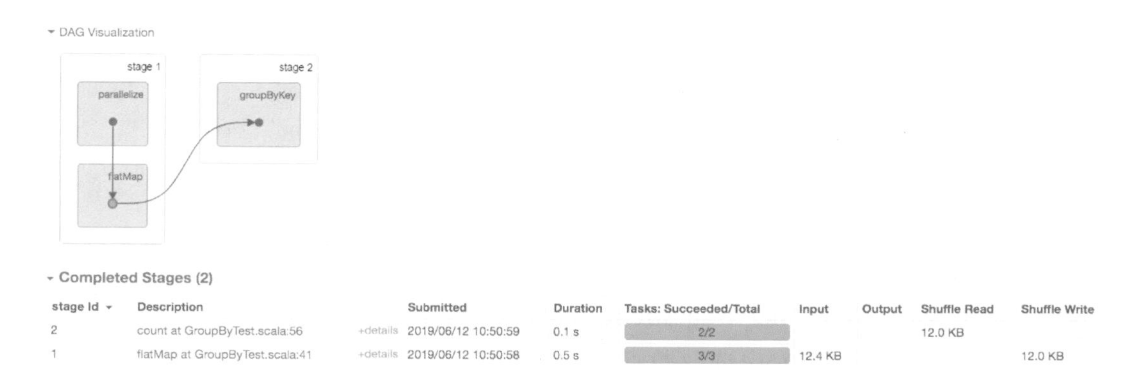

Completed Stages (2)

stage Id ▾	Description		Submitted	Duration	Tasks: Succeeded/Total	Input	Output	Shuffle Read	Shuffle Write
2	count at GroupByTest.scala:56	+details	2019/06/12 10:50:59	0.1 s	2/2			12.0 KB	
1	flatMap at GroupByTest.scala:41	+details	2019/06/12 10:50:58	0.5 s	3/3	12.4 KB			12.0 KB

图 2.8　job 1 中 stage 1 包含的两个 stage

对于 stage 1，单击图 2.8 中的“flatMap at GroupByTest.scala:41”进入 Details for stage 1 界面。如图 2.9 所示，发现 stage 1 中包含的两个 RDD 与上一个 job 中 stage 0 包含的 RDD 相同。与我们在 2.3.2 节中给出的 GroupByTest 的逻辑处理流程图相比，这里多了一个 ParallelCollectonRDD。这里多出现一个 RDD 是因为 paris1: MapPartitionsRDD 是由 input.parallelize().flatMap() 得到的，也就是先生成 ParallelCollectonRDD，然后再生成 MapPartitionsRDD。在执行 job 1 时，MapPartitionsRDD 是已经被缓存的。在真正计算时，ParallelCollectonRDD 没有参与计算，因此我们在 2.3.2 节的图 2.4 中没有再次画出 ParallelCollectonRDD。假设 MapPartitionsRDD 没有被缓存，我们就需要画出 ParallelCollectonRDD。这里读者可能有一个疑问：为什么在没有被缓存的情况下，第 2 个 job 又从 ParallelCollectonRDD 开始计算了呢？这是因为 Spark 需要用户自己设定中间数据是否被缓存，如果没有被缓存，则会利用数据依赖关系计算得到所需数据，即先计算得到 ParallelCollectonRDD，再计算得到 MapPartitionsRDD。更多的细节将在后续章节中介绍。

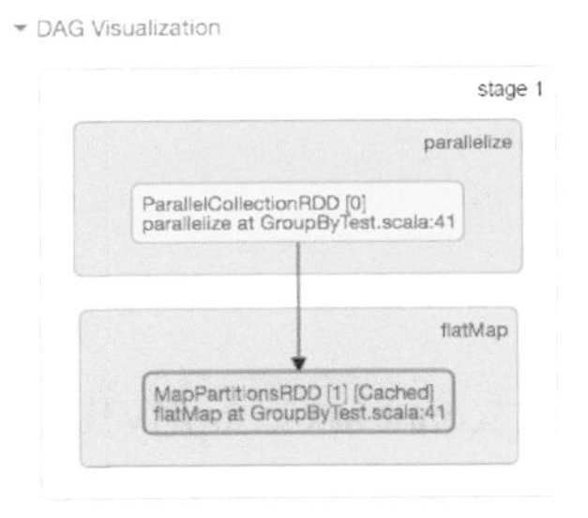

task (3)

Index ▲	ID	Attempt	Status	Locality Level	Executor ID	Host	Launch Time	Duration	GC Time	Input Size / Records	Write Time	Shuffle Write Size / Records	Errors
0	3	0	SUCCESS	PROCESS_LOCAL	Driver	localhost	2019/06/12 10:50:58	0.4 s		4.1 KB / 4	10 ms	4.0 KB / 4	
1	4	0	SUCCESS	PROCESS_LOCAL	Driver	localhost	2019/06/12 10:50:59	22 ms		4.1 KB / 4	1 ms	4.0 KB / 4	
2	5	0	SUCCESS	PROCESS_LOCAL	Driver	localhost	2019/06/12 10:50:59	23 ms		4.1 KB / 4	2 ms	4.0 KB / 4	

图 2.9 job 1 中 stage 1 的逻辑处理流程和生成的 task

对于 stage 1 生成的 task，发现相比 stage 0 和 stage 1 中的 3 个 task 多了 Input Size/Records、Write Time 和 Shuffle Write Size/Records 3 个属性。这是因为 stage 1 中的 task 是从缓存（MapPartitionsRDD）中读取数据进行处理的，所以有 Input Size 属性，而 stage

0 中的 task 是根据数字 p 自动生成其他数据的，没有真正的读取动作，所以没有 Input Size。同样，stage 0 中的 task 的结果直接通过网络返回给 Driver 端，没有磁盘写入和 Shuffle 动作，也就没有 Write Time 和 Shuffle Write Size 等属性。前面介绍过，stage 1 中的 task 需要进行 Shuffle，把具有不同 Hash 值的数据 Key 写入不同的磁盘文件中，因而有 Write Time 和 Shuffle Write Size。

对于 stage 2，单击图 2.8 中的“count at GroupByTest.scala:56”进入 Details for stage 2 界面，得到图 2.10。与我们在 2.3.2 节中给出的逻辑处理流程一致，在进行 groupByKey() 操作后生成了 ShuffledRDD。stage 2 包含两个 task，每个 task 包含一个 Shuffle Read Size 的属性，表示从 stage 1 的输出结果中 Shuffle Read 的数据。每个 task 获取了 6 个 record，与我们画出的物理执行计划一致。

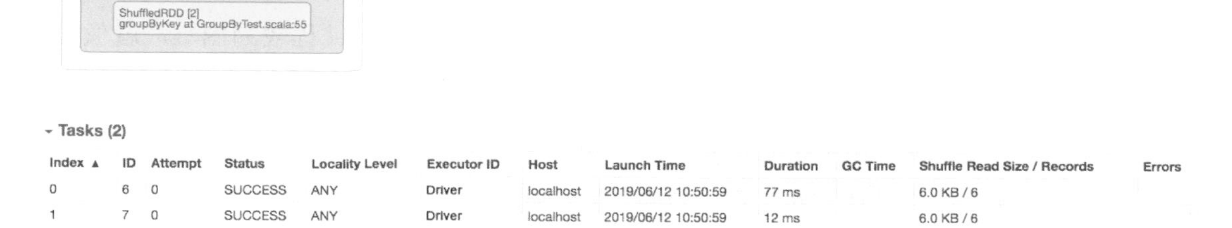

Index ▲	ID	Attempt	Status	Locality Level	Executor ID	Host	Launch Time	Duration	GC Time	Shuffle Read Size / Records	Errors
0	6	0	SUCCESS	ANY	Driver	localhost	2019/06/12 10:50:59	77 ms		6.0 KB / 6	
1	7	0	SUCCESS	ANY	Driver	localhost	2019/06/12 10:50:59	12 ms		6.0 KB / 6	

图 2.10　job 1 中 stage 2 的逻辑处理流程和生成的 task

至此，我们已经学会利用 Spark 界面给出的图示来分析 Spark 应用的逻辑处理流程和物理执行计划了。与我们在 2.3.2 节和 2.3.3 节中手工画出的图的区别是，Spark 界面给出的图不能展示出每个 RDD 产生的具体数据。为了让读者更容易理解逻辑处理流程图，我们在手工画出的图中加入了每个 RDD 应该会产生的数据，而在实际运行时 Spark 并不关心这些数据具体是什么，也不会存储每个 RDD 中的数据，所以也就无法图示出 RDD 中的数据。当然，我们可以用一些强制输出的办法输出其中我们感兴趣的 RDD 中的数据，具体方法将在后续章节中介绍。

2.4 Spark 编程模型

在 2.3.1 节中我们讨论了使用 Spark 编程与使用普通 C++/Java/Python 语言编写数据处理程序的不同。这里我们想进一步讨论一下大数据编程模型的演变过程。2014 年 Google 发表了 *MapReduce* 论文，将大数据的编程模型抽象为 map 和 reduce 阶段，核心是 map() 和 reduce() 函数，通过组合这两个函数可以完成一大部分的数据处理任务（主要是可以被分治处理的粗粒度任务）。对于用户来说，给定一个数据处理任务，需要解决的问题就是如何设计这两个函数来实现任务。这样的好处是用户并不需要关心系统是怎么分布运行的，而坏处是用户需要按照固定的 map—reduce 计算流程去设计。对于一个复杂的数据处理流程，也就是一个 workflow，用简单的 map()/reduce() 函数去实现这个 workflow 会很困难。例如，需要自己设计生成多少个 job，每个 job 只包含 map() 函数，还是 map() 和 reduce() 函数都包含，job 之间的数据如何存放、连接等。再例如，为了实现 join()，用户需要设计两种 map() 函数，一个处理第 1 张表，另一个处理第 2 张表，还需要精心设计 reduce() 函数，使得能够分辨来自不同表的数据，进行最后的 join()。简而言之，编程较为困难，就像使用没有库函数的 C 语言来编程。

为了解决这个问题，研究人员的想法是，提供更高层的操作函数来屏蔽 Map—reduce 的实现细节。那么如何设计这些高层函数呢？我们通过回想普通语言来研究。例如，Java 是怎么方便编程的？ Java 语言通过提供常用的数据结构，如 Array、HashMap 等来方便用户组织数据，并在数据结构上提供常用函数来方便进行数据操作。根据这个思想，Google 在 MapReduce 编程模型之上设计了 FlumeJava，提供了典型数据结构来表示输入 / 输出和中间数据，如提供的 PCollection<T> 类似于 Java 中 Collection<T>，提供的 PTable<T> 是 PCollection<T> 的子类，类似一个二维表，这些数据结构表示了分布在不同机器上的数据。在这些数据结构上提供常见的数据操作，如 parallelDo()、groupByKey()、join() 等。这样，用户在设计数据处理流程时，可以更关注需要多少处理步骤，每一步进行什么样的数据操作及得到什么样的数据，而不是关注怎样用两个函数 map() 和 reduce() 实现数据处理流程。微软的研究人员也提出了类似的高层语言 DryadLINQ，提供 IEnumerable<T>、DryadTable<T> 等数据结构，以及类似 SQL 的 select()、GroupBy()、join() 等操作。Spark 借鉴了这两种编程模型，并提出了 RDD 的数据结构，以及相应的数据操作，我们在下一章将详细讲述该数据结构和常用的数据操作。

2.5　本章小结

本章首先讨论了 Spark 系统的安装部署、系统架构，以及其中涉及的重要概念。然后，我们通过 Spark 应用例子概览了 Spark 运行应用的整个过程。最后，我们讨论了 Spark 的编程模型。接下来，我们将在第 3 章中详细讨论 Spark 是如何根据用户代码生成逻辑处理流程的，在第 4 章中详细讨论 Spark 是如何根据逻辑处理流程生成物理执行计划的，其他章节将讨论 Shuffle 机制的具体实现、更复杂的应用，以及缓存与 checkpoint 机制等。

第二部分

Spark 大数据处理框架的核心理论

第 3 章

Spark 逻辑处理流程

本章主要介绍 Spark 是如何将应用程序转化为逻辑处理流程的，包括 RDD 数据模型概念、数据操作概念，以及数据依赖关系的建立规则等。本章还将详细介绍常用的数据操作，不仅给出相关的示例代码，还会详细给出其逻辑处理流程图、探讨相关的性能问题，为下一章讨论物理执行计划做准备。

3.1 Spark 逻辑处理流程概览

在第 2 章中，我们了解了 Spark 在运行应用前，首先需要将应用程序转化为逻辑处理流程（Logical plan）。这一章我们将详细讨论这个转化过程。为了解释一些概念，我们假设 Spark 已经为一个典型应用生成了逻辑处理流程，如图 3.1 所示。图 3.1 表示了从数据源开始经过了哪些处理步骤得到最终结果，还有中间数据及其依赖关系。

这个典型的逻辑处理流程主要包含四部分。

（1）数据源（Data blocks）：数据源表示的是原始数据，数据可以存放在本地文件系统和分布式文件系统中，如 HDFS、分布式 Key-Value 数据库（HBase）等。在 IntelliJ IDEA 中运行单机测试时，数据源可以是内存数据结构，如 list(1,2,3,4,5）；对于流式处理来说，数据源还可以是网络流等。这里我们只讨论批式处理，所以限定数据源是静态数据。

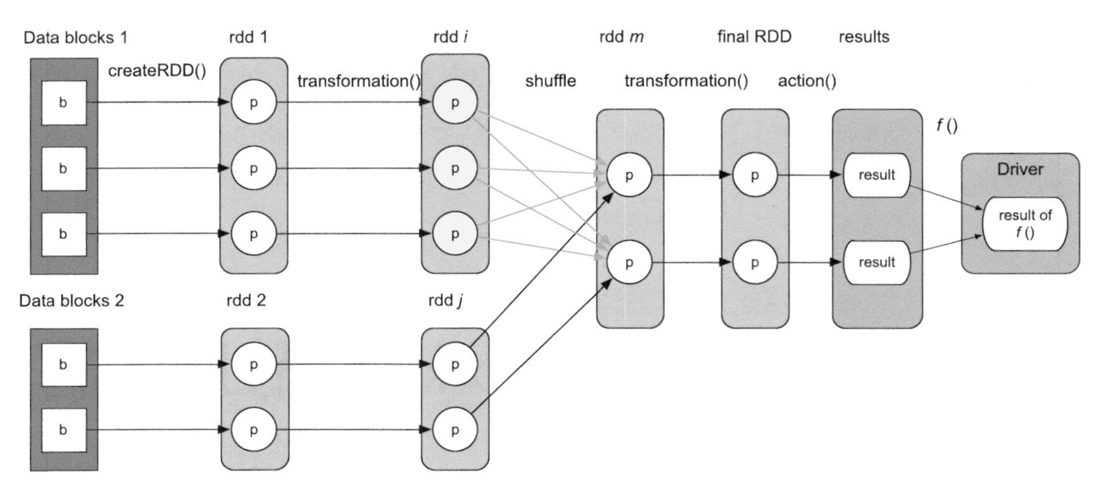

图 3.1　一个典型的 Spark 逻辑处理流程

（2）数据模型：确定了数据源后，我们需要对数据进行操作处理。首要问题是如何对输入 / 输出、中间数据进行抽象表示，使得程序能够识别处理。在使用普通的面向对象程序（C++/Java 程序）处理数据时，我们将数据抽象为对象（object），如 doubleObject= new Double(2.0)、listObject = new ArrayList()。然后，我们可以在对象上定义数据操作，如 doubleObject.longValue() 可以将数据转化为 long 类型，listObject.add(*i*,Value) 可以在 list 的第 *i* 个位置插入一个元素 Value。Hadoop MapReduce 框架将输入 / 输出、中间数据抽象为 <K,V> record，这样 map()/reduce() 按照 <K,V> record 的形式读入并处理数据，最后输出为 <K,V> record 形式。这种数据表示方式的优点是简单易操作，缺点是过于细粒度。没有对这些 <K,V> record 进行更高层的抽象，导致只能使用 map(K, V) 这样的固定形式去处理数据，而无法使用类似面向对象程序的灵活数据处理方式，如 records.operation()。

Spark 认知到了这个缺点，将输入 / 输出、中间数据抽象表示为统一的数据模型（数据结构），命名为 RDD（Resilient Distributed Datasets）。每个输入 / 输出、中间数据可以是一个具体的实例化的 RDD，如第 2 章介绍的 ParallelCollectionRDD 等。RDD 中可以包含各种类型的数据，可以是普通的 Int、Double，也可以是 <K,V> record 等。RDD 与普通数据结构（如 ArrayList）的主要区别有两点：

- RDD 只是一个逻辑概念，在内存中并不会真正地为某个 RDD 分配存储空间（除非该 RDD 需要被缓存）。RDD 中的数据只会在计算中产生，而且在计算完成后就会消失，而 ArrayList 等数据结构常驻内存。

- RDD 可以包含多个数据分区，不同数据分区可以由不同的任务（task）在不同节点进行处理。

（3）数据操作：定义了数据模型后，我们可以对 RDD 进行各种数据操作，Spark 将这些数据操作分为两种：transformation() 操作和 action() 操作。两者的区别是 action() 操作一般是对数据结果进行后处理（post-processing），产生输出结果，而且会触发 Spark 提交 job 真正执行数据处理任务（在下一章中详细介绍）。transformation() 操作和 action() 操作的使用方式分别为 rdd.transformation() 和 rdd.action()，如 rdd2 = rdd1.map(func) 表示对 rdd1 进行 map() 操作得到新的 rdd2；还有二元操作，如 rdd3 = rdd1.join(rdd2) 表示对 rdd1 和 rdd2 进行 join() 操作得到 rdd3。这里读者可能会问一个问题：为什么操作叫作 transformation()？ transformation 这个词隐含了一个意思是单向操作，也就是 rdd1 使用 transformation() 后，会生成新的 rdd2，而不能对 rdd1 本身进行修改。在普通 C++/Java 程序中，我们既可以对 ArrayList 上的数据进行统计分析再生成新的 ArrayList，也可以对 ArrayList 中的数据进行修改，而且可以对每个元素进行细粒度的修改，如 ArrayList[*i*] = ArrayList[*i*] + 1。然而，在 Spark 中，因为数据操作一般是单向操作，通过流水线执行（下一章介绍），还需要进行错误容忍等，所以 RDD 被设计成一个不可变类型，可以类比成一个不能修改其中元素的 ArrayList。后续我们会更深入讨论这个问题。一直使用 transformation() 操作可以不断生成新的 RDD，而 action() 操作用来计算最后的数据结果，如 rdd1.count() 操作可以统计 rdd1 中包含的元素个数，rdd1.collect() 操作可以将 rdd1 中的所有元素汇集到 Driver 节点，并进行进一步处理。

（4）计算结果处理：由于 RDD 实际上是分布在不同机器上的，所以大数据应用的结果计算分为两种方式：一种方式是直接将计算结果存放到分布式文件系统中，如 rdd.save("hdfs://file_location")，这种方式一般不需要在 Driver 端进行集中计算；另一种方式是需要在 Driver 端进行集中计算，如统计 RDD 中元素数目，需要先使用多个 task 统计每个 RDD 中分区（partition）的元素数目，然后将它们汇集到 Driver 端进行加和计算。例如，在图 3.1 中，每个分区进行 action() 操作得到部分计算结果 result，然后将这些 result 发送到 Driver 端后对其执行 *f*() 函数，得到最终结果。

3.2　Spark 逻辑处理流程生成方法

我们在写程序时会想到类似图 3.1 的逻辑处理流程。然而，Spark 实际生成的逻辑处理流程图往往比我们头脑中想象的更加复杂，例如，会多出几个 RDD，每个 RDD 会有不同的分区个数，RDD 之间的数据依赖关系不同，等等。对于 Spark 来说，需要有一套通用的方法，其能够将应用程序自动转化为确定性的逻辑处理流程，也就是 RDD 及其之间的数据依赖关系。因此，需要解决以下 3 个问题。

① 根据应用程序如何产生 RDD，产生什么样的 RDD ？

② 如何建立 RDD 之间的数据依赖关系？

③ 如何计算 RDD 中的数据？

3.2.1 根据应用程序如何产生 RDD，产生什么样的 RDD

我们能想到的一种简单解决方法是对程序中的每一个数据进行操作，也就是用 transformation() 方法返回（创建）一个新的 RDD。这种方法的主要问题是只适用于逻辑比较简单的 transformation()，如在 rdd1 上使用 map(func) 进行操作时，是对 rdd1 中每一个元素执行 func() 函数得到一个新的元素，因此只会生成一个 rdd2。然而，一些复杂的 transformation()，如 join()、distinct() 等，需要对中间数据进行一系列子操作，那么一个 transformation() 会创建多个 RDD。例如，rdd3 = rdd1.join(rdd2) 需要先将 rdd1 和 rdd2 中的元素聚合在一起，然后使用笛卡儿积操作生成关联后的结果，在这个过程中会生成多个 RDD。Spark 依据这些子操作的顺序，将生成的多个 RDD 串联在一起，而且只返回给用户最后生成的 RDD。这就是 Spark 实际创建出的 RDD 个数比我们想象的多一些的原因。

我们在第 2 章中看到 RDD 的类型有多种，如 ParallelCollectionRDD、MapPartitionsRDD、ShuffledRDD 等。为什么会有这么多不同类型的 RDD，应该产生哪些 RDD ？虽然我们用 RDD 来对输入 / 输出、中间数据进行统一抽象，但这些数据本身可能具有不同的类型，而且是由不同的计算逻辑得到的，可能具有不同的依赖关系。因此，我们需要多种类型的 RDD 来表示这些不同的数据类型、不同的计算逻辑，以及不同的数据依赖。Spark 实际产生的 RDD 类型和个数与 transformation() 的计算逻辑有关，官网上 [69] 也给出了典型的 transformation() 操作及其创建的 RDD。然而，只看官网上的解释，很难理解某些操作的真正含义，我们会在 3.3 节中通过图示详细介绍每个操作的含义及产生的 RDD。

3.2.2 如何建立 RDD 之间的数据依赖关系

我们已经知道 transformation() 操作会形成新的 RDD，那么接下来的问题就是如何建立 RDD 之间的数据依赖关系？数据依赖关系包括两方面：一方面是 RDD 之间的依赖关系，如一些 transformation() 会对多个 RDD 进行操作，则需要建立这些 RDD 之间的关系。另一方面是 RDD 本身具有分区特性，需要建立 RDD 自身分区之间的关联关系。具体地，我们需要解决以下 3 个问题。

① 如何建立 RDD 之间的数据依赖关系？例如，生成的 RDD 是依赖于一个 parent RDD，还是多个 parent RDD？

② 新生成的 RDD 应该包含多少个分区？

③ 新生成的 RDD 与其 parent RDD 中的分区间是什么依赖关系？是依赖 parent RDD 中的一个分区还是多个分区呢？

第 1 个问题可以很自然地解决，对于一元操作，如 rdd2 = rdd1.transformation() 可以确定 rdd2 只依赖 rdd1，所以关联关系是“rdd1=>rdd2”。对于二元操作，如 rdd3 = rdd1.join(rdd2)，可以确定 rdd3 同时依赖 rdd1 和 rdd2，关联关系是“(rdd1,rdd2) => rdd3”。二元以上的操作可以类比二元操作。

第 2 个问题是如何确定新生成的 RDD 的分区个数？在 Spark 中，新生成的 RDD 的分区个数由用户和 parent RDD 共同决定，对于一些 transformation()，如 join() 操作，我们可以指定其生成的分区的个数，如果个数不指定，则一般取其 parent RDD 的分区个数最大值。还有一些操作，如 map()，其生成的 RDD 的分区个数与数据源的分区个数相同，会在后面详细讨论。

第 3 个问题比较复杂，分区之间的依赖关系既与 transformation() 的语义有关，也与 RDD 的分区个数有关。例如，在执行 rdd2 = rdd1.map() 时，map() 对 rdd1 的每个分区中的每个元素进行计算，可以得到新的元素，类似一一映射，所以并不需要改变分区个数，即 rdd2 的每个分区唯一依赖 rdd1 中对应的一个分区。而对于 groupByKey() 之类的聚合操作，在计算时需要对 parent RDD 中各个分区的元素进行计算，需要改变分区之间的依赖关系，使得 RDD 中的每个分区依赖其 parent RDD 中的多个分区，后面会详细展示。

那么 Spark 是怎么设计出一个通用的方法来解决第 3 个问题，即建立分区之间的依赖关系的呢？

理论上，分区之间的数据依赖关系可以灵活自定义，如一一映射、多对一映射、多对多映射或者任意映射等。但实际上，常见数据操作的数据依赖关系具有一定的规律，

Spark 通过总结这些数据操作的数据依赖关系，将其分为两大类，具体如下所述。

1）窄依赖（NarrowDependency）

窄依赖的官方解释是："Base class for dependencies where each partition of the child RDD depends on a small number of partitions of the parent RDD. Narrow dependencies allow for pipelined execution。"

中文意思："如果新生成的 child RDD 中每个分区都依赖 parent RDD 中的一部分分区，那么这个分区依赖关系被称为 NarrowDependency。"

RDD 及其分区之间的数据依赖关系类型如图 3.2 所示。窄依赖可以进一步细分为 4 种依赖。

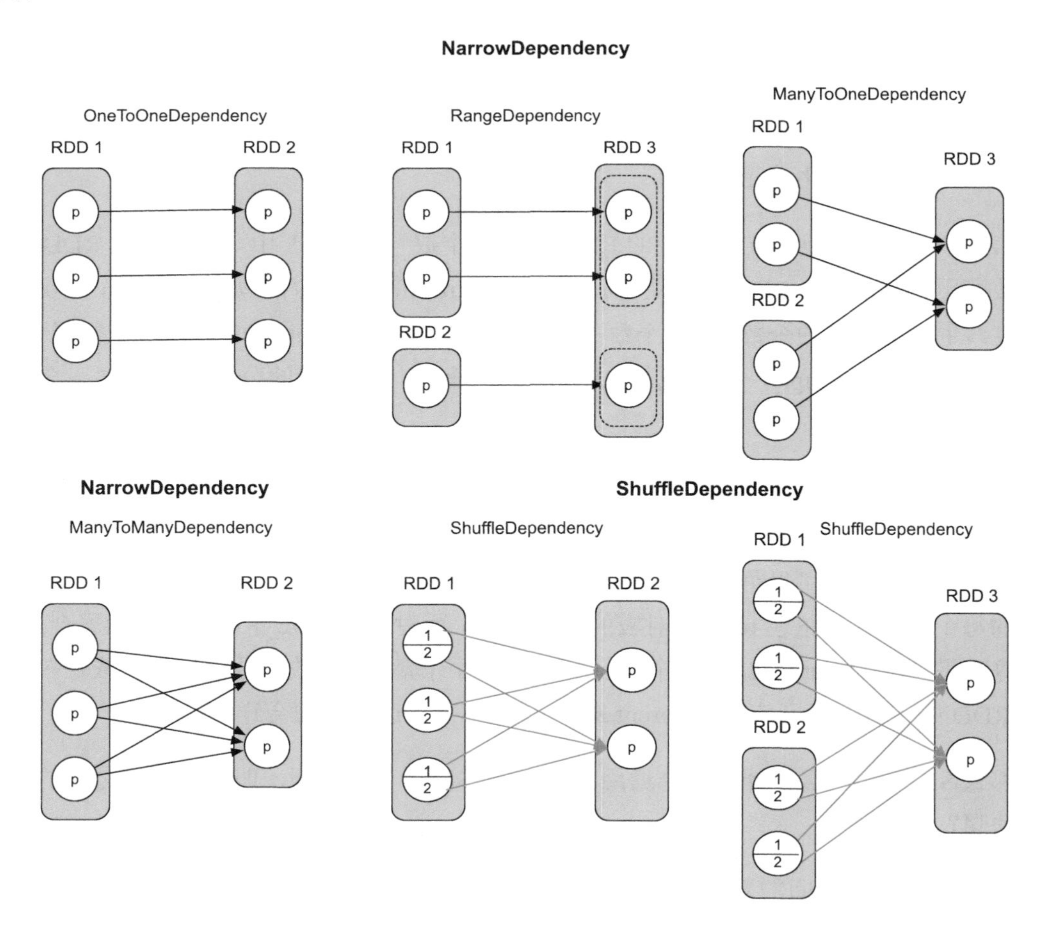

图 3.2　RDD 及其分区之间的数据依赖关系类型

- 一对一依赖（OneToOneDependency）：一对一依赖表示 child RDD 和 parent RDD 中的分区个数相同，并存在一一映射关系。典型的 transformation() 包括 map()、fliter() 等。
- 区域依赖（RangeDependency）：表示 child RDD 和 parent RDD 的分区经过区域化后存在一一映射关系。典型的 transformation() 包括 union() 等。
- 多对一依赖（ManyToOneDependency）：表示 child RDD 中的一个分区同时依赖多个 parent RDD 中的分区。典型的 transformation() 包括具有特殊性质的 cogroup()、join() 等，这个特殊性质将在 3.3 节中详细介绍。
- 多对多依赖（ManyToManyDependency）：表示 child RDD 中的一个分区依赖 parent RDD 中的多个分区，同时 parent RDD 中的一个分区被 child RDD 中的多个分区依赖。典型的 transformation() 是 cartesian()。

注意：为了区别不同种类的依赖关系，本书定义了两种新的窄依赖关系，即 ManyToOneDependency 和 ManyToManyDependency，实际上，在 Spark 代码中没有对这两种依赖关系进行命名，只是统称为 NarrowDependency。另外，至于窄依赖为什么可以方便地进行流水线执行，将在下一章中介绍。

2）宽依赖（ShuffleDependency）

宽依赖的官方解释是："Represents a dependency on the output of a shuffle stage。" 这个解释是从实现角度来讲的，如果从数据流角度解释，宽依赖表示新生成的 child RDD 中的分区依赖 parent RDD 中的每个分区的一部分。什么是"依赖 partent RDD 中的每个分区的一部分"呢？我们对比图 3.2 中的 ManyToManyDependency 和 ShuffleDependency，发现 ShuffleDependency 中 RDD 2 的每个分区虽然依赖 RDD 1 中的所有分区，但只依赖这些分区中 id 为 1 或 2 的部分，而 ManyToManyDependency 中 RDD 2 的每个分区依赖 RDD 1 中每个分区的所有部分。实际上，在 ManyToManyDependency 中，RDD 1 中每个分区被依赖了 2 次，而在 ShuffleDependency 中每个分区只被依赖了 1 次。通常，parent RDD 中的分区只需要被使用（处理）1 次，因此 ShuffleDependency 更加常用。与 NarrowDependency 类似，ShuffleDependency 也包含多个 parent RDD 的情况。在图 3.2 及后面的图中，我们用红色箭头来表示 ShuffleDependency。

总的来说，窄依赖、宽依赖的区别是 child RDD 的各个分区是否完全依赖 parent RDD 的一个或者多个分区。根据数据操作语义和分区个数，Spark 可以在生成逻辑处理流程时就明确 child RDD 是否需要 parent RDD 的一个或多个分区的全部数据。如果 parent RDD 的一个或者多个分区中的数据需要全部流入 child RDD 的某一个或者多个分区，则是窄依赖。如果 parent RDD 分区中的数据需要一部分流入 child RDD 的某一个分区，另外一部分流入 child RDD 的另外分区，则是宽依赖。

读者可能会问，“对数据依赖（Dependency）进行分类有什么用处”？这样做首先可以明确 RDD 分区之间的数据依赖关系，在执行时 Spark 可以确定从哪里获取数据，输出数据到哪里。其次，对数据依赖进行分类有利于生成物理执行计划。NarrowDependency 在执行时可以在同一个阶段进行流水线（pipeline）操作，不需要进行 Shuffle，而 ShuffleDependency 需要进行 Shufle（将在下一章的物理执行计划中详细介绍）。最后，对数据依赖进行分类有利于代码实现，如 OneToOneDependency 可以采用一种实现方式，而 ShuffleDependency 采用另一种实现方式。这样，Spark 可以根据 transformation() 操作的计算逻辑选择合适的数据依赖进行实现。

了解 RDD 之间的分区依赖关系后，我们还需要解决的一个问题是如何对 RDD 内部的数据进行分区？常用的数据分区方法（Partitioner）包括 3 种：水平划分、Hash 划分（HashPartitioner）和 Range 划分（RangePartitioner）。Spark 采用了这 3 种分区方法，具体如下所述。

（1）水平划分：按照 record 的索引进行划分。例如，我们经常使用的 sparkContext.parallelize(list(1,2,3,4,5,6,7,8,9), 3)，就是按照元素的下标划分，(1, 2, 3) 为一组，(4, 5, 6) 为一组，(7, 8, 9) 为一组。这种划分方式经常用于输入数据的划分，如使用 Spark 处理大数据时，我们先将输入数据上传到 HDFS 上，HDFS 自动对数据进行水平划分，也就是按照 128MB 为单位将输入数据划分为很多个小数据块（block），之后每个 Spark task 可以只处理一个数据块。

（2）Hash 划分（HashPartitioner）：使用 record 的 Hash 值来对数据进行划分，该划分方法的好处是只需要知道分区个数，就能将数据确定性地划分到某个分区。在水平划分中，由于每个 RDD 中的元素数目和排列顺序不固定，同一个元素在不同 RDD 中可能被划分到不同分区。而使用 HashPartitioner，可以根据元素的 Hash 值，确定性地得出该元素的分区。该划分方法经常被用于数据 Shuffle 阶段。

（3）Range 划分（RangePartitioner）：该划分方法一般适用于排序任务，核心思想是按照元素的大小关系将其划分到不同分区，每个分区表示一个数据区域。例如，我们想对一个数组进行排序，数组里每个数字是 [0, 100] 中的随机数，Range 划分首先将上下界 [0, 100] 划分为若干份（如 10 份），然后将数组中的每个数字分发到相应的分区，如将 18 分发到 (10, 20] 的分区，最后对每个分区进行排序，这个排序过程可以并行执行，排序完成后是全局有序的结果。Range 划分需要提前划分好数据区域，因此需要统计 RDD 中数据的最大值和最小值。为了简化这个统计过程，Range 划分经常采用抽样方法来估算数据区域边界。

3.2.3 如何计算 RDD 中的数据

在上面两小节中，我们理解了如何生成 RDD，以及建立 RDD 之间的数据依赖关系，但还有一个问题是，如何计算 RDD 中的数据？ RDD 中的每个分区中包含 *n* 条数据，我们需要计算其中的每条数据，那么怎么计算这些数据呢？

在确定了数据依赖关系后，相当于我们知道了 child RDD 中每个分区的输入数据是什么，那么只需要使用 transformation(func) 处理这些输入数据，将生成的数据推送到 child RDD 中对应的分区即可。在普通程序中，我们得到输入数据后，可以写任意的控制逻辑程序进行处理。例如，输入一个数组，我们可以对数组进行前向迭代、后向迭代或者循环处理等。然而，Spark 中的大多数 transformation() 类似数学中的映射函数，具有固定的计算方式（控制流），如 map(func) 操作需要每读入一个 record，就进行处理，然后输出一个 record。reduceByKey(func) 操作中的 func 对中间结果和下一个 record 进行聚合计算并输出结果。当然，有些大数据应用需要更灵活的控制流，Spark 也提供了一些类似普通程序的操作，如 mapPartitions() 可以对分区中的数据进行多次操作后再输出结果。

图 3.3 展示了数据操作 map() 和 mapPartitions() 的区别，rdd 2 = rdd1.map(func) 和 rdd2 = rdd1.mapPartitions(func) 都会生成一个新的 rdd 2，而且 rdd 2 和 rdd 1 之间是 OneToOneDependency，不同的是，两个 func 的控制流不一样。假设 rdd 1 中某个分区的数据是 [1, 2, 3, 4, 5]，rdd2 = rdd1.map(func) 的计算逻辑类似于下面的单机程序：

```
int[] array = {1, 2, 3, 4, 5}
for(int i = 0; i < array.length; i++) {
    newRecord = func(array[i])
    output(newRecord)
}
```

rdd2 = rdd1.mapPartitions(func) 的计算逻辑类似于下面的单机程序：

```
int[] array = {1, 2, 3, 4, 5}
List[] newRecords = func(array) // 进行任意处理，得到任意数目的 record
output(newRecords)
```

Spark 中 mapPartitions() 的计算逻辑更接近 Hadoop MapReduce 中的 map() 和 cleanup() 函数。在 Hadoop MapReduce 中，map() 函数对每个到来的 <K,V> record 都进行处理，等对这些 record 处理完成后，使用 cleanup() 对处理结果进行集中输出。同样，Spark 中的 mapPartitions() 可以在对分区中所有 record 处理后，再集中输出。

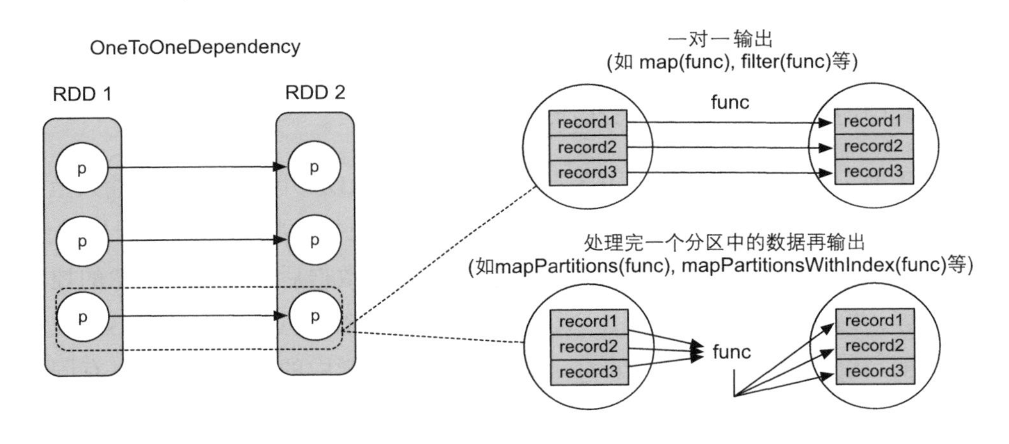

图 3.3　RDD 中数据的计算过程示例

至此，我们了解了逻辑处理流程的生成过程，接下来我们详细讨论常用的 transformation() 的语义、计算逻辑、产生的 RDD 及数据依赖关系，理解这些知识，将有助于开发 Spark 应用，并进行性能调优等。

3.3　常用 transformation() 数据操作

我们接下来讨论常用 transformation() 数据操作的逻辑处理流程。首先简单介绍该操作的语义，然后给出其逻辑处理流程图及示例代码，最后介绍该操作的特殊性质及使用建议。

map() 和 mapValues() 操作

map(func) 用法：rdd2 = rdd1.map(func)	语义：使用 func 对 rdd1 中的每个 record 进行处理，输出一个新的 record
mapValues(func) 用法：rdd2 = rdd1.mapValues(func)	语义：对于 rdd1 中每个 <K,V> record，使用 func 对 Value 进行处理，得到新的 record

逻辑处理流程如图 3.4 所示。

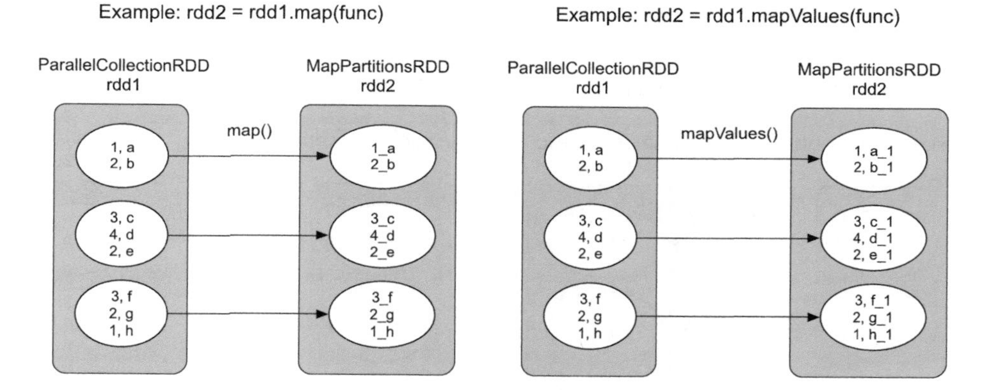

图 3.4 map() 和 mapValues() 操作的逻辑处理流程示例

map() 示例代码：

```
// 源数据是一个被划分为 3 份的 <K,V> 数组
val inputRDD = sc.parallelize(Array[(Int, Char)](
    (1,'a'),(2,'b'),(3,'c'),(4,'d'),(2,'e'),(3,'f'),(2,'g'),(1,'h')), 3)
// 对于每个 record ，如 r = (1, 'a'), 使用 r._1 得到其 Key 值，加上下画线，
// 然后使用 r._2 加上其 Value 值
val resultRDD = inputRDD.map(r => r._1 + "_" + r._2)
// 输出 RDD 包含的 record
resultRDD.foreach(println)
```

mapValues() 示例代码：

```
val inputRDD = sc.parallelize(Array[(Int, Char)](
    (1,'a'),(2,'b'),(3,'c'),(4,'d'),(2,'e'),(3,'f'),(2,'g'),(1,'h')), 3)
// 对于每个 record，如 r = (1, 'a'), 在其 Value 值后加上 "_1"
val resultRDD = inputRDD.mapValues(x => x + "_1")
```

map() 和 mapValues() 操作都会生成一个 MapPartitionsRDD，这两个操作生成的数据依赖关系都是 OneToOneDependency。

filter() 和 filterByRange() 操作

filter(func) 用法：rdd2 = rdd1.filter(func)	语义：对 rdd1 中的每个 record 进行 func 操作，如果结果为 true，则保留这个 record，所有保留的 record 将形成新的 rdd2
filterByRange(lower, upper) 用法：rdd2 = rdd1.filterByRange(2,4)	语义：对 rdd1 中的数据进行过滤，只保留 [lower, upper] 之间的 record

逻辑处理流程如图 3.5 所示。

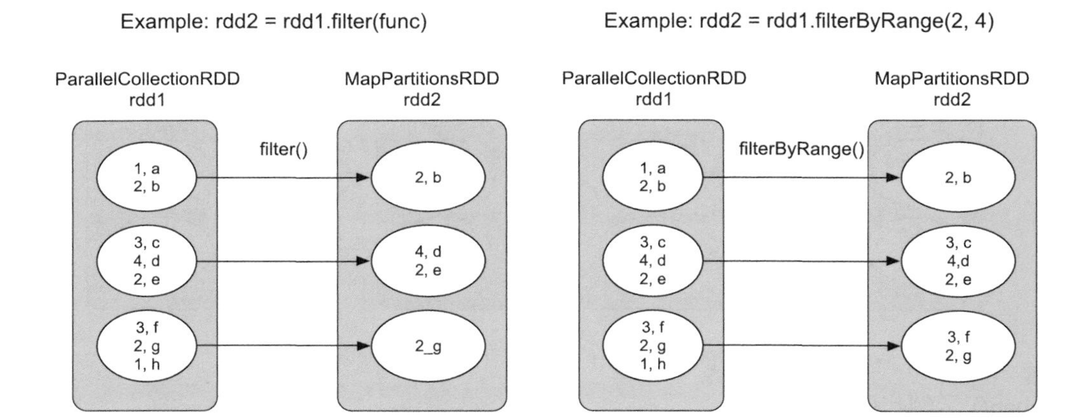

图 3.5 filter() 和 filterByRange() 操作的逻辑处理流程示例

filter() 示例代码（输出 rdd1 中 Key 为偶数的 record）：

```
val inputRDD = sc.parallelize(Array[(Int, Char)](
  (1,'a'),(2,'b'),(3,'c'),(4,'d'),(2,'e'),(3,'f'),(2,'g'),(1,'h')), 3)

val resultRDD = inputRDD.filter(r => r._1 % 2 == 0)
```

filterByRange() 示例代码（输出 rdd1 中 Key 在 [2, 4] 中的 record）：

```
val inputRDD = sc.parallelize(Array[(Int, Char)](
  (1,'a'),(2,'b'),(3,'c'),(4,'d'),(2,'e'),(3,'f'),(2,'g'),(1,'h')), 3)

val resultRDD = inputRDD.filterByRange(2,4)
```

filter() 和 filterByRange() 操作都会生成一个 MapPartitionsRDD，这两个操作生成的数据依赖关系都是 OneToOneDependency。

flatMap() 和 flatMapValues() 操作

flatMap(func) 用法：rdd2 = rdd1.flatMap(func) 主要适用于 rdd1 中是一个集合的元素，如 Value = List(1,2,3)	语义：对 rdd1 中每个元素（如 List）执行 func 操作，得到新元素，然后将所有新元素组合得到 rdd2。例如，rdd1 中某个分区中包含两个元素 List(1,2) 和 List(3,4)，func 是对 List 中的每个元素加 1，那么最后得到的 rdd2 中该分区的元素是 (2,3,4,5)
flatMapValues(func) 用法：rdd2=rdd1.flatMapValues(func)	语义：与 flatMap() 相同，但只针对 rdd1 中 <K,V> record 中的 Value 进行 flatMap Values() 操作

逻辑处理流程如图 3.6 所示。

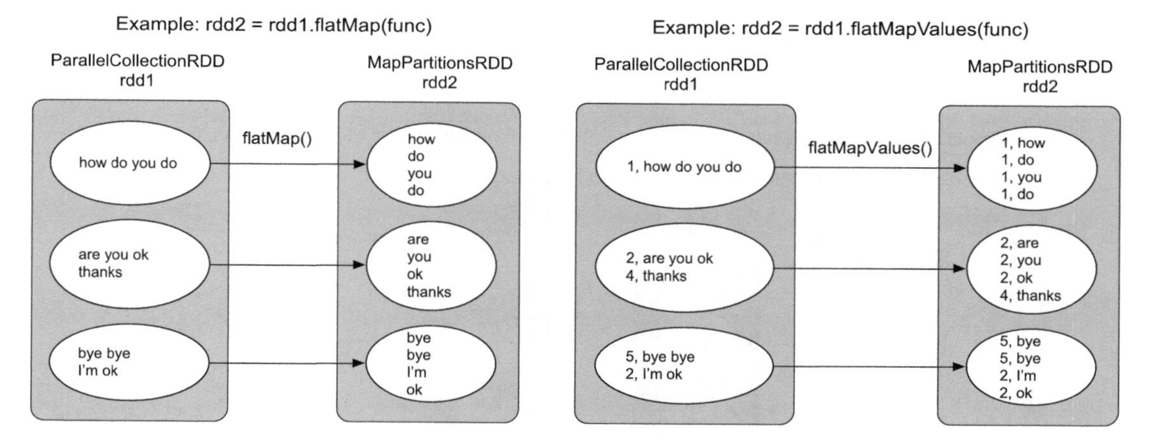

图 3.6　flatMap() 和 flatMapValues() 操作的逻辑处理流程示例

flatMap() 示例代码（分词程序）：

```
// 数据源是 3 个字符串
val inputRDD = sc.parallelize(Array[String](
  "how do you do","are you ok","thanks","bye bye",
  "I'm ok"), 3)
// 使用 flatMap() 对字符串进行分词，得到一组单词
val resultRDD = inputRDD.flatMap(x => x.split(" "))
```

flatMapValues() 示例代码（分词程序）：

```
val inputRDD = sc.parallelize(Array[(Int, String)](
  (1,"how do you do"),(2,"are you ok"),(4,"thanks"),(5,"bye bye"),
  (2,"I'm ok")), 3)
val resultRDD = inputRDD.flatMapValues(x=>x.split(" "))
```

flatMap() 和 flatMapValues() 操作都会生成一个 MapPartitionsRDD，这两个操作生成的数据依赖关系都是 OneToOneDependency。

sample() 和 sampleByKey() 操作

sample(withReplacement,fraction, seed) 用法：rdd2 = rdd1.sample(true, 0.5,1.0)	语义：对 rdd1 中的数据进行抽样，取其中 fraction*100% 的数据，withReplacement=true 表示有放回的抽样，seed 表示随机数种子
sampleByKey(withReplacement, fractions: Map, seed) 用法：rdd2 = rdd1.sampleByKey(true, map)	语义：对 rdd1 中的数据进行抽样，为每个 Key 设置抽样比例，如 Key=1 的抽样比例是 30% 等，withReplacement=true 表示有放回的抽样，seed 表示随机数种子

逻辑处理流程如图 3.7 所示。

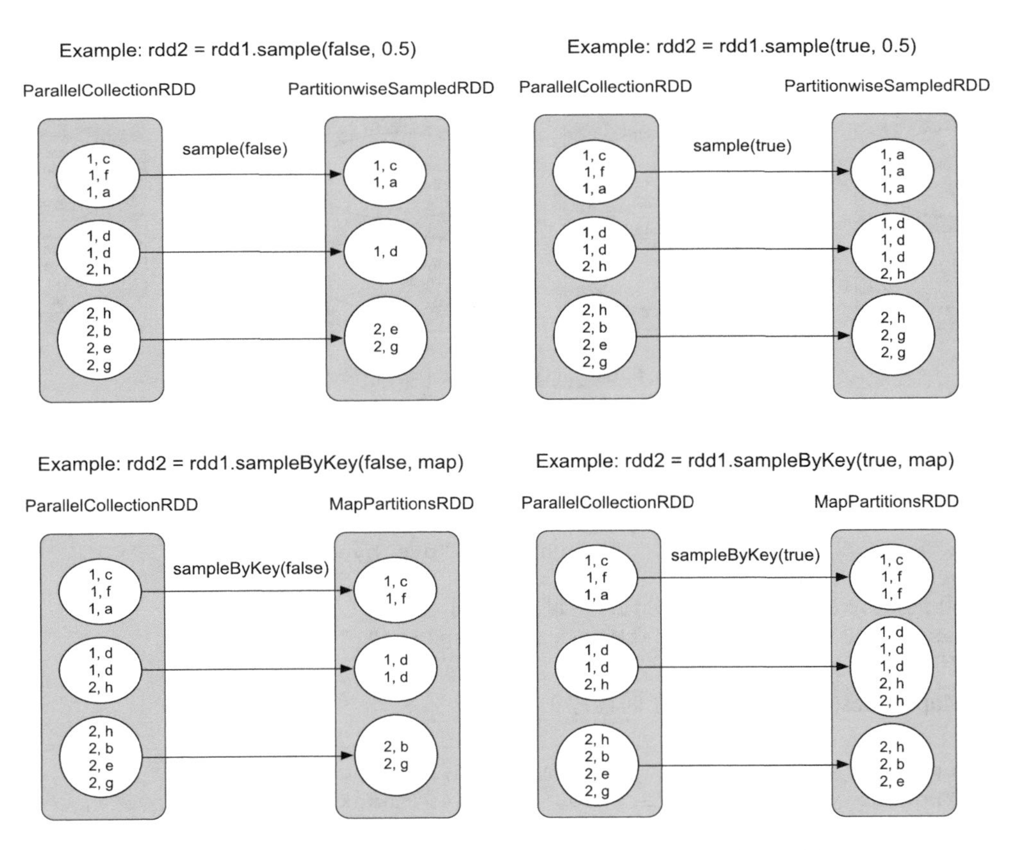

图 3.7　sample() 和 sampleByKey() 操作的逻辑处理流程示例

sample() 操作生成一个 PartitionwiseSampledRDD，而 sampleByKey() 操作生成一个 MapPartitionsRDD，这两个操作生成的数据依赖关系都是 OneToOneDependency。sample(false) 与 sample(true) 的区别是，前者使用伯努利抽样模型抽样，也就是每个 record 有 fraction×100% 的概率被选中，如图 3.7 所示的第一个图中，每个分区中有 1 ～ 2 个 record 被选中；后者使用泊松分布抽样，也就是生成泊松分布，然后按照泊松分布采样，抽样得到的 record 个数可能大于 rdd1 中的 record 个数。

sampleByKey() 与 sample() 的区别是，sampleByKey() 可以为每个 Key 设定被抽取的概率，如在下面 sampleByKey() 代码中，通过 Map 数据结构设定了在每个分区中，Key=1 的数据会被抽取 80%，Key=2 的数据会被抽取 50%。

sample() 示例代码（无放回模式和有放回模式抽样）：

```
val inputRDD = sc.parallelize(
    List((1,'c'),(1,'f'),(1,'a'),(1,'d'),(1,'d'),(2,'h'),(2,'h'),(2,'b'),
    (2,'e'),(2,'g')), 3)
// 使用无放回模式，从 inputRDD 的数据中抽取 50% 的数据
var sampleRDD = inputRDD.sample(false, 0.5)
// 使用有放回模式，从 inputRDD 的数据中抽取 50% 的数据
// val sampleRDD = inputRDD.sample(true, 0.5)
```

sampleByKey() 示例代码（无放回模式和有放回模式抽样）：

```
val inputRDD = sc.parallelize(
    List((1,'c'),(1,'f'),(1,'a'),(1,'d'),(1,'d'),(2,'h'),(2,'h'),(2,'b'),
    (2,'e'),(2,'g')), 3)
val map = Map((1 -> 0.8), (2 -> 0.5))
var sampleRDD = inputRDD.sampleByKey(false, map)
sampleRDD = inputRDD.sampleByKey(true, map)
```

sample() 和 sampleByKey() 操作都会生成一个 MapPartitionsRDD，这两个操作生成的数据依赖关系都是 OneToOneDependency。

mapPartitions() 和 mapPartitionsWithIndex() 操作

mapPartitions(func) 用法：rdd2 = rdd1. mapPartitions(func)	语义：对 rdd1 中每个分区进行 func 操作，输出新的一组数据，其与 map() 的区别在 3.2.3 节中已介绍

mapPartitionsWithIndex(func) 用法：rdd2 = rdd1. mapPartitionsWithIndex(func)	语义：语义与 mapPartitions() 基本相同，只是分区中的数据带有索引（表示 record 属于哪个分区）

逻辑处理流程如图 3.8 所示。

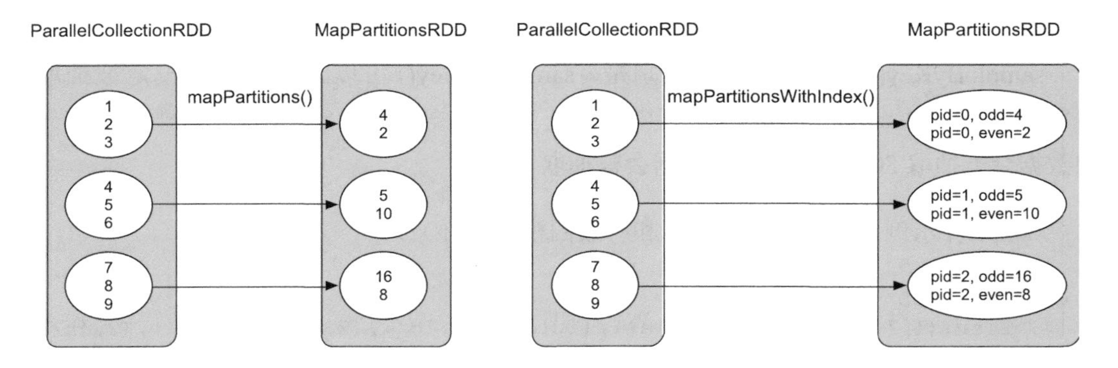

图 3.8　mapPartitions() 和 mapPartitionsWithIndex() 操作的逻辑处理流程示例

mapPartitions() 示例代码如下（计算每个分区中奇数的和与偶数的和）：

```
// 数据源是被划分为 3 份的列表
val inputRDD = sc.parallelize(List(1,2,3,4,5,6,7,8,9), 3)

val resultRDD = inputRDD.mapPartitions(iter => {
  var result = List[Int]()
  var odd = 0
  var even = 0

  while (iter.hasNext) {
    val Value = iter.next()
    if (Value % 2 == 0)
      even += Value                    // 计算偶数的和
    else
      odd += Value                     // 计算奇数的和
  }
  result = result :+ odd :+ even       // 将计算结果放入 result 列表中
  result.iterator
// 输出 result 列表
})
```

mapPartitionsWithIndex() 示例代码如下（计算每个分区中奇数的和与偶数的和）：

```
val inputRDD = sc.parallelize(List(1,2,3,4,5,6,7,8,9), 3)

val resultRDD = inputRDD.mapPartitionsWithIndex((pid, iter) => {
      // 将 List 类型改为 String，便于输出 parition id
      var result = List[String]()
      var odd = 0
      var even = 0

      while (iter.hasNext) {
        val Value = iter.next()
        if (Value % 2 == 0)
          even += Value
        else
          odd += Value
      }
      // 将 (pid,odd) 存放到 List 中
      result = result :+ "pid = " + pid + ", odd = " + odd
      // 将 (pid,even) 存放到 List 中
      result = result :+ "pid = " + pid + ", even = " + even
      result.iterator // 返回 List
})
```

通常，当程序计算出一个 result RDD 时，我们想知道这个 RDD 中包含多少个分区，以及每个分区中包含了哪些 record。我们可以使用 mapPartitionsWithIndex() 来输出这些数据，如下所示。

```
println("-------------result rdd------------")
resultRDD.mapPartitionsWithIndex((pid, iter)=>{
  // 输出每个 record 的 partition id 和 Value
  iter.map( Value => "Pid: " + pid + ", Value: " + Value)
}).foreach(println)
```

mapPartitions() 和 mapPartitionsWithIndex() 操作更像是过程式编程，给定了一组数据后，可以使用数据结构持有中间处理结果，也可以输出任意大小、任意类型的一组数据。这两个操作还可以用来实现数据库操作。例如，在 mapPartitions() 中先建立数据库连接，然后将每一个新来的数据 iter.next() 转化成数据表中的一行，并将其插入数据库中。然而，map() 不能完成这样的操作，因为 map(func) 是对每个 record 执行同样的 func 操作。如果在 func 中建立数据库连接，那么会对每一个 record 都建立一个数据库连接，造成数据库重复连接。

partitionBy() 操作

partitionBy(partitioner) 用法：rdd2 = rdd1.partitionBy(partitioner)	语义：使用新的 partitioner 对 rdd1 进行重新分区，partitioner 可以是 HashPartitioner、RangePartitioner 等，要求 rdd1 是 <K,V> 类型

图 3.9 的左图展示了使用 HashPartitioner 对 rdd1 进行重新分区的情景，Key=2 和 Key=4 的 record 被分到 rdd2 中的 partition1，Key=1 和 Key=3 的 record 被分到 rdd2 中的 partition2。图 3.9 的右图展示了使用 RangePartitioner 对 rdd1 进行重新分区的情景，Key 值较小的 record 被分到 partition1，Key 值较大的 record 被分到 partition2。注意 RangePartitioner 并不能保证得到的 rdd2 分区中的数据是有序的。

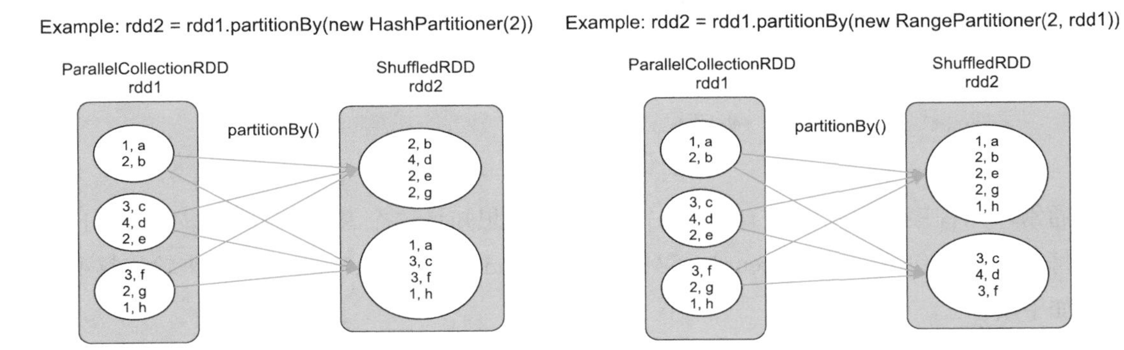

图 3.9 partitionBy() 的逻辑处理流程示例

示例代码如下：

```
val inputRDD = sc.parallelize(Array[(Int, Char)](
  (1,'a'), (2,'b'), (3,'c'), (4,'d'), (2,'e'), (3,'f'), (2,'g'), (1,'h')), 3)
// 使用 HashPartitioner 重新分区
val resultRDD = inputRDD.partitionBy(new HashPartitioner(2))
// 使用 RangePartitioner 重新分区
val resultRDD = inputRDD.partitionBy(new RangePartitioner(2, inputRDD))
```

groupByKey() 操作

groupByKey([numPartitions]) 用法：rdd2 = rdd1.groupByKey(numPartitions)	语义：将 rdd1 中的<K,V> record 按照 Key 聚合在一起，形成<K,List(V)>（实际是<K, CompactBuffer(V)>），numPartitions 表示生成的 rdd2 的分区个数

逻辑处理流程如图 3.10 所示，groupByKey() 在不同情况下会生成不同类型的 RDD 和

数据依赖关系。在图 3.10 的左图中，rdd1 和 rdd2 的 partitioner 不同，rdd1 是水平划分且分区个数为 3，而 rdd2 是 Hash 划分（groupByKey() 默认使用 Hash 划分）且分区个数为 2。为了将数据按照 Key 聚合在一起，需要使用 ShuffleDependency 对数据进行重新分配。在图 3.10 的右图中，rdd1 已经提前使用 Hash 划分进行了分区，具有相同 Hash 值的数据已经在同一个分区，而且我们设定的 groupByKey() 生成的 RDD 的分区个数与 rdd1 一致，那么我们只需要在每个分区中进行 groupByKey() 操作，不需要再使用 ShuffleDependency，具体见示例代码。需要注意的是，在通常情况下，rdd1.partitioner 与 rdd2.partitioner 不同，因此会产生 ShuffleDependency。

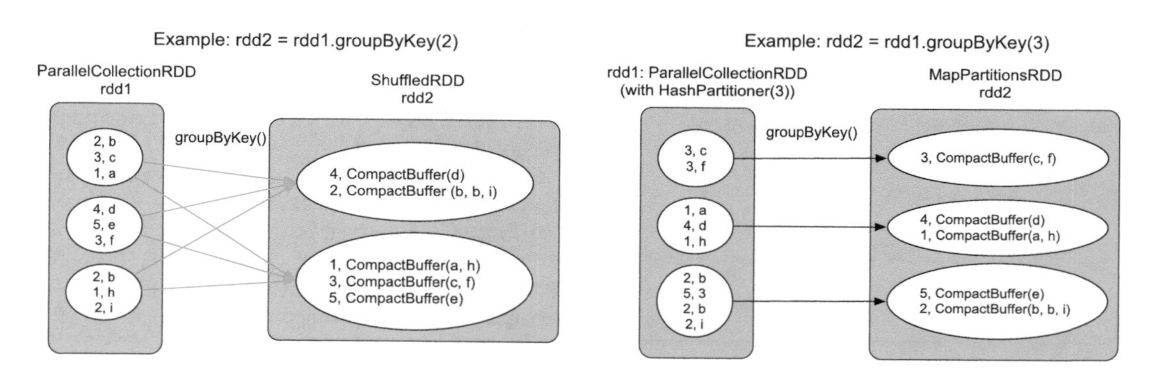

图 3.10　groupByKey() 操作的逻辑处理流程示例

groupByKey() 示例代码如下（对 <K,V> 类型的数据进行聚合）：

```
val inputRDD = sc.parallelize(Array[(Int,Char)](
    (2,'b'), (3,'c'), (1,'a'), (4,'d'), (5,'e'), (3,'f'), (2,'b'), (1,'h'),
    (2,'i')), 3)
// inputRDD.partitioner 与 resultRDD 的 partitioner 不同，需要 ShuffleDependency
val resultRDD = inputRDD.groupByKey(2)
```

无 Shuffle 的 groupByKey() 示例代码如下（对 <K,V> 类型的数据进行聚合）：

```
val inputRDD = sc.parallelize(Array[(Int,Char)](
  (2,'b'),(3,'c'),(1,'a'),(4,'d'),(5,'e'),(3,'f'),(2,'b'),(1,'h'),(2,'i')), 3)
// 使用 Hash 划分对 inputRDD 进行划分，得到的 inputRDD2 就是图 3.10 右图中的
rdd1
val inputRDD2 = inputRDD.partitionBy(new HashPartitioner(3))
// inputRDD2.partitioner 与 resultRDD 的 partitioner 相同，不需要
ShuffleDependency
val resultRDD = inputRDD2.groupByKey(3)
```

groupByKey() 类似 SQL 语言中的 GroupBy 算子，不同的是 groupByKey() 是并行执行的。与前面介绍的只包含 NarrowDependency 的 transformation() 不同，groupByKey() 引入了 ShuffleDependency，可以对 child RDD 的数据进行重新分区组合，因此，groupByKey() 输出的 parent RDD 的分区个数更加灵活，分区个数（numPartitions）可以由用户指定，如果用户没有指定就默认为 parent RDD 中的分区个数。

注意：groupByKey() 的缺点是在 Shuffle 时会产生大量的中间数据、占用内存大（具体在下一章中介绍），因此在多数情况下会选用下面要介绍的 reduceByKey() 进行操作。

reduceByKey() 操作

reduceByKey(func, [numPartitions]) 用法：rdd2 = rdd1.reduceByKey(func, 2)	语义：与 groupByKey() 类似，也是将 rdd1 中的具有相同 Key 的 record 聚合在一起，不同的是在聚合的过程中使用 func 对这些 record 的 Value 进行融合计算。 假设 rdd1 中包含 3 个 Key 为 K1 的 record：<K1,V1>、<K1,V2>、<K1,V3>，那么针对 Key 为 K1 的这 3 个元素，func 的执行过程是 V' = func(V1,V2)、V" = func(V',V3)，最终输出 <K1,V">。numPartitions 的含义与 groupByKey() 中的 numpartitions 含义一致

示例代码如下（对 <K,V> 类型的数据进行聚合）：

```
var inputRDD = sc.parallelize(Array[(Int,String)](
    (1,"a"), (2,"b"), (3,"c"), (4,"d"), (5,"e"), (3,"f"), (2,"g"), (1,"h"),
    (2,"i")), 3)
// 将具有相同 Key 的 Value 使用下画线连接在一起
val resultRDD = inputRDD.reduceByKey((x,y) => x + "_" + y, 2)
```

逻辑处理流程如图 3.11 所示，与 groupByKey() 只在 ShuffleDependency 后按 Key 对数据进行聚合不同，reduceByKey() 实际包括两步聚合。第 1 步，在 ShuffleDependency 之前对 RDD 中每个分区中的数据进行一个本地化的 combine() 聚合操作（也称为 mini-reduce 或者 map 端 combine()）。首先对 ParallelCollectionsRDD 中的每个分区进行 combine() 操作，将具有相同 Key 的 Value 聚合在一起，并利用 func 进行 reduce() 聚合操作，这一步由 Spark 自动完成，并不形成新的 RDD。第 2 步，reduceByKey() 生成新的 ShuffledRDD，将来自 rdd1 中不同分区且具有相同 Key 的数据聚合在一起，同样利用 func 进行 reduce() 聚合操作。在 reduceByKey() 中，combine() 和 reduce() 的计算逻辑一样，采用同一个 func。需要注意的是，func 需要满足交换律和结合律，因为 Shuffle 并不保证数据到达顺序。另外，因为 ShuffleDependency 需要对 Key 进行 Hash 划分，所以，Key 不能是特别复杂的类型，如 Array。

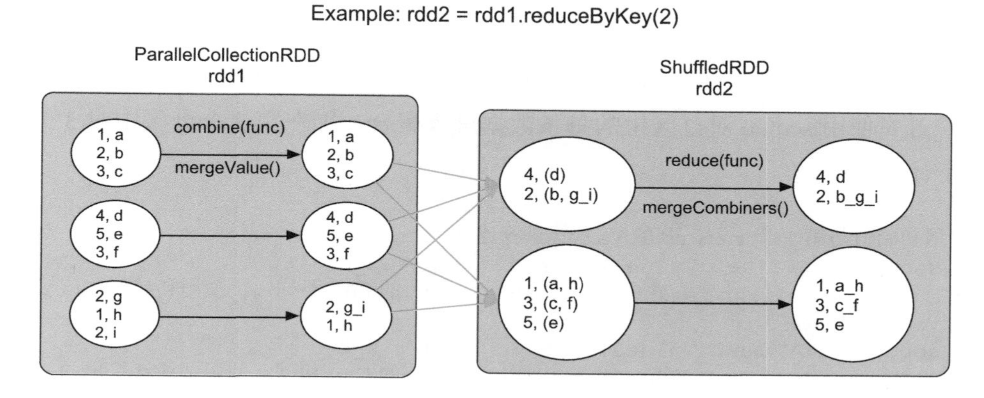

图 3.11 reduceByKey() 操作的逻辑处理流程示例

reduceByKey() 虽然类似于 Hadoop MapReduce 中的 reduce() 函数，但灵活性没有 Hadoop MapReduce 中的 reduce() 好。Hadoop MapReduce 中的 reduce() 函数输入的是 <Key,list(Value)>，可以在对 list(Value) 进行任意处理后，输出 <Key,new_Value>。而 reduceByKey(func) 中的 func 有限制，即只能对 record 一个接一个连续处理、中间计算结果也必须是与 Value 同一类型、必须满足交换律和结合律。在性能上，相比 groupByKey()，reduceByKey() 可以在 Shuffle 之前使用 func 对数据进行聚合，减少了数据传输量和内存用量，效率比 groupByKey() 的效率高。

aggregateByKey() 操作

aggregateByKey(zeroValue)(seqOp, combOp, [numPartitions])	语义：aggregateByKey() 是一个通用的聚合操作，可以看作一个更一般的 reduceByKey()

逻辑处理流程如图 3.12 所示。为什么已经有了 reduceByKey()，还要定义 aggregateByKey() 呢？因为 reduceByKey() 的灵活性较低，前面介绍过 reduceByKey() 中的 combine() 计算逻辑与 reduce() 一样，都采用 func，这样会限制某些需要不一样处理的应用，如在 combine() 中想使用一个 sum() 函数，而在 reduce() 中想使用 max() 函数，那么 reduceByKey() 就不满足要求了。所以，aggregateByKey() 将 combine() 和 reduce() 两个函数的计算逻辑分开，combine() 使用 seqOp 将同一个分区中的 <K,V> record 聚合在一起，

而 reduce() 使用 combineOp 将经过 seqOp 聚合后的不同分区的 <K,V′> record 进一步聚合。另外，有时候我们进行 reduce(func) 操作时需要一个初始值，而 reduceByKey(func) 没有初始值，因此，aggregateByKey() 还提供了一个 zeroValue 参数，来为 seqOp 提供初始值 zeroValue。

具体计算过程如图 3.12 所示，aggregateByKey() 对于 ParallelCollectionRDD 中的每一个分区，首先使用 seqOp 对分区中的每条数据进行聚合，如在第 3 个分区中对 3 个 record 进行如下计算：

```
// 使用初始值与第 1 个 record 的 Value 进行连接
V1 = seqOp(zeroValue, Value1) = x + _ + g = x_g
// 第 2 个 record=(1, h) 与第一个 record=(2, g) 的 Key 不同，仍使用初始值与该 record
// 的 Value 进行连接
V2 = seqOp(zeroValue, Value2) = x + _ + h = x_h
// 第 3 个 record=(2, i) 与第一个 record=(2, g) 的 Key 相同，使用之前计算出的 V1 与 i
// 进行连接
V3 = seqOp(V1, Value3) = x_g + _ + i = x_g_i
```

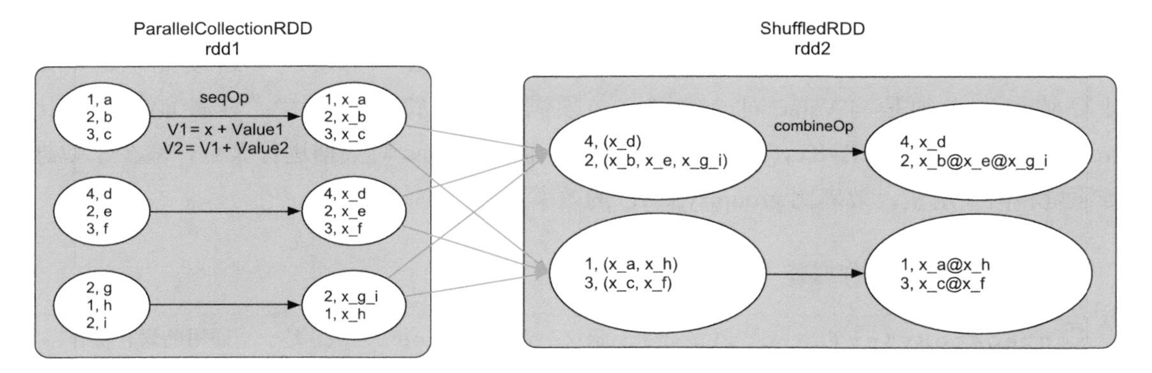

图 3.12　aggregateByKey() 操作的逻辑处理流程示例

combineOp 计算过程：在 ShuffledRDD 中对相同 Key 的 record，进行如下计算，以 Key=2 为例。

```
// 先聚合来自 rdd1 中 partition1 和 partition2 的数据
V' = combineOp(Value from Partition 1, Value from Partition 2) = x_b@x_e
// 再聚合来自 rdd1 中 partition3 的数据
V" = combineOp(V', Value from Partition 3) = x_b@x_e@x_g_i
```

示例代码如下所示。将 inputRDD 中的数据使用下画线符号和 @ 符号连接在一起，在 seqOp 中使用初始值 x 和下画线符号对数据进行连接，在 combineOp 中使用 @ 符号对数据进行连接。

```
var inputRDD = sc.parallelize(Array[(Int,String)](
    (1,"a"), (2,"b"), (3,"c"), (4,"d"), (2,"e"), (3,"f"), (2,"g"), (1,"h"),
    (2,"i")), 3)
val resultRDD = inputRDD.aggregateByKey("x", 2)(_ + "_" + _,  _ + "@" + _)
```

aggregateByKey() 在 Spark 应用中的使用频率很高，如 Spark MLlib，如下示例所示。

示例 1：在 FPGrowthModel 代码中使用 aggregateByKey()。

```
data.flatMap { transaction =>
  genCondTransactions(transaction, itemToRank, partitioner)
// 初始化时建立一个 FPTree
}.aggregateByKey(new FPTree[Int], partitioner.numPartitions)
  // SeqOp 的计算方式是将 transaction 加入 tree
  (tree, transaction) => tree.add(transaction, 1L),
  // CombineOp 的计算方式是对两个 tree 进行 merge
  (tree1, tree2) => tree1.merge(tree2))
```

示例 2：在 NaiveBayes 代码中使用 aggregateByKey()。

```
val aggregated =
  dataset.select(col($(labelCol)), w, col($(featuresCol))).rdd
  .map{row=>(row.getDouble(0), (row.getDouble(1), row.getAs[Vector](2)))
  }.aggregateByKey[(Double, DenseVector, long)](
(0.0, Vectors.zeros(numFeatures).toDense, 0L))(
  seqOp = {
     case ((weightSum, featureSum, count), (weight, features)) =>
       requireValues(features)
       BLAS.axpy(weight, features, featureSum)
       (weightSum + weight, featureSum, count + 1)
  },
  combOp = {
     case ((weightSum1, featureSum1, count1), (weightSum2, featureSum2,
   count2)) =>
       BLAS.axpy(1.0, featureSum2, featureSum1) // 与 SeqOp 使用的 weight 不同
       (weightSum1 + weightSum2, featureSum1, count1 + count2)
  }).collect().sortBy(_._1)
```

aggregateByKey() 与 reduceByKey() 还有一处不同，对比一下两者的定义可以发现，在 reduceByKey() 中，func 要求参与聚合的 record 和输出结果是同一个类型（类型 Value），而在 aggregateByKey() 中，zeroValue 和 record 可以是不同类型，但 seqOp 的输

出结果与 zeroValue 是同一类型的，这在一定程度上提高了灵活性。

```
def reduceByKey(partitioner: Partitioner, func: (V, V) => V): RDD[(K, V)]
= self.withScope {
  combineByKeyWithClassTag[V]((V: V) => V, func, func, partitioner)
}
def aggregateByKey[U: ClassTag](zeroValue: U, numPartitions: Int)(
  seqOp: (U, V) => U, combOp: (U, U) => U): RDD[(K, U)]= self.withScope {
    aggregateByKey(zeroValue, new HashPartitioner(numPartitions))(seqOp,
                combOp)
}
```

另外，reduceByKey() 可以看作特殊版的 aggregateByKey()。在后面章节中我们会看到，当 seqOp 处理的中间数据量很大，出现 Shuffle spill 的时候，Spark 会在 map 端执行 combOp()，将磁盘上经过 seqOp 处理的 <K,V′> record 与内存中经过 seqOp 处理的 <K,V′> record 进行融合。reduceByKey() 可以看作 seqOp = combOp = func 版本的 aggregateByKey()。

combineByKey() 操作

combineByKey(createCombiner, mergeValue, mergeCombiners, [numPartitions])	语义：combineByKey() 是一个通用的基础聚合操作。常用的聚合操作，如 aggregateByKey()、reduceByKey() 都是利用 combineByKey() 实现的

逻辑处理流程如图 3.13 所示。为什么已经有 aggregateByKey() 了，还定义 combineByKey()？两者又有什么区别？实际上，两者没有大的区别，aggregateByKey() 是基于 combineByKey() 实现的，如 aggregateByKey() 中的 zeroValue 对应 combineByKey() 中的 createCombiner，seqOp 对应 mergeValue，combOp 对应 mergeCombiners。唯一的区别是 combineByKey() 的 createCombiner 是一个初始化函数，而 aggregateByKey() 包含的 zeroValue 是一个初始化的值，显然 createCombiner 函数的功能比一个固定的 zeroValue 值更强大。例如，在图 3.13 中，先执行 createCombiner 函数，可以根据每个 record 的 Value 值为每个 record 定制初始值。之后的 mergeValue 功能与 seqOp 功能一样，mergeCombiner 功能也与 combOp 功能一样。

注意图 3.13 中的 <2, k>、<3, e> 、<2, h> 并没有变成 <2, k1>、<3, e1>、<2, h1>。这是因为 combineByKey() 中的 createCombiner() 方法只会作用于相同 key 的第一个 record。在本例中，当 createCombiner() 在处理 <2, b> 时发现 key=2 没有被处理过，所以将 b 转换为 b1，得到 <2, b1>，保存在内存中。接下来在处理 <2, k> 时，发现 key=2 已经被处理过，也就是 key=2 对应的 value(b1) 已被保存在内存中，所以改用 mergeValue() 来处理 <2, k>，

即 mergeValue(<2, b1>, <2, k>) => <2, b1+k>。

示例代码：

```
val inputRDD = sc.parallelize(Array[(Int, Char)](
  (1,'a'), (2,'b'), (2,'k'), (3,'c'), (4,'d'), (3,'e'), (3,'f'), (2,'g'),
  (2,'h')), 3)
val resultRDD = inputRDD.combineByKey((V: Char) => {
  if (V == 'c') {
    V + "0"
  } else {
    V + "1"
  }
},
(c: String, V: Char) => c + "+" + V,
(c1: String, c2: String) => c1 + "_" + c2,
2)
resultRDD.mapPartitionsWithIndex((pid, iter) => {
  iter.map(Value => "PID: " + pid + ", Value: " + Value)
}).foreach(println)
```

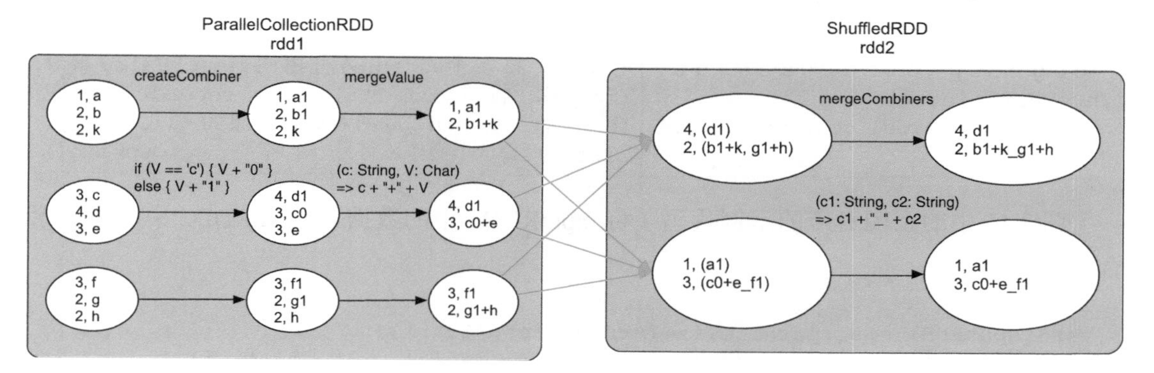

图 3.13　combineByKey() 的逻辑处理流程示例

foldByKey() 操作

foldByKey(zeroValue, numPartitions, func)	语义：foldByKey() 是一个简化的 aggregateByKey()，seqOp 和 combineOp 共用一个 func

逻辑处理流程如图 3.14 所示，foldByKey() 也是基于 aggregateByKey() 实现的，功能介于 reduceByKey() 和 aggregateByKey() 之间。相比 reduceByKey()，foldByKey() 多了初始值 zero Value；相比 aggregateByKey()，foldByKey() 要求 seqOp = combOp = func。

示例代码：

```
var inputRDD = sc.parallelize(Array[(Int,String)](
    (1,"a"),(2,"b"),(3,"c"),(4,"d"),(2,"e"),(3,"f"),(2,"g"),(1,"h"),
    (2,"i")), 3)
val resultRDD = inputRDD.foldByKey("x", 2)((x, y) => x + "_" + y)
```

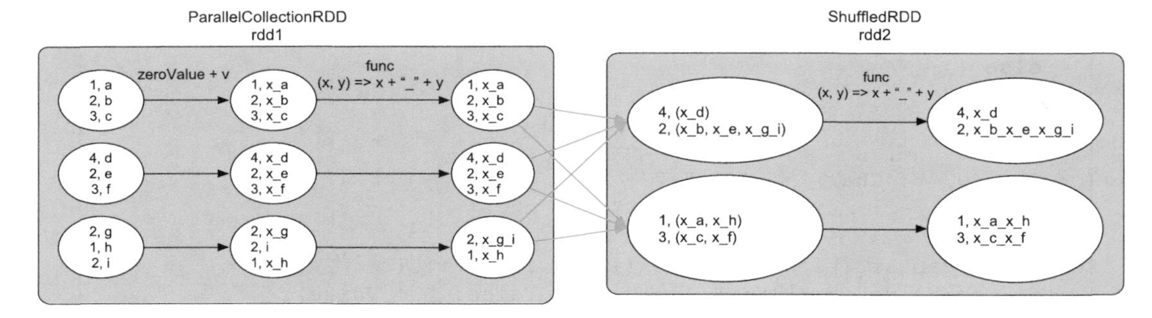

图 3.14　foldByKey() 的逻辑处理流程示例

cogroup()/groupWith() 操作

cogroup(otherDataset, [numPartitions]) 用法：rdd3 = rdd1.cogroup(rdd2,2)	语义：将多个 RDD 中具有相同 Key 的 Value 聚合在一起，假设 rdd1 包含 <K,V> record，rdd2 包含 <K,W> record，则两者聚合结果为 <K,List(V), List(W)>。这个操作还有另一个名字——groupWith()

图 3.15 中的上图对应的示例代码（将 inputRDD1 中的数据与 inputRDD2 中的数据聚合在一起）：

```
var inputRDD1 = sc.parallelize(Array[(Int, Char)](
      (1,'a'), (1,'b'), (2,'c'), (3,'d'), (4,'e'), (5,'f')), 3)
val inputRDD2 = sc.parallelize(Array[(Int, Char)](
      (1,'f'), (3,'g'), (2,'h')), 2)
val resultRDD = inputRDD1.cogroup(inputRDD2, 3)
```

逻辑处理流程如图 3.15 所示，cogroup() 与 groupByKey() 的不同在于 cogroup() 可以将多个 RDD 聚合为一个 RDD。因此，其生成的 RDD 与多个 parent RDD 存在依赖关系。一般来说，聚合关系需要 ShuffleDependency，但也存在特殊情况。例如，在 groupByKey() 操作中，如果 child RDD 和 parent RDD 使用的 partitioner 相同且分区个数也相同，那么没有必要使用 ShuffleDependency, 使用 OneToOneDewpendency 即可。更为特殊的是，由于 cogroup() 可以聚合多个 RDD，因此可能对一部分 RDD 采用 ShuffleDependency，而对另一部分

RDD 采用 OneToOneDependency。图 3.15 中的上图展示的 CoGroupedRDD 与 rdd1、rdd2 之间都是 ShuffleDependency，而图 3.15 中的下图展示的 CoGroupedRDD 与 rdd1 之间是 OneToOneDependency，原因是 rdd1 和 CoGroupedRDD 具有相同的 partitioner（都是 HashPartitioner）且分区个数相同，rdd1 中每个 record 可以直接流入 CoGroupedRDD 进行聚合，不需要 ShuffleDependency。对于 rdd2，其分区个数和 partitioner 都与 CoGroupedRDD 不一致，因此还需要将 rdd2 中的数据通过 ShuffleDependency 分发到 CoGroupedRDD 中。

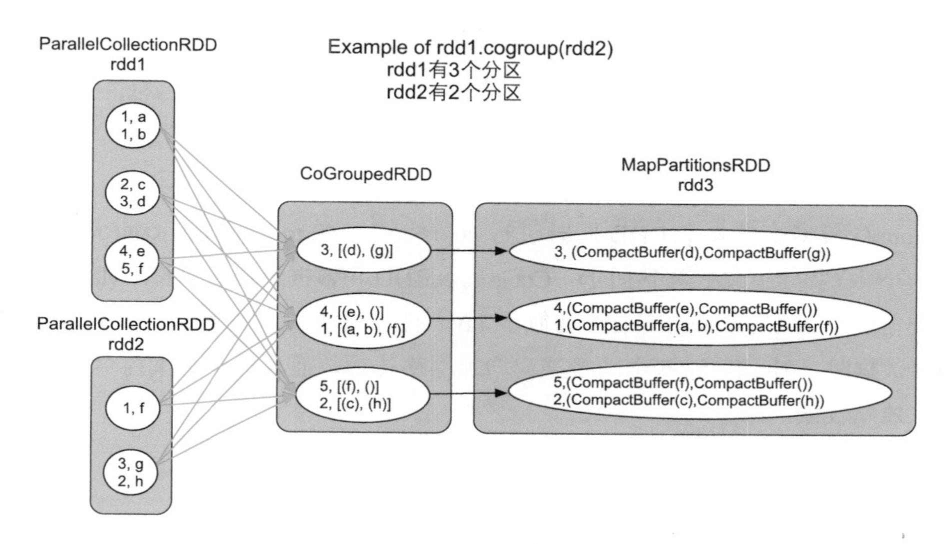

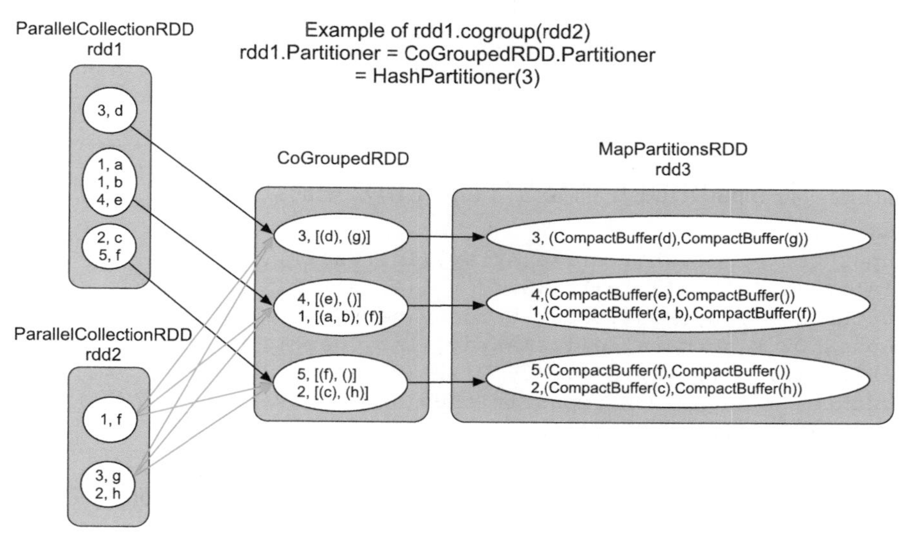

图 3.15 cogroup() 操作的逻辑处理流程示例

图 3.15 中的下图对应的示例代码：

```
var inputRDD1 = sc.parallelize(Array[(Int, Char)](
      (1,'a'), (1,'b'), (2,'c'), (3,'d'), (4,'e'), (5,'f')), 3)
// 预处理：对 inputRDD1 中的数据重新按照 HashPartitioner 进行分区，分区个数为 3
inputRDD1 = inputRDD1.partitionBy(new HashPartitioner(3))
val inputRDD2 = sc.parallelize(Array[(Int, Char)](
      (1,'f'), (3,'g'), (2,'h')), 2)
val resultRDD = inputRDD1.cogroup(inputRDD2, 3)
```

结论：Spark 在决定 RDD 之间的数据依赖时除了考虑 transformation() 的计算逻辑，还考虑 child RDD 和 parent RDD 的分区信息，当分区个数和 partitioner 都一致时，说明 parent RDD 中的数据可以直接流入 child RDD，不需要 ShuffleDependency，这样可以避免数据传输，提高执行效率。

cogroup() 最多支持 4 个 RDD 同时进行 cogroup()，如 rdd5 = rdd1.cogroup (rdd2, rdd3, rdd4)。cogroup() 实际生成了两个 RDD：CoGroupedRDD 将数据聚合在一起，MapPartitionsRDD 将数据类型转变为 CompactBuffer（类似于 Java 的 ArrayList）。当 cogroup() 聚合的 RDD 包含很多数据时，Shuffle 这些中间数据会增加网络传输，而且需要很大内存来存储聚合后的数据，效率较低。

join() 操作

join(otherDataset, [numPartitions]) 用法：rdd3 = rdd2.join(rdd1)	语义：将两个 RDD 中的数据关联在一起，与 SQL 中的 join() 类似。假设 rdd1 中的数据为 <K,V> record，rdd2 中的数据为 <K,W> record，那么 join() 之后的结果为 <K,(V,W)> record。与 SQL 中的算子类似，join() 还有其他形式，如 leftOuterJoin()、rightOuterJoin()、fullOuterJoin() 等

示例代码（将 inputRDD1 中的数据与 inputRDD2 中的数据关联在一起）：

```
var inputRDD1 = sc.parallelize(Array[(Int,Char)](
  (1,'a'), (1,'b'), (2,'c'), (3,'d'), (4,'e'), (5,'f')), 3)
// inputRDD1 = inputRDD1.repartitionBy(new HashPartitioner(3))
var inputRDD2 = sc.parallelize(Array[(Int,Char)](
  (1,'A'), (3,'B'), (2,'C'), (2,'D'), (2,'E')), 3)
// inputRDD2 = inputRDD2.repartitionBy(new HashPartitioner(3))
val resultRDD = inputRDD1.join(inputRDD2, 3)
```

逻辑处理流程如图 3.16 所示，join() 操作实际上建立在 cogroup() 之上，首先利用 CoGroupedRDD 将具有相同 Key 的 Value 聚合在一起，形成 <K,[list(V),list(W)]>，

然后对 [list(V),list(W)] 进行笛卡儿积计算并输出结果 <K,(V,W)>，这里我们用 list 来表示 CompactBuffer。在实际实现中，join() 首先调用 cogroup() 生成 CoGroupedRDD 和 MapPartitionsRDD，这里为了节省空间，将两者画在了一起。然后计算 MapPartitionsRDD 中 [list(V),list(W)] 的笛卡儿积，生成 MapPartitionsRDD。在 cogroup() 中我们介绍过，child RDD 和 parent RDD 之间的依赖关系与 partitioner 类型和分区个数相关。这里，我们进一步细化，对于示例中的代码，Spark 在不同情况下可以生成 4 种不同的逻辑处理流程。

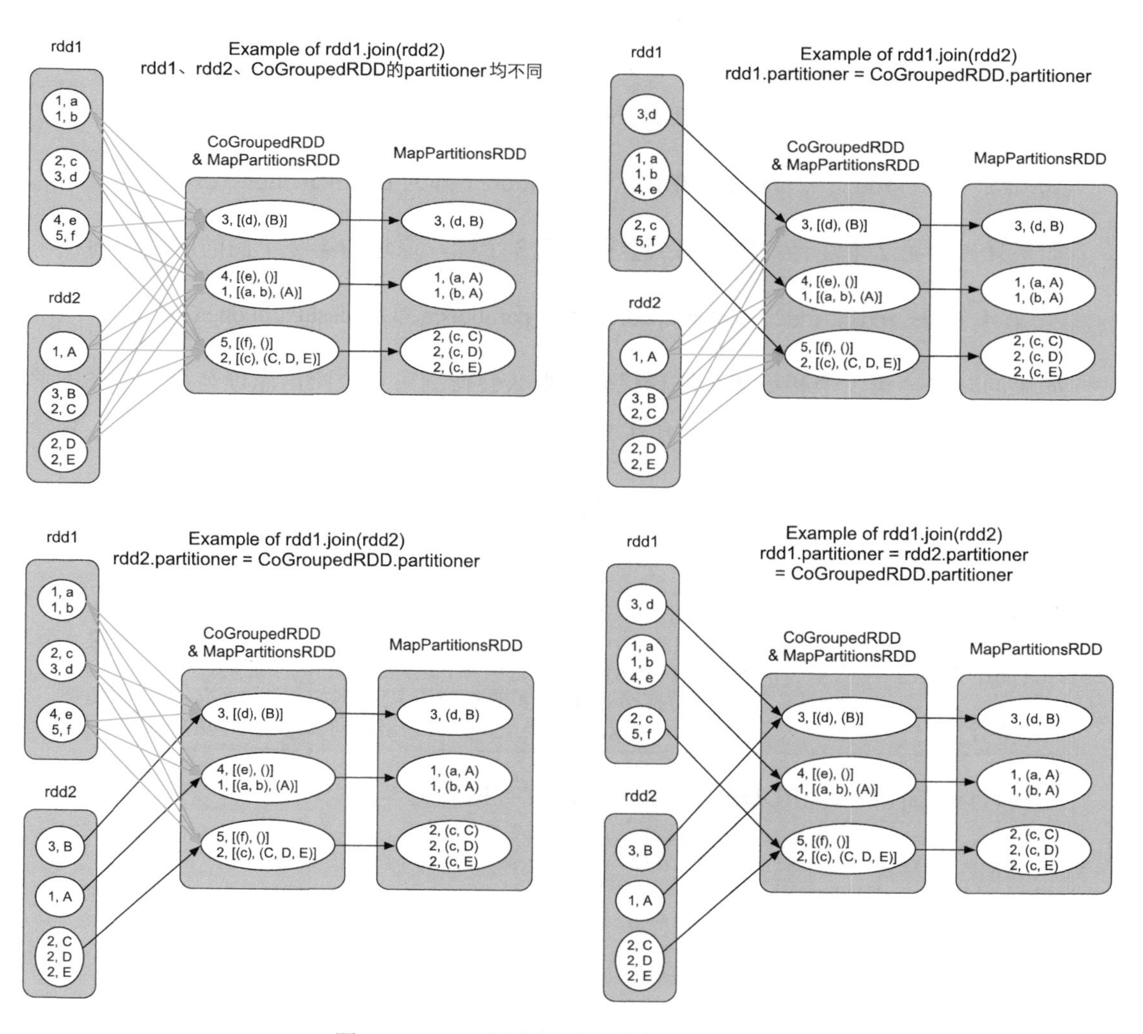

图 3.16 join() 操作的不同逻辑处理流程示例

① 第 1 个图：rdd1、rdd2、CoGroupedRDD 具有不同的 partitioner。

直接执行示例中的代码，会得到第 1 个图的结果，由于各个 RDD 的 partitioner 不同，相同 Key 的 record 在不同的 RDD 中分布在不同的分区中，因此需要 ShuffleDependency 将这些相同 Key 的 record 聚合在一起。

② 第 2 个图：rdd1、CoGroupedRDD 的 partitioner 都为 HashPartitioner(3)。

如果只去掉第 1 个注释代码，那么会得到第 2 个图，也就是 rdd1 中的数据已经预先按照 HashPartitioner(3) 进行了分区，与 CoGroupedRDD 中的数据分布相同，没有必要再进行 Shuffle，因此只需要 OneToOneDependency。

③ 第 3 个图：rdd2、CoGroupedRDD 的 partitioner 都为 HashPartitioner(3)。

如果只去掉第 2 个注释代码，那么会得到第 3 个图，原理与第 2 个图的原理相同。

④ 第 4 个图：rdd1、rdd2、CoGroupedRDD 的 partitioner 都为 HashPartitioner(3)。

如果同时去掉第 1 个和第 2 个注释代码，那么会得到第 4 个图，原理与第 2 个图的原理相同。此时，整个 join() 操作就不存在 ShuffleDependency，在下一章我们会看到，该逻辑处理流程图不会产生 Shuffle 阶段。

cartesian() 操作

cartesian(otherDataset) 用 法：rdd3 = rdd1.cartesian(rdd2)	语义：计算两个 RDD 的笛卡儿积，若 rdd1 有 *m* 个分区，rdd2 有 *n* 个分区，则输出 rdd1 中 *m* 个分区与 rdd2 中的 *n* 个分区两两组合后的结果，结果分区中的元素是 rdd1 和 rdd2 中对应分区的元素的笛卡儿积。例如，rdd1 为 <K,V> 类型，rdd2 为 <K,W> 类型，那么输出相同 K 下的不同的 (V,W) 组合

示例代码（计算 inputRDD1 与 inputRDD2 中数据的笛卡儿积）：

```
val inputRDD1 = sc.parallelize(Array[(Int, Char)](
  (1,'a'), (2,'b'), (3,'c'), (4,'d')), 2)
val inputRDD2 = sc.parallelize(Array[(Int, Char)](
  (1,'A'), (2,'B')), 2)
val resultRDD = inputRDD1.cartesian(inputRDD2)
```

逻辑处理流程如图 3.17 所示，假设 rdd1 中的分区个数为 m，rdd2 的分区个数为 n，cartesian() 操作会生成 $m \times n$ 个分区。rdd1 和 rdd2 中的分区两两组合，组合后形成 CartesianRDD

中的一个分区，该分区中的数据是 rdd1 和 rdd2 相应的两个分区中数据的笛卡儿积。

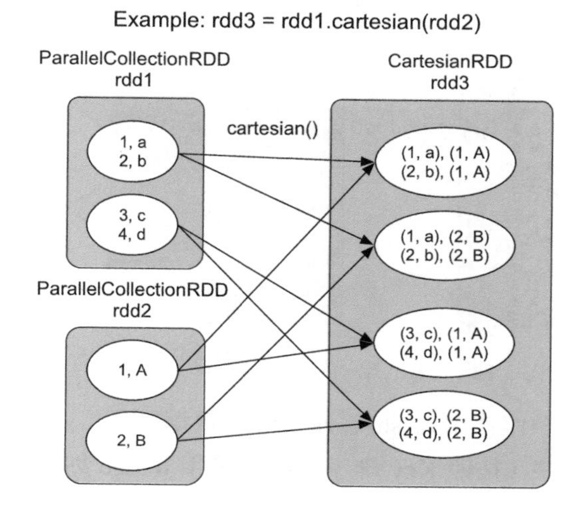

图 3.17　cartesian() 操作的逻辑处理流程示例

cartesian() 操作形成的数据依赖关系虽然比较复杂，但归属于多对多的 NarrowDependency，并不是 ShuffleDependency。

sortByKey() 操作

`sortByKey([ascending], [numPartitions])` 用法：`rdd2 = rdd1.sortByKey(true, 2)`	语义：对 `rdd1` 中 `<K,V>` `record` 进行排序，注意只按照 `Key` 进行排序，在相同 `Key` 的情况下，并不对 `Value` 进行排序。如果 `ascending = true`，则表示按照 `Key` 的升序排列

示例代码：将 inputRDD 中的数据按照 Key 进行排序。

```
val inputRDD = sc.parallelize(Array[(Char,Int)](
  ('D',2), ('B',4), ('C',3), ('A',5),('B',2), ('C',1), ('C',3),
  ('A',4)), 3)
val sortByKeyRDD = inputRDD.sortByKey(true,2)
```

逻辑处理流程如图 3.18 所示，sortByKey() 操作首先将 rdd1 中不同 Key 的 record 分发到 ShuffledRDD 中的不同分区中，然后在 ShuffledRDD 的每个分区中，按照 Key 对 record 进行排序，形成的数据依赖关系为 ShuffleDependency。可以看到在 rdd2 中，所有 record 都是按照 Key 进行排序的，但在相同 Key 的情况下，Value 是无序的。sortByKey() 和

groupByKey() 一样，并不需要使用 map() 端的 combine。

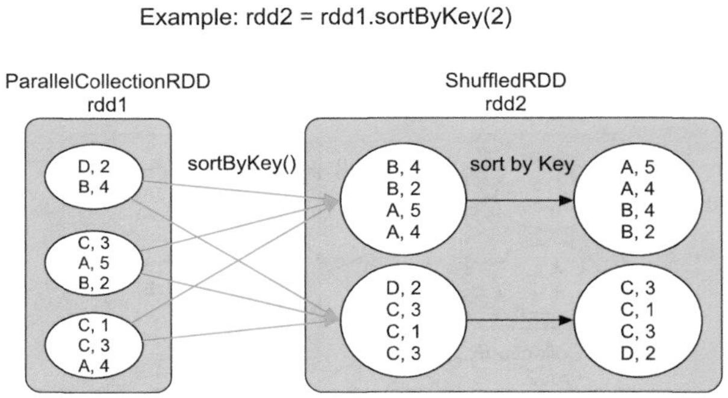

图 3.18　sortByKey() 操作的逻辑处理流程示例

与 reduceByKey() 等操作使用 Hash 划分来分发数据不同，sortByKey() 为了保证生成的 RDD 中的数据是全局有序（按照 Key 排序）的，采用 Range 划分来分发数据。Range 划分可以保证在生成的 RDD 中，partition 1 中的所有 record 的 Key 小于（或大于）partition 2 中所有的 record 的 Key。

更深入的问题：sortByKey() 的缺点是 record 的 Key 是有序的，但 Value 是无序的，那么如何使得 Value 也是有序的？在 Hadoop MapReduce 中，我们可以使用 SecondarySort 的方法，也就是通过将 Value 放到 Key 中，如 <Key,Value> => <(Key,Value), null>，并重新定义 Key 的排序函数来达到同时排序 Key 和 Value 的目的。在 Spark 中我们有两种方法：第一种方法是像 Hadoop MapReduce 一样使用 SecondarySort，首先使用 map() 操作进行 <Key,Value> => <(Key,Value),null>，然后将 (Key,Value) 定义为新的 class，并重新定义其排序函数 compare()，最后使用 sortByKey() 进行排序，只输出 Key 即可。第二种方法略微复杂，先使用 groupByKey() 将数据聚合成 <Key,list(Value)>，然后再使用 rdd.mapValues(sort function) 操作对 list(Value) 进行排序。

coalesce() 操作

coalesce(numPartitions) 用法：rdd2 = rdd1.coalesce(2)	语义：将 rdd1 的分区个数降低或升高为 numPartitions

示例代码：

```
val inputRDD = sc.parallelize(Array[(Int,Char)](
  (3,'c'), (3,'f'), (1,'a'), (4,'d'), (1,'h'), (2,'b'), (5,'e'),
  (2,'g')), 5)
val coalesceRDD = inputRDD.coalesce(2) // 图 3.19 中的第 1 个图
```

```
val coalesceRDD = inputRDD.coalesce(6)        // 图 3.19 中的第 2 个图
val coalesceRDD = inputRDD.coalesce(2, true) // 图 3.19 中的第 3 个图
val coalesceRDD = inputRDD.coalesce(6, true) // 图 3.19 中的第 4 个图
```

逻辑处理流程如图 3.19 所示，coalesce() 操作可以改变 RDD 的分区个数，而且在不同参数下具有不同的逻辑处理流程，具体分为以下 4 种情况。

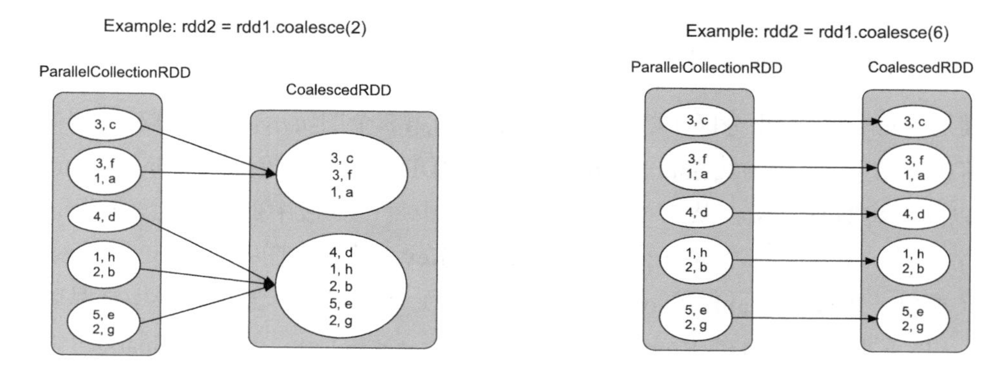

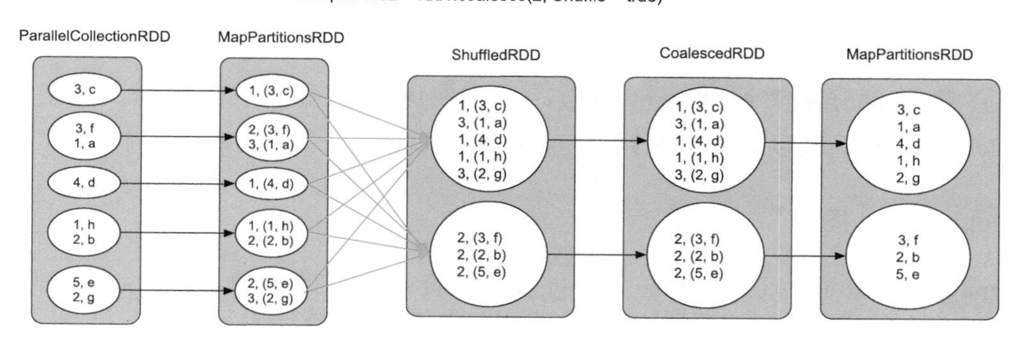

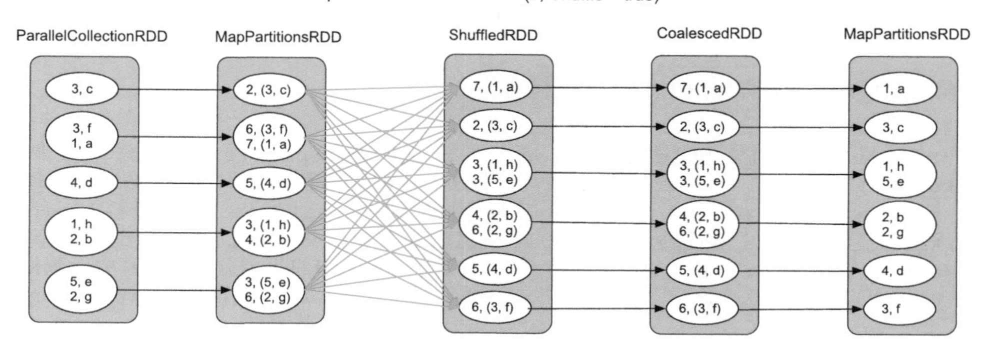

图 3.19 coalesce() 操作的不同逻辑处理流程示例

① 减少分区个数：如图 3.19 中的第 1 个图所示，rdd1 的分区个数为 5，当使用 coalesce(2) 减少为两个分区时，Spark 会将相邻的分区直接合并在一起，得到 rdd2，形成的数据依赖关系是多对一的 NarrowDependency。这种方法的缺点是，当 rdd1 中不同分区中的数据量差别较大时，直接合并容易造成数据倾斜（rdd2 中某些分区个数过多或过少）。

② 增加分区个数：如图 3.19 中的第 2 个图所示，当使用 coalesce(6) 将 rdd1 的分区个数增加为 6 时，会发现生成的 rdd2 的分区个数并没有增加，还是 5。这是因为 coalesce() 默认使用 NarrowDependency，不能将一个分区拆分为多份。

③ 使用 Shuffle 来减少分区个数：如图 3.19 中的第 3 个图所示，为了解决数据倾斜的问题，我们可以使用 coalesce(2, Shuffle = true) 来减少 RDD 的分区个数。使用 Shuffle = true 后，Spark 可以随机将数据打乱，从而使得生成的 RDD 中每个分区中的数据比较均衡。具体采用的方法是为rdd1 中的每个record添加一个特殊的Key，如第3个图中的MapPartitionsRDD，Key 是 Int 类型，并从 [0, numPartitions) 中随机生成，如 <3,f > => <2,(3,f)> 中，2 是随机生成的 Key，接下来的 record 的 Key 递增 1，如 <1,a> => <3,(1,a)>。这样，Spark 可以根据 Key 的 Hash 值将 rdd1 中的数据分发到 rdd2 的不同的分区中，然后去掉 Key 即可（见最后的 MapPartitionsRDD）。

④ 使用 Shuffle 来增加分区个数：如图 3.19 中的第 4 个图所示，通过使用 ShuffleDepedency，可以对分区进行拆分和重新组合，解决分区不能增加的问题。

repartition() 操作

repartition(numPartitions) 用法：rdd2 = rdd1.repartition(2)	语义：将 RDD 中的数据进行重新分区，语义与 coalesce (numPartitions,shuffle = true) 一致

逻辑处理流程图：与图 3.19 中的第 3 个和第 4 个图一样。

repartitionAndSortWithinPartitions() 操作

repartitionAndSortWithinPartitions(partitioner) 用法：rdd2 = rdd1.repartitionAndSortWithinPartitions(new HashPartitioner(3))	语义：与 repartition() 操作类似，将 rdd1 中的数据重新进行分区，分发到 rdd2 中。不同的是，repartitionAndSortWithinPartitions 可以灵活使用各种 partitioner，而且对于 rdd2 中的每个分区，对其中的数据按照 Key 进行排序。这个操作比 repartition() + sortByKey() 效率高

示例代码（对 inputRDD 中的数据重新划分并在分区内排序）：

```
val inputRDD = sc.parallelize(Array[(Char,Int)](
    ('D',2), ('B',4), ('C',3), ('A',5), ('B',2), ('C',1), ('C',3),
    ('A',4)), 3)
val resultRDD = inputRDD.repartitionAndSortWithinPartitions(
                new HashPartitioner(2))
```

逻辑处理流程如图 3.20 中的左图所示，repartitionAndSortWithinPartitions() 操作首先使用用户定义的 partitioner 将数据分发到不同分区，然后对每个分区中的数据按照 Key 进行排序。与 repartition() 操作相比，repartitionAndSortWithinPartitions() 操作多了分区数据排序功能。如图 3.20 中的右图所示，与 sortByKey() 操作相比，repartitionAndSortWithinPartitions() 中的 partitioner 可定义，不一定是 sortByKey() 默认的 RangePartitioner。因此，repartitionAndSortWithinPartitions() 操作得到的结果不能保证 Key 是全局有序的。

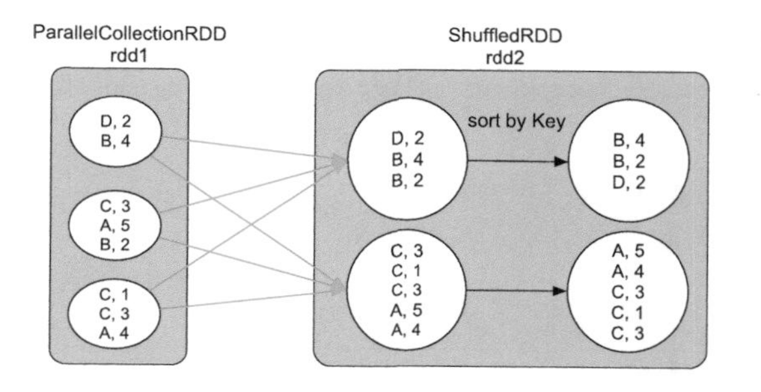

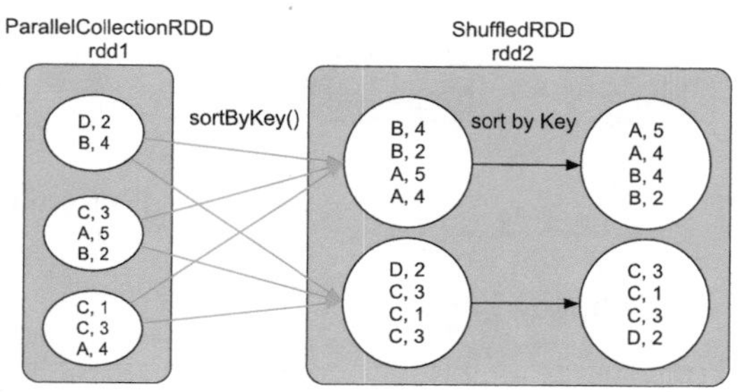

图 3.20 repartitionAndSortWithinPartitions() 操作与 sortByKey() 的逻辑处理流程对比

intersection() 操作

`intersection(otherDataset)` 用法：`rdd3 = rdd1.intersection(rdd2)`	语义：求交集时将 rdd1 和 rdd2 中共同的元素抽取出来，形成新的 rdd3

示例代码：

```
val inputRDD1 = sc.parallelize(List(2,2,3,4,5,6,8,6), 3)
val inputRDD2 = sc.parallelize(List(2,3,6,6), 2)
val resultRDD = inputRDD1.intersection(inputRDD2, 2)
```

intersection() 的核心思想是先利用 cogroup() 将 rdd1 和 rdd2 的相同 record 聚合在一起，然后过滤出在 rdd1 和 rdd2 中都存在的 record。如图 3.21 所示，具体方法是先将 rdd1 中的 record 转化为 <K,V> 类型，V 为固定值 null，然后将 rdd1 和 rdd2 中的 record 聚合在一起，过滤掉出现“()”的 record，最后只保留 Key，得到交集元素。

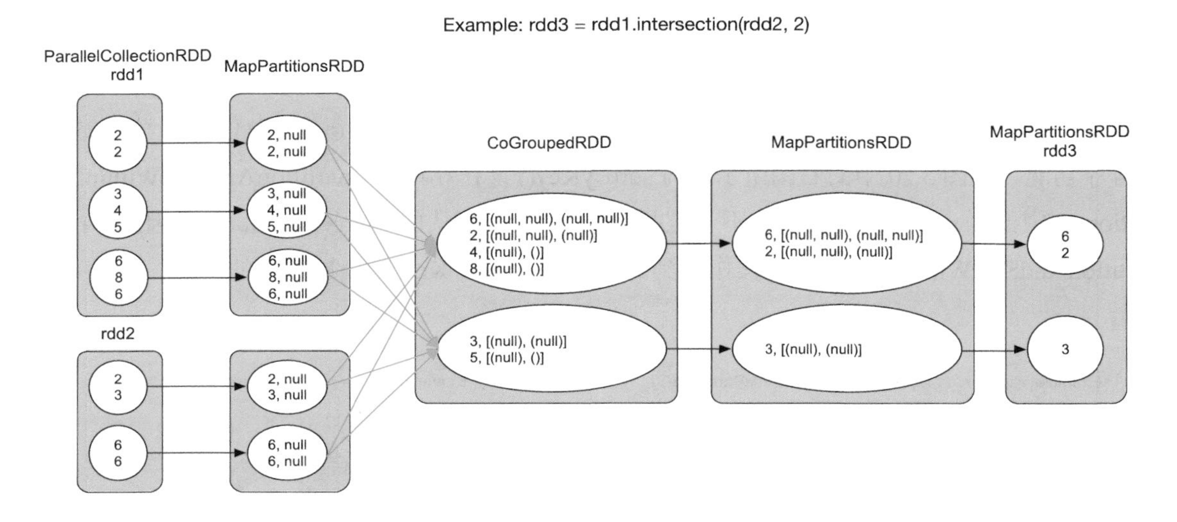

图 3.21 intersection() 的逻辑处理流程示例

distinct() 操作

distinct(numPartitions) 用法：rdd2 = rdd1.distinct(2)	语义：去重操作，将 rdd1 中的数据进行去重，rdd2 为去重后的结果

示例代码（对 inputRDD 中的数据进行去重）：

```
val inputRDD = sc.parallelize(List(1,2,2,3,2,1,4,3,4), 3)
val resultRDD = inputRDD.distinct(2)
```

逻辑处理流程如图 3.22 所示，与 intersection() 操作类似，distinct() 操作先将数据转化为 <K,V> 类型，其中 Value 为 null 类型，然后使用 reduceByKey() 将这些 record 聚合在一起，最后使用 map() 只输出 Key 就可以得到去重后的元素。

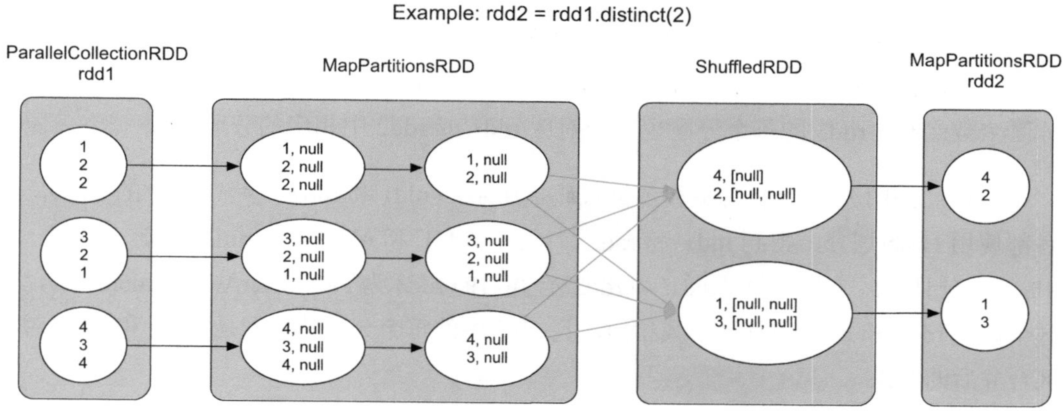

图 3.22 distinct() 的逻辑处理流程示例

union() 操作

union(otherDataset) 用法：rdd3 = rdd2.union(rdd1)	语义：将 rdd1 和 rdd2 中的元素合并在一起，得到新的 rdd3

示例代码 1：

```
val inputRDD1 = sc.parallelize(List(2,2,3,4,5,6,8,6), 3)
val inputRDD2 = sc.parallelize(List(2,3,6,6), 2)
val resultRDD = inputRDD1.union(inputRDD2)
```

示例代码 2：

```
var inputRDD1 = sc.parallelize(Array[(Int,Char)](
  (1,'a'), (2,'b'), (3,'c'), (4,'d'), (5,'e'), (3,'f'), (2,'g'),
  (1,'h'), (2,'i')
), 3)
var inputRDD2 = sc.parallelize(Array[(Int,Char)](
  (1,'A'), (2,'B'), (3,'C'), (4,'D'), (6,'E')), 2)
inputRDD1 = inputRDD1.repartitionAndSortWithinPartitions(
            new HashPartitioner(3))
inputRDD2 = inputRDD2.repartitionAndSortWithinPartitions(
            new HashPartitioner(3))

val resultRDD = inputRDD1.union(inputRDD2)
```

逻辑处理流程如图 3.23 所示，union() 将 rdd1 和 rdd2 中的 record 组合在一起，形成新的 rdd3，形成的数据依赖关系是 RangeDependency。union() 形成的逻辑执行流程有以下两种。

第一种：如图 3.23 中的左图和示例代码 1 所示，rdd1 和 rdd2 是两个非空的 RDD，而且两者的 partitioner 不一致，且合并后的 rdd3 为 UnionRDD，其分区个数是 rdd1 和 rdd2 的分区个数之和，rdd3 的每个分区也一一对应 rdd1 或 rdd2 中相应的分区。

第二种：如图 3.23 中的右图和示例代码 2 所示， rdd1 和 rdd2 是两个非空的 RDD，且两者都使用 Hash 划分，得到 rdd1′和 rdd2′。因此，rdd1′和 rdd2′的 partitioner 是一致的，都是 Hash 划分且分区个数相同。rdd1′和 rdd2′合并后的 rdd3 为 PartitionerAwareUnionRDD，其分区个数与 rdd1 和 rdd2 的分区个数相同，且 rdd3 中的每个分区的数据是 rdd1′和 rdd2′对应分区合并后的结果。

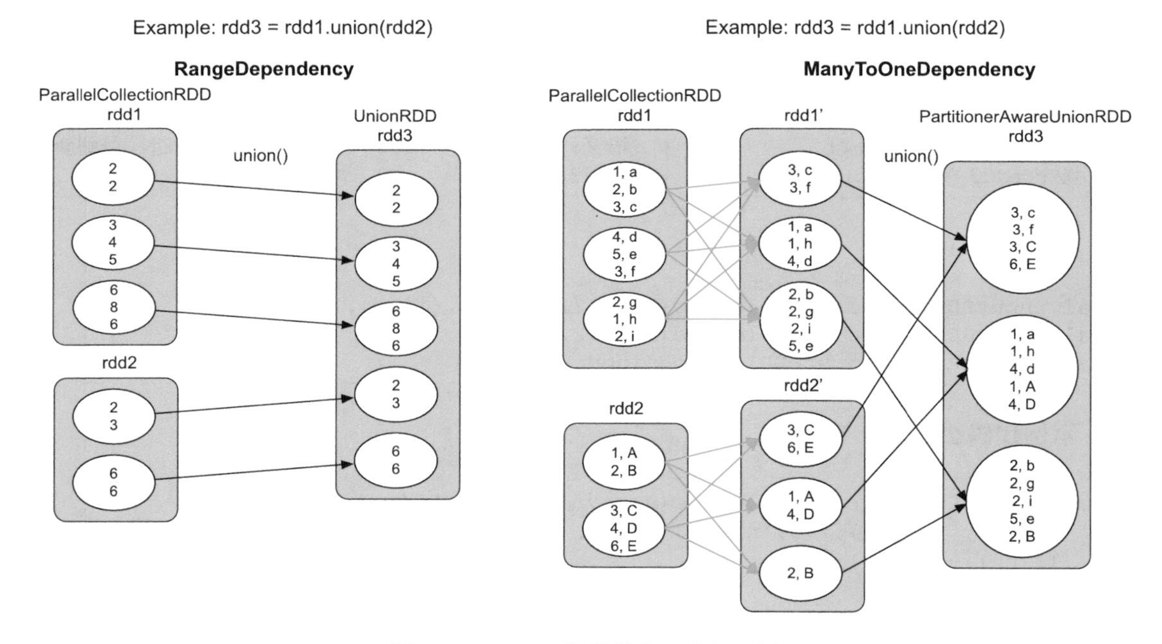

图 3.23 union() 的逻辑处理流程示例

zip() 操作

zip(otherDataset) 用法：rdd3 = rdd1.zip(rdd2)	语义：将 rdd1 和 rdd2 中的元素按照一一对应关系（像拉链一样）连接在一起，构成 <K,V> record，K 来自 rdd1，Value 来自 rdd2。该操作要求 rdd1 和 rdd2 的分区个数相同，而且每个分区包含的元素个数相等

示例代码：

```
val inputRDD1 = sc.parallelize(1 to 8, 3)
val inputRDD2 = sc.parallelize('a' to 'h', 3)
val resultRDD = inputRDD1.zip(inputRDD2)
```

逻辑处理流程如图 3.24 所示，zip() 操作像拉链一样将 rdd1 和 rdd2 中的 record 按照一一对应关系连接在一起，形成新的 <K,V> record，生成的 RDD 名为 ZippedPartitionsRDD2，RDD2 的意思是对两个 RDD 进行连接。

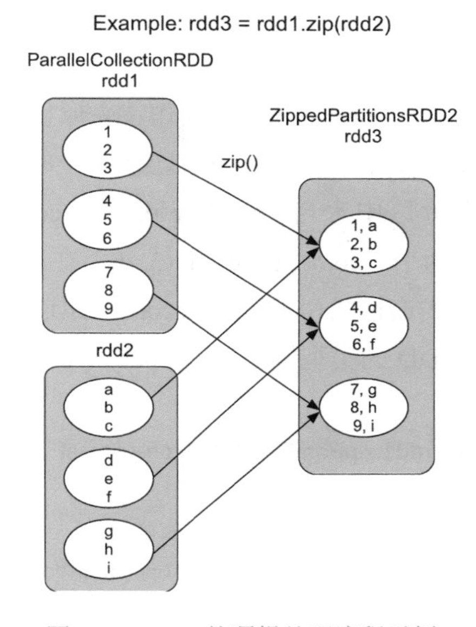

图 3.24　zip() 的逻辑处理流程示例

zipPartitions() 操作

zipPartitions (otherDataset)(func) 用法：rdd3 = rdd1.zipPartitions(rdd2)	语义：将 rdd1 和 rdd2 中的分区按照一一对应关系（像拉链一样）连接在一起，形成 rdd3。rdd3 中的每个分区中的数据为 <List(records from rdd1), List(records from rdd2)>，然后我们可以自定义函数 func 对这些 record 进行处理。该操作要求 rdd1 和 rdd2 中的分区个数相同，但不要求每个分区包含的元素个数相等

示例代码：

```
var inputRDD1 = sc.parallelize(Array[(Int, Char)](
  (1,'a'), (1,'b'), (2,'c'), (3,'d'), (4,'e'), (5,'f')), 3)
```

```
var inputRDD2 = sc.parallelize(Array[(Int, Char)](
  (1,'f'), (3,'g'), (2,'h'), (4,'i'), 3)

val resultRDD = inputRDD1.zipPartitions(inputRDD2)({
  (rdd1Iter, rdd2Iter) =>{
    var result = List[String]()
    while(rdd1Iter.hasNext && rdd2Iter.hasNext){
      // 将 rdd1 和 rdd2 中的数据按照下画线连接，然后添加到 result: List 的首位
      result ::= rdd1Iter.next() + "_" + rdd2Iter.next()
    }
    result.iterator
  }
})
```

逻辑处理流程如图 3.25 所示，zipPartitions() 操作首先像拉链一样将 rdd1 和 rdd2 中的分区（而非分区中的每个 record）按照一一对应关系连接在一起，并提供两个迭代器 rdd1Iter 和 rdd2Iter，来分别迭代每个分区中来自 rdd1 和 rdd2 的 record。例如，可以通过 rdd1Iter.next() 来依次访问来自 rdd1 的两个 record：(2, c) 和 (3, d)。在示例中，我们同时迭代 rdd1 和 rdd2 中的 record，并使用下画线连接索引相同的 record，如连接 (4, e) 和 (2, h) 得到 (4, e)_(2, h)。zipPartitions() 生成的 RDD 的类型同样是 ZippedPartitionsRDD2。

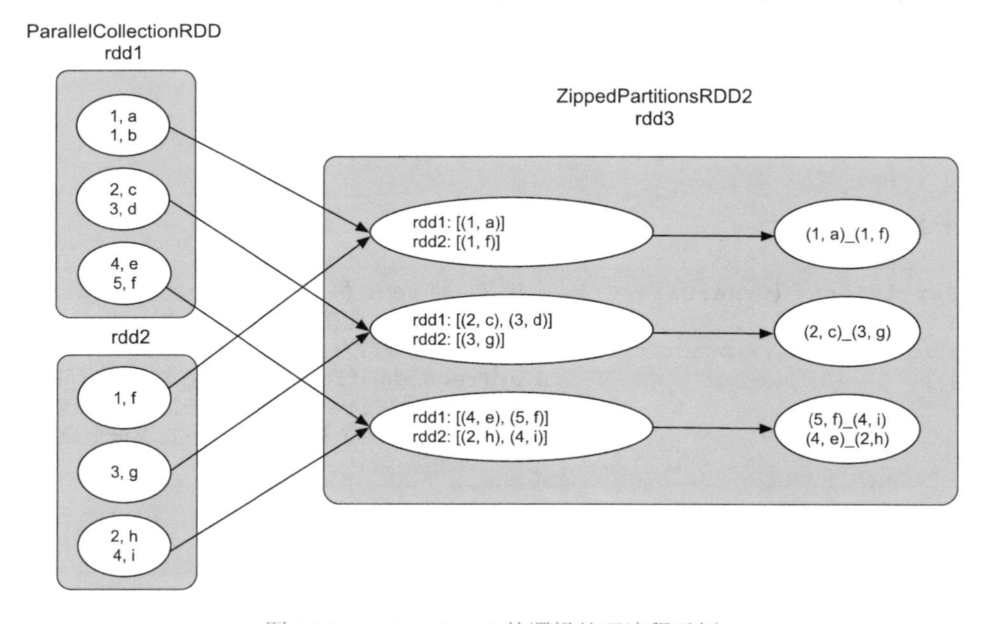

图 3.25 zipPartitions() 的逻辑处理流程示例

zipPartitions() 可以同时连接 2、3 或者 4 个 rdd，如 rdd5 = rdd1.zipPartitions(rdd2, rdd3, rdd4)。zipPartitions() 的要求是参与连接的 rdd 都包含相同的分区个数，但不要求每个分区中的 record 数目相同。zipPartitions() 还有一个参数是 preservePartitioning，其默认值为 false，意即 zipPartitions() 生成的 rdd（如图 3.25 中的 rdd3）继承 parent RDD 的 partitioner，因为继承 partitioner 可以提升后续操作的执行效率（如避免 Shuffle 阶段）。假设 rdd1 和 rdd2 的 partitioner 都为 HashPartitioner(3)，那么 preservePartitioning = true，表示 rdd3 的 partitioner 仍为 HashPartitioner(3)；如果 preservePartitioning = false，那么 rdd3 的 partitioner = None，也就是 rdd3 被 Spark 认为是随机划分的。但这个 preservePartitioning 参数限制太强，因为参与 zipPartitions() 的 rdd 有多个，每个 rdd 的 partitioner 可能不同，仅当参与 zipPartitions() 的多个 rdd 具有相同的 partitioner 时，preservePartitioning 才有意义。

zipWithIndex() 和 zipWithUniqueId() 操作

zipWithIndex() 用法：rdd2 = rdd1.zipWithIndex()	语义：对 rdd1 中的数据进行编号，编号方式是从 0 开始按序递增的
zipWithUniqueId() 用法：rdd2 = rdd1.zipWithUniqueId()	语义：对 rdd1 中的数据进行编号，编号方式为 round-robin

示例代码：

```
var inputRDD = sc.parallelize(Array[(Int, Char)](
  (1,'a'),(1,'b'),(2,'c'),(3,'d'),(4,'e'),(5,'f'),(6,'g')), 3)
var resultRDD = inputRDD.zipWithIndex()
var resultRDD = inputRDD.zipWithUniqueId()
```

逻辑处理流程如图 3.26 的左图所示，zipWithIndex() 对 rdd1 中的每个 record 都进行编号，编号方式是从 0 开始依次递增（跨分区）的，生成的 RDD 类型是 ZippedWithIndexRDD。

如图 3.26 的右图所示，zipWithUniqueId() 对 rdd1 中的每个 record 都进行编号，编号方式是按照 round-robin 方式，也就是像发扑克牌一样，将编号发给每个分区中的 record，不可以轮空。例如，在图 3.26 的右图中，编号 6 和 7 分别分配给了 partition1 中的第 3 个 record 和 partition2 中的第 3 个 record，但由于这两个分区中没有对应的第 3 个 record，这两个编号就作废了，接下来的编号 8 分配给了 partition3 中的第 3 个 record。zipWithUniqueId() 操作生成的 RDD 类型是 MapPartitionsRDD。

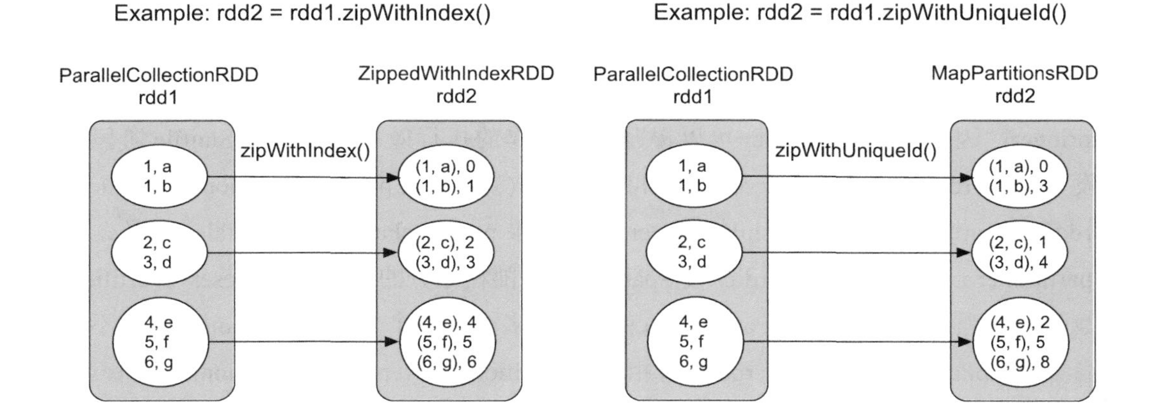

图 3.26 zipWithIndex() 和 zipWithUniqueId() 的逻辑处理流程示例

subtractByKey() 操作

subtractByKey(otherDataset) 用法：rdd3 = rdd1.subtractByKey(rdd2)	语义：计算出 Key 在 rdd1 中而不在 rdd2 中的 record

示例代码：

```
var inputRDD1 = sc.parallelize(Array[(Int,Char)](
  (3,'c'),(3,'f'),(5,'e'),(4,'d'),(1,'h'),(2,'b'),(5,'e'),(2,'g')), 3)
var inputRDD2 = sc.parallelize(Array[(Int,Char)](
  (1,'A'),(2,'B'),(3,'C'),(2,'D'),(6,'E')), 2)
val subtractByKeyRDD = inputRDD1.subtractByKey(inputRDD2, 2)
```

subtractByKey() 可以计算出 Key 在 rdd1 中而不在 rdd2 中的 record。逻辑处理流程图如图 3.27 所示，该操作首先将 rdd1 和 rdd2 中的 <K,V> record 按 Key 聚合在一起，得到 SubtractedRDD，该过程类似 cogroup()。然后，只保留 [(a),(b)] 中 b 为 () 的 record，从而得到在 rdd1 中而不在 rdd2 中的元素。SubtractedRDD 结构和数据依赖模式都类似于 CoGroupedRDD，可以形成 OneToOneDependency 或者 ShuffleDependency，但实现比 CoGroupedRDD 更高效。

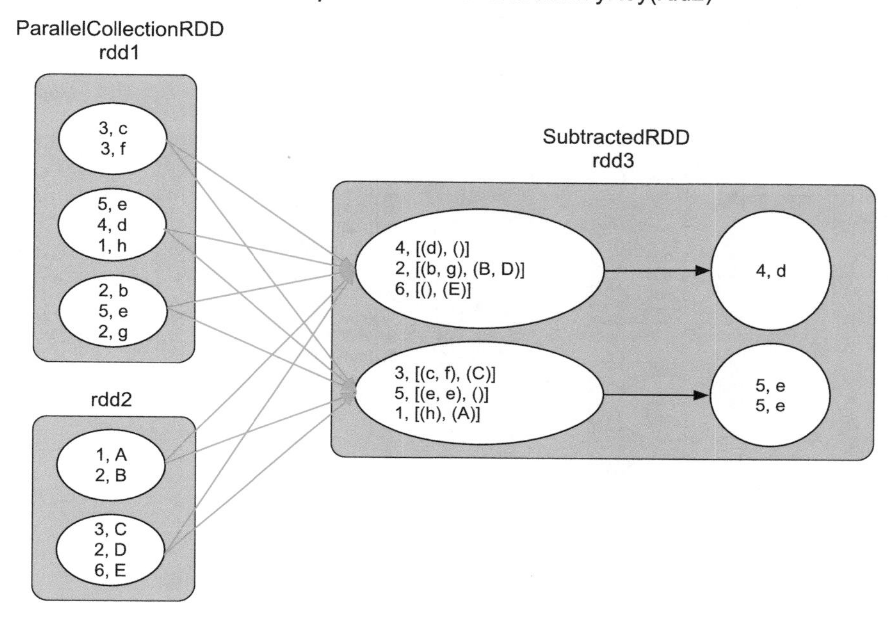

图 3.27 subtractByKey() 的逻辑处理流程示例

subtract() 操作

subtract(otherDataset) 用法：rdd3 = rdd1.subtract(rdd2)	语义：计算在 rdd1 中而不在 rdd2 中的 record

示例代码：

```
val inputRDD1 = sc.makeRDD(List(1,2,3,3,4,2,1,5,6), 3)
val inputRDD2 = sc.makeRDD(List(1,1,3,4,10), 2)
val resultRDD = inputRDD1.subtract(inputRDD2, 2)
```

subtract() 的语义与 subtractByKey() 类似，不同点是 subtract() 适用面更广，可以针对非 <K,V> 类型的 RDD。subtract() 的底层实现基于 subtractByKey() 来完成。逻辑处理流程如图 3.28 所示，先将 rdd1 和 rdd2 表示为 <K,V> record，Value 为 null，然后按照 Key 将这些 record 聚合在一起得到 SubtractedRDD，只保留 [(a), (b)] 中 b 为 () 的 record，从而得到在 rdd1 中但不在 rdd2 中的 record。

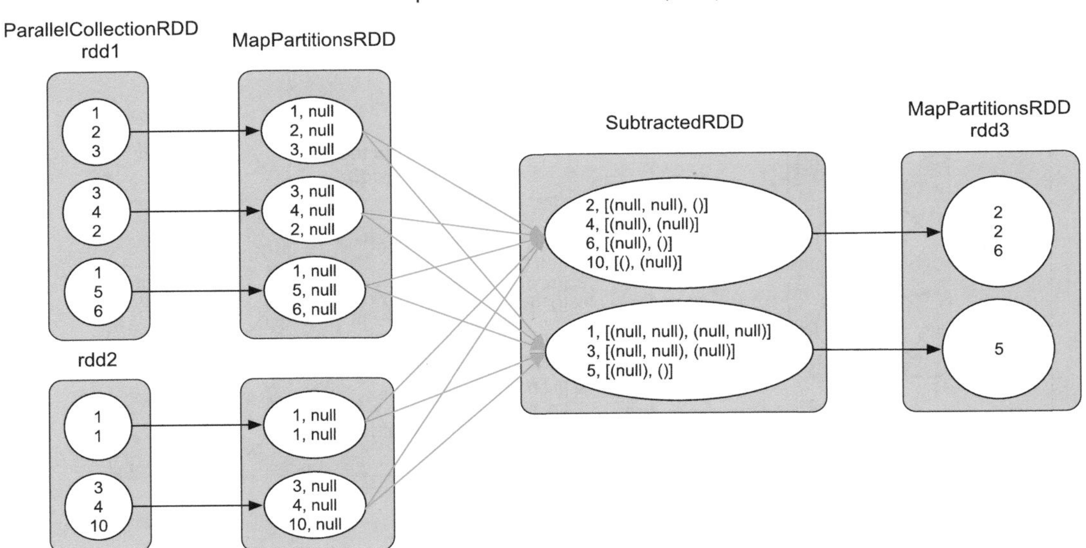

图 3.28　subtract() 的逻辑处理流程示例

sortBy(func) 操作

sortBy(func) 用法：rdd2 = rdd1.sortBy(func)	语义：基于 func 的计算结果对 rdd1 中的 record 进行排序

示例代码：将 <K,V> 数据按照 Value 进行排序。

```
val inputRDD = sc.parallelize(Array[(Char,Int)](
  ('D',2), ('B',4), ('C',3), ('A',5), ('B',2), ('C',1), ('C',3), ('A',4)), 3)
val sortByKeyRDD = inputRDD.sortBy(record => record._2, true, 2)
```

sortBy(func) 与 sortByKey() 的语义类似，不同点是 sortByKey() 要求 RDD 是 <K,V> 类型，并且根据 Key 来排序，而 sortBy(func) 不对 RDD 类型作要求，只是根据每个 record 经过 func 的执行结果进行排序。sortBy(func) 基于 sortByKey() 实现。逻辑处理流程如图 3.29 所示，我们想对 rdd1 中的 <K,V> record 按照 Value 进行排序，那么我们设计的排序函数 func 为 record => record._2。为了利用 sortByKey() 对这些 record 进行排序，首先将 rdd1 中每个 record 的形式进行改变，将 <K,V>record 转化为 <V,(K,V)>record，如将 (D,2) 转化为 <2,(D,2)>，然后利用 sortByKey() 对转化后的 record 进行排序。最后，只保留第二项，也就是 <V,(K,V)> 中的 (K,V)，即可得到排序后的 record，也就是 rdd2。

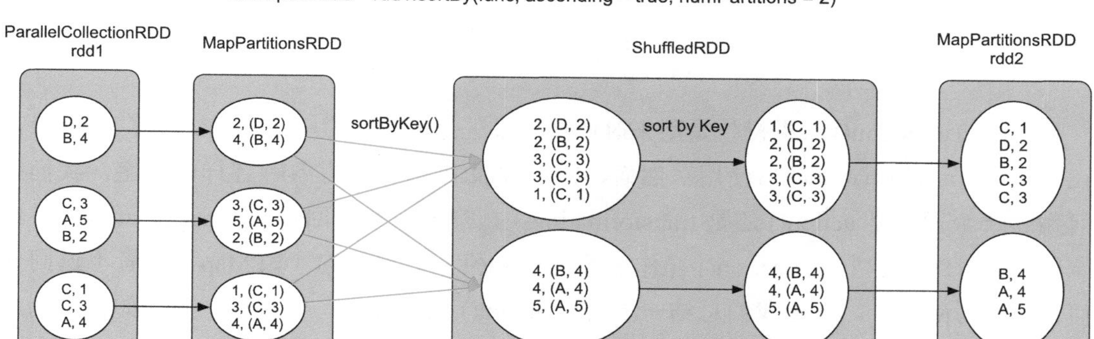

图 3.29　sortBy() 的逻辑处理流程示例

glom() 操作

glom() 用法：rdd2 = rdd1.glom()	语义：将 rdd1 中每个分区的 record 合并到一个 List 中

示例代码：

```
val inputRDD = sc.parallelize(Array[(Int, Char)](
  (1,'a'),(2,'b'),(3,'c'),(4,'d'),(2,'e'),(3,'f'),(2,'g'),(1,'h')), 3)
val resultRDD = inputRDD.glom()
```

逻辑处理流程如图 3.30 所示，glom() 是一个简单的操作，直接将分区中的数据合并到一个 list 中。

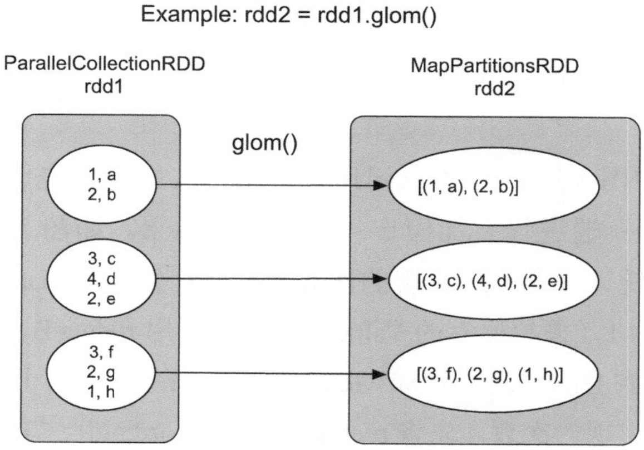

图 3.30　glom() 的逻辑处理流程示例

3.4 常用 action() 数据操作

我们知道 action() 数据操作是用来对计算结果进行后处理的，同时提交计算 job，经常在一连串 transformation() 后使用。然而，RDD 的数据操作具有各种各样的名字，我们如何判断一个操作是 action() 还是 transformation()？答案是看返回值，transformation() 操作一般返回 RDD 类型，而 action() 操作一般返回数值、数据结构（如 Map）或者不返回任何值（如写磁盘）。下面我们总结一下常用 action() 数据操作，分析这些操作如何得到最终计算结果。

count()/countByKey()/countByValue() 操作

count(): long 用法：val result = rdd1.count()	语义：统计 rdd1 中包含的 record 个数，返回一个 long 类型
countByKey(): Map[K, long] 用法：val result = rdd1.countByKey()	语义：统计 rdd1 中每个 Key 出现的次数（Key 可能有重复），返回一个 Map，要求 rdd1 是 <K,V> 类型
countByValue(): Map[T, long] 用法：val result = rdd1.countByValue()	语义：统计 rdd 中每个 record 出现的次数，返回一个 Map

示例代码：

```
val inputRDD = sc.parallelize(Array[(Int,Char)](
  (3,'c'),(3,'f'),(5,'e'),(4,'d'),(1,'h'),(2,'b'),(5,'e'),(2,'g')), 3)
val result1 = inputRDD.count()
println(result1)
val result2 = inputRDD.countByKey()
println(result2)
val result3 = inputRDD.countByValue()
println(result3)
```

逻辑处理流程如图 3.31 中第 1 个图所示，count() 操作首先计算每个分区中 record 的数目，然后在 Dirver 端进行累加操作，得到最终结果。如图 3.31 中第 2 个图所示，countByKey() 操作只统计每个 Key 出现的次数，因此首先利用 mapValues() 操作将 <K,V> record 的 Value 设置为 1（去掉原有的 Value），然后利用 reduceByKey() 统计每个 Key 出现的次数，最后汇总到 Driver 端，形成 Map。如图 3.31 中第 3 个图所示，countByValue() 操作统计每个 record 出现的次数，先将 record 变为 <record,null> 类型，这样转化是为了接下来使用 reduceByKey() 得到每个 record 出现的次数，最后汇总到 Driver 端，形成 Map。

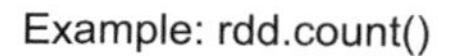

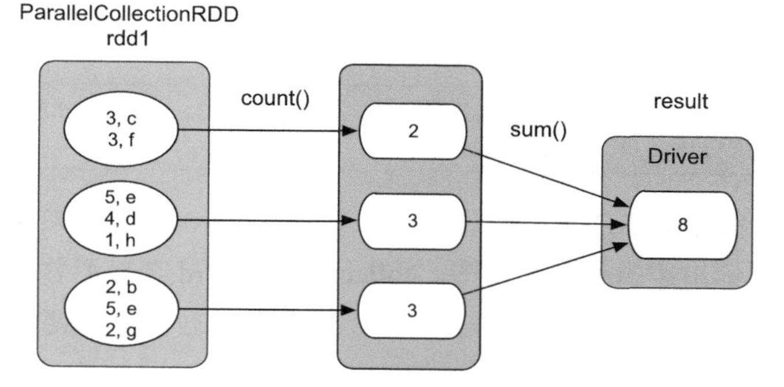

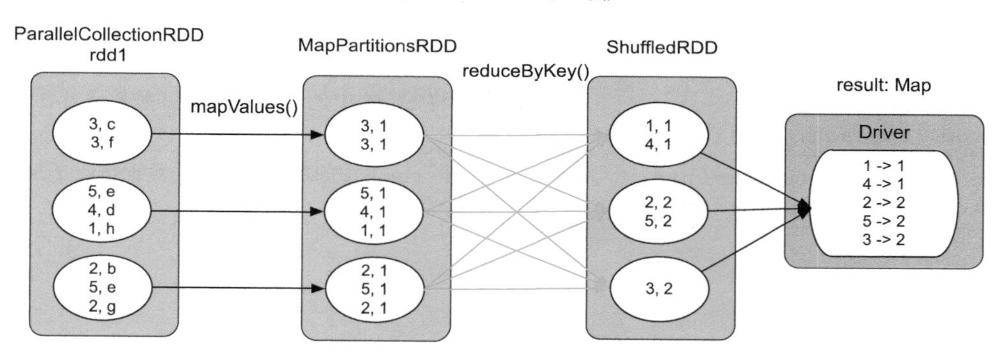

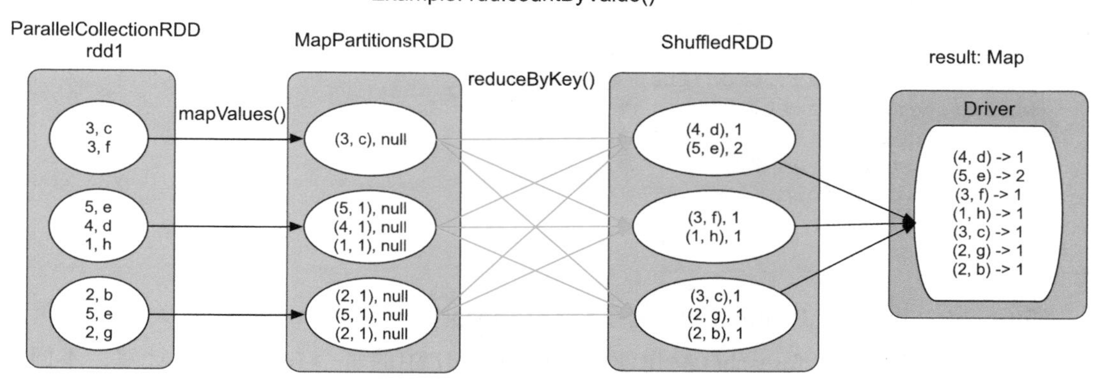

图 3.31 count()/countByKey()/countByValue() 的逻辑处理流程示例

从图 3.31 中可以看出，countByKey() 和 countByValue() 需要在 Driver 端存放一个 Map，当数据量比较大时，这个 Map 会超过 Driver 的内存大小，所以，在数据量较大时，建议先使用 reduceByKey() 对数据进行统计，然后将结果写入分布式文件系统（如 HDFS 等）。

collect() 和 collectAsMap() 操作

collect(): Array[T] 用法：val result = rdd1.collect()	语义：将 rdd1 中的 record 收集到 Driver 端
collectAsMap(): Map[K, V] 用法：val result = rdd1.collectAsMap()	语义：将 rdd1 中的 <K,V> record 收集到 Driver 端，得到 <K,V> Map

这两个操作的逻辑比较简单，都是将 RDD 中的数据直接汇总到 Driver 端，类似 count() 操作的流程图，因此不再单独给出逻辑处理流程图。collect() 将 record 直接汇总到 Driver 端，而 collectAsMap() 将 <K,V>record 都汇集到 Driver 端，在数据量较大时，两者都会造成大量内存消耗，所以需要注意内存用量。

foreach() 和 foreachPartition() 操作

foreach(func): Unit 用法：rdd1.foreach(func)	语义：将 rdd1 中的每个 record 按照 func 进行处理
foreachPartition(func): Unit 用法：rdd1.foreachPartition(func)	语义：将 rdd1 中的每个分区中的数据按照 func 进行处理

示例代码：

```
val inputRDD = sc.parallelize(Array[(Int,Char)](
  (3,'c'),(3,'f'),(5,'e'),(4,'d'),(1,'h'),(2,'b'),(5,'e'),(2,'g')), 3)
// 输出每个 record 的 Value
inputRDD.foreach(r => println(r._2))
// 只输出 Key 值大于或等于 3 的 record
inputRDD.foreachPartition(iter => {
  while(iter.hasNext) {
    val record = iter.next()
    if (record._1 >= 3)
      println(record)
  }
})
```

foreach() 和 foreachPartition() 的关系类似于 map() 和 mapPartitions() 的关系。逻辑处理流程如图 3.32 所示，foreach() 操作使用 func 对 rdd1 中的每个 record 进行计算，不同于 map() 操作的是，foreach() 操作一般会直接输出计算结果，并不形成新的 RDD。同理，foreachPartition() 的用法也类似于 mapPartitions()，但不形成新的 RDD。在图 3.32 中，我们自定义了 func 函数，只输出 Key ≥ 3 的 record，这些 record 被 print（打印输出）到控制台，并不形成新的 RDD。

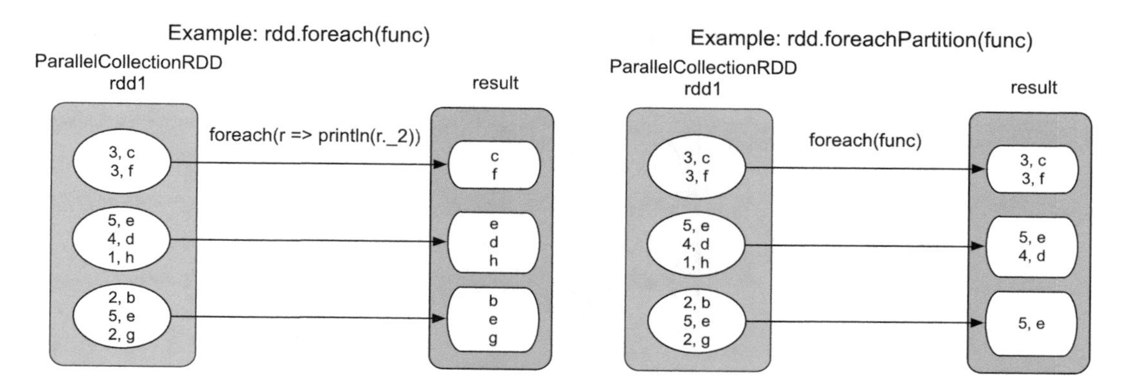

图 3.32 foreach() 和 foreachPartition() 的逻辑处理流程示例

fold()/reduce()/aggregate() 操作

fold(zeroValue)(func): T 用法：rdd1.fold(zeroValue)(func)	语义：将 rdd1 中的 record 按照 func 进行聚合，func 语义与 foldByKey(func) 中的 func 相同
reduce(func): T 用法：rdd1.reduce(func)	语义：将 rdd1 中的 record 按照 func 进行聚合，func 语义与 reduceByKey(func) 中的 func 相同
aggregate(zeroValue)(seqOp, combOp): U 用法：rdd1.aggregate(Value)(seqOp, combOp)	语义：将 rdd1 中的 record 进行聚合，seqOp 和 combOp 的语义与 aggregateByKey(zeroValue)(seqOp,combOp) 中的类似

逻辑处理流程如图 3.33 的第 1 个图所示，fold(func) 中的 func 的语义与 foldByKey(func) 中的 func 相同，区别是 foldByKey() 生成一个新的 RDD，而 fold() 直接计算出结果，并不生成新的 RDD。fold() 首先在 rdd1 的每个分区中计算局部结果，如 0_a_b_c，然后在 Driver 端将局部结果聚合成最终结果。需要注意的是，每次聚合时初始值 zeroValue 都会参与计算，而 foldByKey() 在聚合来自不同分区的 record 时并不使用初始值。如图 3.33 的第 2 个图所示，reduce(func) 的语义与去掉初始值的 fold(func) 相同。reduce(func) 可以看作是 aggregate(seqOp, combOp) 中 seqOp=combOp=func 的场景。如图 3.33 的第 3 个图所示，aggregate(seqOp, combOp) 中的 seqOp 和 combOp 的语义与 aggregateByKey(seqOp, combOp) 中的 seqOp 和 combOp 的语义相同，区别是 aggregateByKey() 生成一个新的 RDD，而 aggregate() 直接计算出结果。aggregate() 使用 seqOp 在每个分区中计算局部结果，然后使用 combOp 在 Driver 端将局部结果聚合成最终结果。需要注意的是，在 aggregate() 中，seqOp 和 combOp 聚合时初始值 zeroValue 都会参与计算，而在 aggregateByKey() 中，初始值只参与 seqOp 的计算。

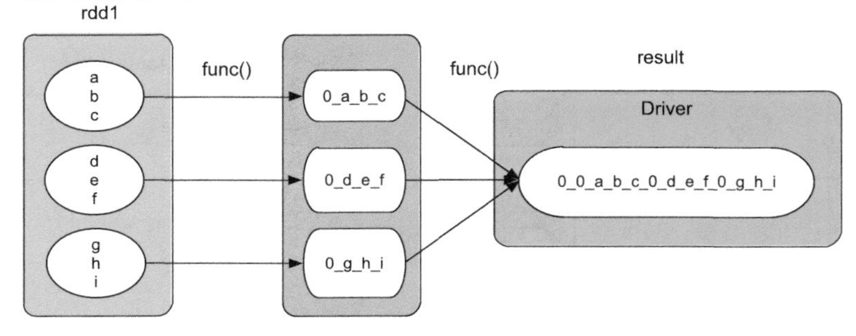

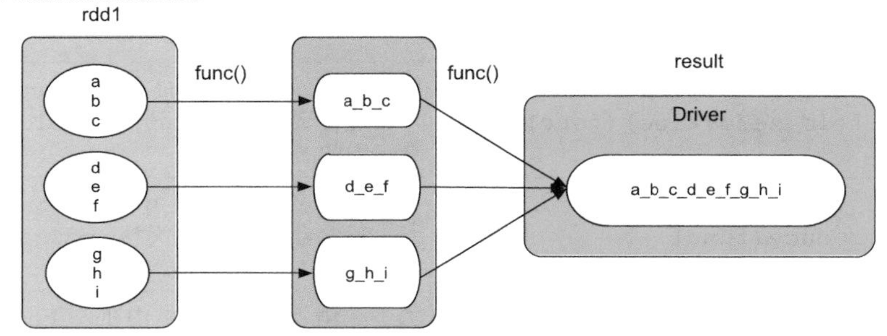

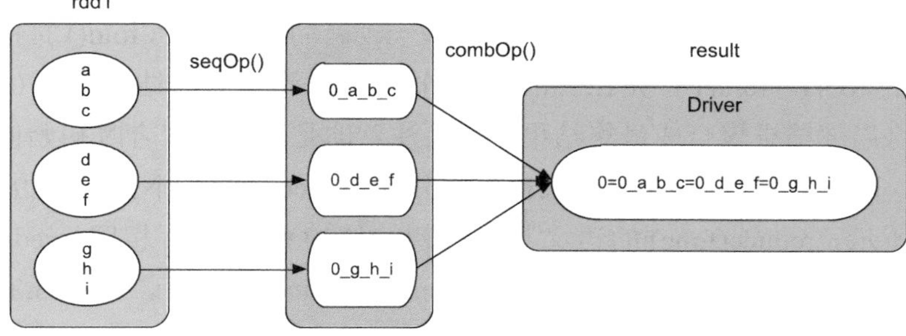

图 3.33　fold()、reduce() 和 aggregate() 的逻辑处理流程示例

示例代码：

```
var inputRDD = sc.parallelize(Array[(String)](
  "a", "b", "c", "d", "e", "f", "g", "h", "i"), 3)
val result = inputRDD.fold("0")((x,y) => x + "_" + y)
```

```
println(result)
val result2 = inputRDD.reduce((x,y) => x + "_" + y)
println(result2)
val result3 = inputRDD.aggregate("0")((x,y) => x + "_" + y,
            (x,y) => x + "=" + y)
println(result3)
```

其他说明：为什么已经有 reduceByKey()、aggregateByKey() 等操作，还要定义 aggregate()、reduce() 等操作呢？答案是，有时候我们需要全局聚合。虽然 reduceByKey()、aggregateByKey() 等操作可以对每个分区中的 record，以及跨分区且具有相同 Key 的 record 进行聚合，但这些聚合都是在部分数据上（如 <K,func(list(V))> 使用 func 聚合函数）进行的，并不是针对所有 record 进行全局聚合的，即 func(<K,list(V)>)。当我们需要全局聚合结果时，需要对这些部分聚合结果 <K,func(list(V))>record 进行 merge，而这个 merge 操作就是 aggregate()、reduce() 等。这几个操作的共同问题是，当需要 merge 的部分结果很大时，数据传输量很大，而且 Driver 是单点 merge，存在效率和内存空间限制问题。为了解决这个问题，Spark 对这些聚合操作进行了优化，提出了 treeAggregate() 和 treeReduce() 操作。

treeAggregate () 和 treeReduce() 操作

treeAggregate(zeroValue) (seqOp, combOp, depth): U 用法：rdd1.treeAggregate(Value)(seqOp, combOp, 2)	语义：将 rdd1 中的 record 按照树形结构进行聚合，seqOp 和 combOp 的语义与 aggregate() 中的相同。树的高度 (depth) 的默认值为 2
treeReduce(func, depth): T 用法：rdd1.treeReduce(func, 2)	语义：将 rdd1 中的 record 按树形结构进行聚合，func 的语义与 reduce(func) 中的相同

treeAggregate() 的逻辑处理流程如图 3.34 所示，treeAggregate(seqOp, combOp) 的语义与 aggregate (seqOp, combOp) 的语义相同，区别是 treeAggregate() 使用树形聚合方法来优化全局聚合阶段，从而减轻了 Driver 端聚合的压力（数据传输量和内存用量）。树形聚合方法类似归并排序中的层次归并。那么如何实现这个树形聚合过程呢？如果树形聚合全部放在 Driver 端进行，则没有意义，因为没有减少数据传输量。换个角度思考，在树形聚合时，非根节点实际上是局部聚合，只有根节点是全局聚合，那么我们可以利用之前的聚合操作（如 reduceByKey()、aggregateByKey()）来实现非根节点的局部聚合，而将最后的根节点聚合放在 Driver 端进行，只是我们需要为每个非根节点分配合理的数据。基于这个思想，Spark 采用 foldByKey() 来实现非根节点的聚合，并使用 fold() 来实现根节点的聚合。

具体实现过程如图 3.34 的上图所示，treeAggregate() 首先对 rdd1 中的每个分区进行局部聚合，然后不断利用 foldByKey() 进行树形聚合。因为图 3.34 的上图中只有 6 个分区，所以 depth=2 的树形聚合已经满足性能要求，如果有成百上千个分区，那么可以连续使用 foldByKey() 来进行多层（depth > 2）树形聚合。由于 foldByKey() 需要 <K,V> 类型的数据，treeAggregate() 为每个 record 添加一个特殊的 Key，使得 rdd 中的数据被均分到每个非根节点进行聚合。foldByKey() 使用 ShuffleDependency，但实际上每个分区中只存在一个 record，如 <0,0=0_1_2_3>，因此形式上是 ShuffleDependency，实际上数据传输时类似多对一的 NarrowDependency。当然，如果输入数据中的分区个数本来就很少，如图 3.34 的下图中只有 4 个分区，那么即使调用了 treeAggregate()，也会退化为类似 aggregate() 的方式进行处理。此时 treeAggregate() 与 aggregate() 的区别是，treeAggregate() 中的 zeroValue 会被多次使用（由于调用了 fold() 函数）。

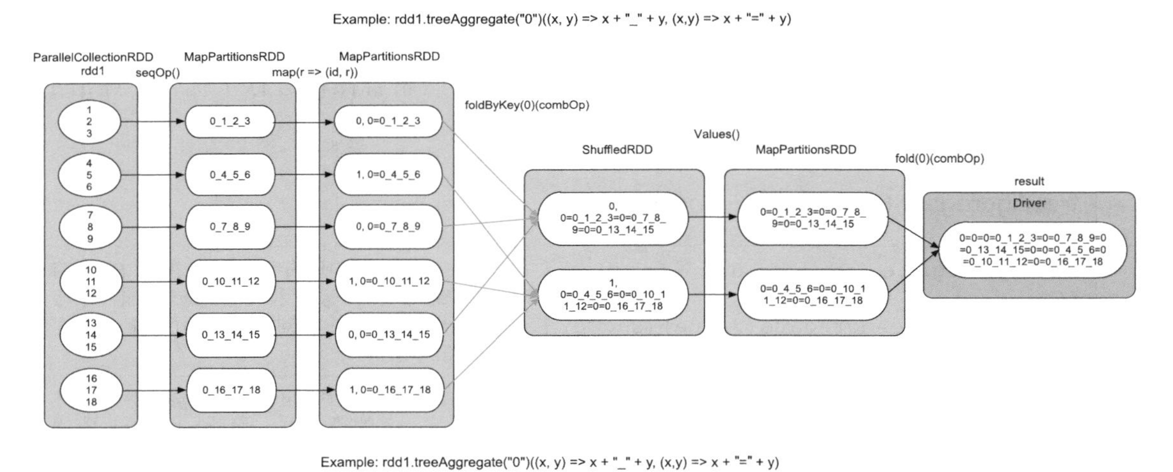

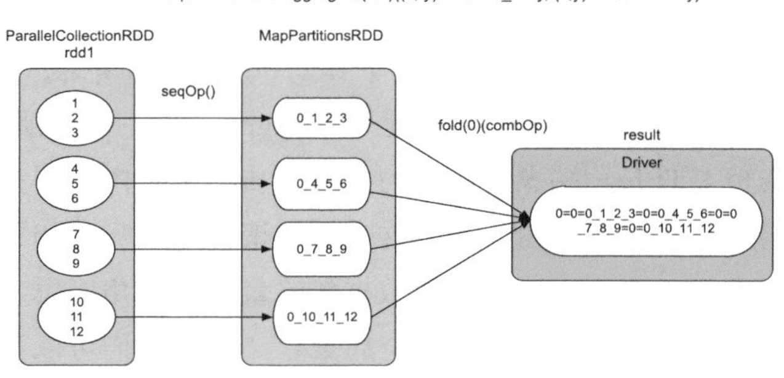

图 3.34　treeAggregate() 的逻辑处理流程示例

treeReduce() 的逻辑处理流程如图 3.35 所示。treeReduce() 实际上是调用 treeAggregate() 实现的，唯一区别是没有初始值 zeroValue，因此其逻辑处理流程图是简化版的 treeAggregate()。

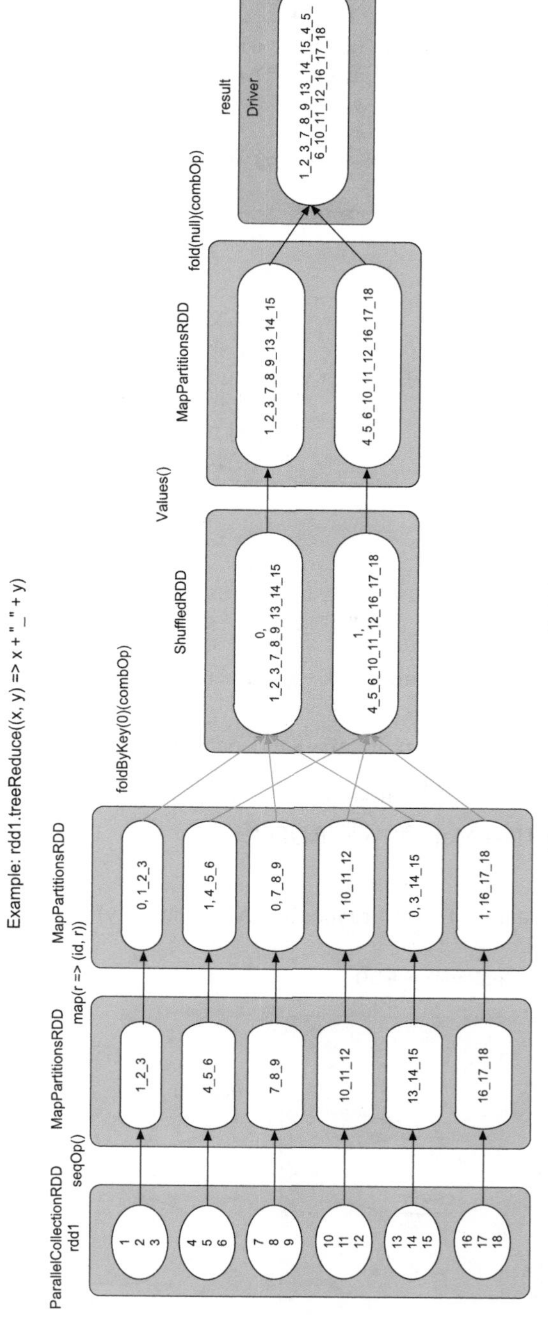

图 3.35 treeReduce() 的逻辑处理流程示例

示例代码：

```
var inputRDD = sc.parallelize(1 to 18, 6).map(x => x + "")
val result = inputRDD.treeAggregate("0")((x,y) => x + "_" + y,
             (x,y) => x + "=" + y)
println(result)
val result2 = inputRDD.treeReduce((x, y) => x + "_" + y)
println(result2)
```

reduceByKeyLocality() 操作

reduceByKeyLocality(func) 用法： resultMap = rdd1.reduceByKeyLocality((x, y) => x + '_' + y)	语义：reduceByKeyLocality() 将 rdd1 中的 record 按照 Key 进行 reduce()。不同于 reduceByKey()，reduceByKeyLocality() 首先在本地进行局部 reduce()，然后把数据汇总到 Driver 端进行全局 reduce()，返回的结果存放到 HashMap 中而不是 RDD 中

示例代码：

```
val inputRDD = sc.parallelize(Array[(Int,String)](
  (1,"a"), (2,"b"), (3,"c"), (4,"d"), (5,"e"), (3,"f"), (2,"g"), (1,"h"),
  (2,"i")), 3)
val resultRDD = inputRDD.reduceByKeyLocality((x,y) => x + '_' + y)
```

逻辑处理流程如图 3.36 所示，reduceByKeyLocality() 首先在 rdd1 的每个分区中对数据进行聚合，并使用 HashMap 来存储聚合结果，然后把数据汇总到 Driver 端进行全局聚合，仍然是将聚合结果存放到 HashMap 而不是 RDD 中。

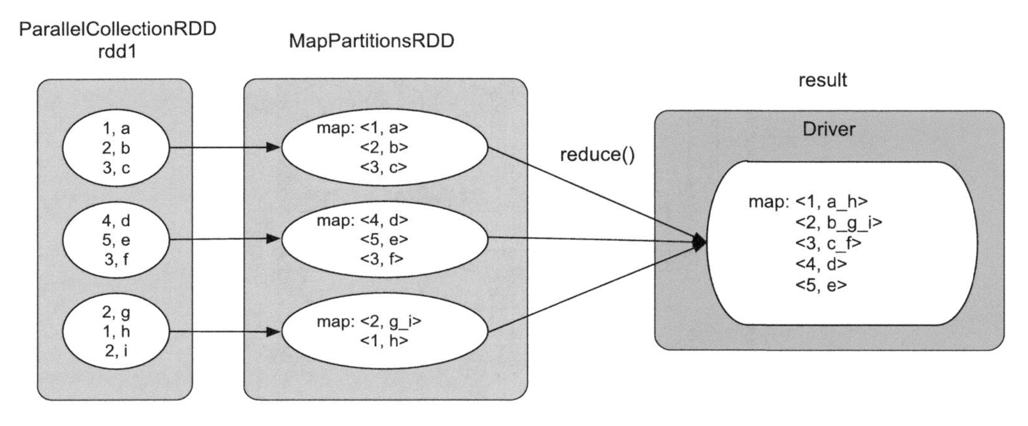

图 3.36 reduceByKeyLocality() 的逻辑处理流程示例

take()/first()/takeOrdered()/top() 操作

take(num): Array[T] 用法：rdd1.take(num)	语义：将 rdd1 中前 num 个 record 取出，形成一个数组
first(): T 用法：rdd1.first()	语义：只取出 rdd1 中的第一个 record，等价于 take(1)
takeOrdered(num) 用法：rdd1.takeOrdered(num)	语义：取出 rdd1 中最小的 num 个 record，要求 rdd1 中的 record 是可比较的
top(num) 用法：rdd1.top(num)	语义：取出 rdd1 中最大的 num 个 record，要求 rdd1 中的 record 是可比较的

逻辑处理流程如图 3.37 中的左图所示：take(num) 操作首先取出 rdd1 中第一个分区的前 num 个 record，如果 num 大于 partition1 中 record 的总数，则 take() 继续从后面的分区中取出 record。为了提高效率，Spark 在第一个分区中取 record 的时候会估计还需要对多少个后续的分区进行操作。first() 操作流程等价于 take(1)，这里不再画出其逻辑处理流程图。如图 3.37 中的右图所示，takeOrdered(num) 的目的是从 rdd1 中找到最小的 num 个 record，因此要求 rdd1 中的 record 可比较。takeOrdered() 操作首先使用 map 在每个分区中寻找最小的 num 个 record，因为全局最小的 n 个元素一定是每个分区中最小的 n 个元素的子集。然后将这些 record 收集到 Driver 端，进行排序，然后取出前 num 个 record。top(num) 的执行逻辑与 takeOrdered(num) 相同，只是取出最大的 num 个 record。可以看到，这 4 个操作都需要将数据收集到 Driver 端，因此不适合 num 较大的情况。

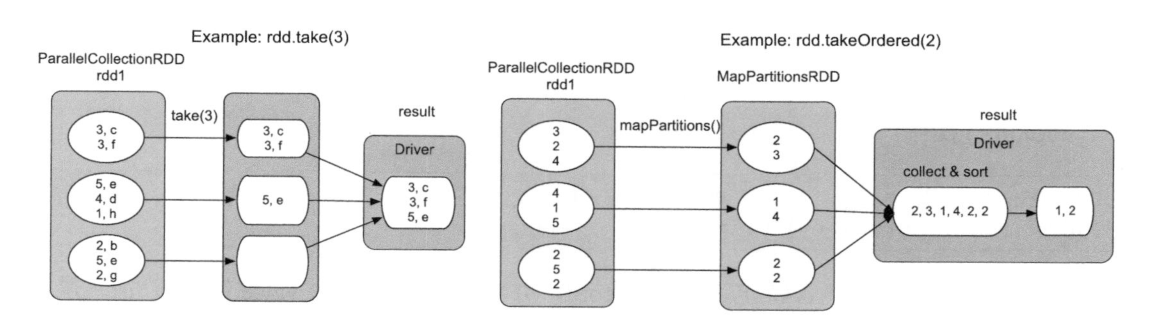

图 3.37 take() 和 takeOrdered() 的逻辑处理流程示例

max() 和 min() 操作

max(): T 用法：rdd1.max()	语义：计算 rdd1 中 record 的最大值

min(): T 用法：rdd1.min()	语义：计算 rdd1 中 record 的最小值

max() 和 min() 操作都是基于 reduce(func) 实现的，func 的语义是选取最大值或最小值。逻辑处理流程如图 3.38 所示，两者的逻辑流程图与 reduce(func) 类似。

isEmpty() 操作

isEmpty(): Boolean 用法：rdd1.isEmpty()	语义：判断 rdd 是否为空，如果 rdd 不包含任何 record，那么返回 true

逻辑处理流程如图 3.38 所示。isEmpty() 操作主要用来判断 rdd 中是否包含 record。如果对 rdd 执行一些数据操作（如过滤、求交集等）后，rdd 为空的话，那么执行其他操作的结果肯定也为空，因此，提前判断 rdd 是否为空，可以避免提交冗余的 job。

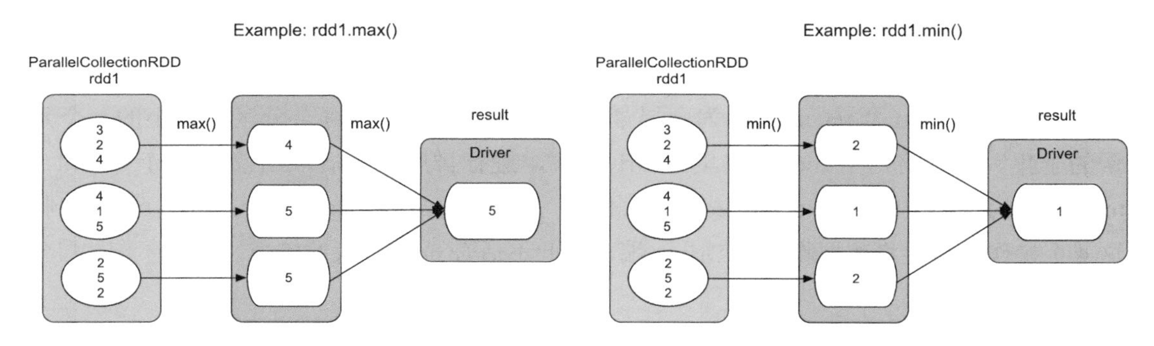

图 3.38 max() 和 min() 的逻辑处理流程示例

lookup() 操作

lookup(Key): Seq[V] 用法：rdd1.lookup(Key)	语义：找出 rdd 中包含特定 Key 的 Value，将这些 Value 形成 List

lookup() 操作查找包含特定 Key 的 record，并将这些 record 的 Value 组合成 list。逻辑处理流程如图 3.39 所示，lookup() 首先过滤出给定 Key 的 record，然后使用 map() 得到相应的 Value，最后使用 collect() 将这些 Value 收集到 Driver 端形成 list（也就是图 3.39 中的 WrappedArray）。如果 rdd1 的 partitioner 已经确定，如 HashPartitioner(3)，那么在过滤前，可以通过 Hash(Key) 直接确定需要操作的分区，这样可以减少操作的数据。

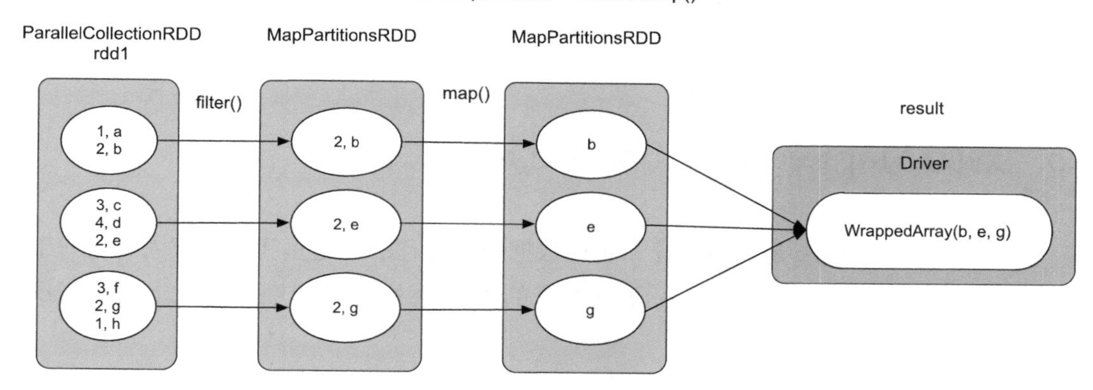

图 3.39　lookup() 的逻辑处理流程示例

saveAsTextFile()/saveAsObjectFile()/saveAsHadoopFile()/saveAsSequenceFile() 操作

saveAsTextFile(path): Unit 用法：rdd1.saveAsTextFile()	语义：将 rdd 保存为文本文件
saveAsObjectFile(path): Unit 用法：rdd1.saveAsObjectFile()	语义：将 rdd 保存为序列化对象形式的文件
saveAsSequenceFile(path): Unit 用法：rdd1.saveAsSequenceFile()	语义：将 rdd 保存为 SequenceFile 形式的文件，SequenceFile 用于存放序列化后的对象
saveAsHadoopFile(path): Unit 用法：rdd1.saveAsHadoopFile()	语义：将 rdd 保存为 Hadoop HDFS 文件系统支持的文件

之前介绍的 action() 数据操作都是将 rdd 中的数据聚合到 Driver 端输出的。实际上，Spark 应用产生的数据量很大，因此更多的需求是将 rdd 中的数据直接输出到分布式文件系统，如 HDFS 中。由于 rdd 中的数据可以是各种类型，如 Int、String、自定义对象等，我们需要各种输出操作来满足这些数据类型的输出需求。Spark 主要提供了 saveAsTextFile(), saveAsObjectFile(), saveAsSequenceFile() 等数据输出操作，这些操作都是将 rdd 中的 record 进行格式转化后，直接写入分布式文件系统中的，逻辑简单，此处不再给出具体的流程图。

saveAsTextFile() 针对 String 类型的 record，将 record 转化为 <NullWriter,Text> 类型，然后一条条输出，NullWriter 的意思是空写，也就是每条输出数据只包含类型为文本的 Value。saveAsObjectFile() 针对普通对象类型，将 record 进行序列化，并且以每 10 个 record 为一组转化为 SequenceFile<NullWritable,Array[Object]> 格式，调用 saveAsSequenceFile() 写入 HDFS 中。saveAsSequenceFile() 针对 <K,V> 类型的 record，将 record 进行序列化后，以 SequenceFile 形式写入分布式文件系统中。这些操作都是基于 saveAsHadoopFile() 实现的，

saveAsHadoopFile() 连接 HDFS，进行必要的初始化和配置，然后把文件写入 HDFS 中。关于 SequenceFile 的存储格式，可以参考书籍《Hadoop 权威指南》[70]。

3.5 对比 MapReduce，Spark 的优缺点

我们已经知道 Spark 是如何设计和实现数据处理流程的，这里我们再深入思考一下，为什么 Spark 能够替代 MapReduce 成为主流的大数据处理框架呢？对比 MapReduce，Spark 究竟有哪些优势？

目前，我们只分析了 Spark 的编程模型和逻辑执行流程，从编程模型角度来说，Spark 的编程模型更具有通用性和易用性。

（1）通用性：基于函数式编程思想，MapReduce 将数据类型抽象为 <K,V> 格式，并将数据处理操作抽象为 map() 和 reduce() 两个算子，这两个算子可以表达一大部分数据处理任务。因此，MapReduce 为这两个算子设计了固定的处理流程 map—Shuffle—reduce。在 3.3 节和 3.4 节中，我们看到数据处理流程其实多种多样，map—Shuffle—reduce 模式只适用于表达类似 foldByKey()、reduceByKey()、aggregateByKey() 的处理流程，而像 cogroup()、join()、cartesian()、coalesce() 的流程需要更灵活的表达方式。那么如何达到灵活呢？Spark 转变了思路，在两方面进行了优化改进：一方面借鉴了 DryadLINQ/FlumeJava 的思想，将输入 / 输出、中间数据抽象表达为一个数据结构 RDD，相当于在 Java 中定义了 class，然后可以根据不同类型的中间数据，生成不同的 RDD（相当于 Java 中生成不同类型的 object）。这样，数据结构就变得灵活了，不再拘泥于 MapReduce 中的 <K,V> 格式，而且中间数据变得可定义、可表示、可操作、可连接。另一方面通过可定义的数据依赖关系来灵活连接中间数据。在 MapReduce 中，数据依赖关系只有 ShuffleDependency，而在 3.3 节和 3.4 节中，我们看到了数据处理操作包含多种多样的数据依赖关系，Spark 对这些数据依赖关系进行了分类，并总结出 ShuffleDependency、NarrowDependency（包含多种子依赖关系）。这样，Spark 可以根据数据操作的计算逻辑灵活选择数据依赖关系来实现。另外，Spark 使用 DAG 图来组合数据处理操作，比固定的 map—Shuffle—reduce 处理流程表达能力更强。

（2）易用性：基于灵活的数据结构和依赖关系，Spark 原生实现了很多常见的数据操作，如 MapReduce 中的 map()、reduceByKey()，SQL 中的 filter()、groupByKey()、join()、 sortByKey()，Pig Latin 中的 cogroup()，集合操作 union()、intersection()，以及特殊的 zip() 等。通过使用和组合这些操作，开发人员容易实现复杂的数据处理流程。另外，由于数据结构 RDD 上的操作可以由 Spark 自动并行化，程序开发时更像在写普通程序，不用考虑这些操作到底是本地的还是由 Spark 分布执行的。另外，使用 RDD 上的数据操作，开发人员更容易将数据操作与普通程序的控制流进行结合。例如，在实现迭代程序时，可以使用普通程序的 while 语句，而 while 循环内部可以使用 RDD 操作。在 MapReduce 中，实现迭代程序比较困难，需要不断手动提交 job，而 Spark 提供了 action() 操作，job 分割和提交都完全由 Spark 框架来进行，易用性得到了进一步提高。

既然 Spark 有这么多优点，是不是意味着 Spark 可以完全满足大数据处理的需求呢？答案是否定的，Spark 的编程模型仍然存在一些缺点。

虽然 Spark 比 MapReduce 更加通用、易用，但还不能达到普通语言（如 Java）的灵活性，具体存在两个缺点。

第一个，Spark 中的操作都是单向操作，单向的意思是中间数据不可修改。在普通 Java 程序中，在数据结构中存放的数据是可以直接被修改的，而 Spark 只能生成新的数据作为修改后的结果。

第二个，Spark 中的操作是粗粒度的。粗粒度操作是指 RDD 上的操作是面向分区的，也就是每个分区上的数据操作是相同的。假设我们处理 partition1 上的数据时需要 partition2 中的数据，并不能通过 RDD 的操作访问到 partition2 的数据，只能通过添加聚合操作来将数据汇总在一起处理，而普通 Java 程序的操作是细粒度的，我们随时可以访问数据结构中的数据。

当然，这两个缺点也是并行化设计权衡后的结果，即这两个缺点是并行化的优点，粗粒度可以方便并行执行，如一台机器处理一个分区，而单向操作有利于错误容忍，后面章节我们会具体讨论。

3.6 本章小结

本章首先介绍了 Spark 应用的逻辑处理流程，以及分布式数据结构 RDD、数据依赖关系建立的规则等，然后详细讨论了每个常见 transformation() 操作和 action() 操作。至此，我们已经学会 Spark 的基本操作，可以使用这些操作来开发大数据处理应用，就像学会了 Java API 我们可以开发应用程序一样。

然而，我们目前只讨论了应用在 Spark 中是如何表示的，并没有讨论这些应用是如何执行的。如果我们想开发高效的应用程序，那么需要进一步了解应用是怎么执行的。在下一章中，我们会介绍如何将应用转化为可分布执行的任务，也就是如何生成物理执行计划。

3.7 扩展阅读

Spark 从 1.6 版本开始提供了 DataSet、DataFrame 数据结构和 API。其中 DataSet 是 RDD 的升级版，既包含 RDD 的一些数据操作，如 map()、unioin()、groupByKey() 等，也包含一些面向 SQL 的数据操作，如 select()、where()、orderBy() 等。DataFrame 相当于面向二维表数据的 DataSet，将每个 record 表示为二维表中的 Row。使用 DataSet、DataFrame 进行的数据操作可以有效地利用 Spark SQL 引擎中的一些优化技术 [71]，如使用查询优化器来优化逻辑处理流程，使用 Encoder 避免序列化和反序列化等。读者在学习完 RDD 数据操作及形成的逻辑处理流程后可以进一步学习 DataSet、DataFrame 上的数据操作。

第 4 章

Spark 物理执行计划

本章首先以一个典型的 Spark 应用为例，概览该应用对应的物理执行计划，然后讨论 Spark 物理执行计划生成方法，最后讨论常用数据操作生成的物理执行计划。

4.1 Spark 物理执行计划概览

在第 3 章中，我们详细讨论了 Spark 应用生成的逻辑处理流程，本章我们讨论如何将应用的逻辑处理流程转化为物理执行计划，使得应用程序可以被分布执行。

Spark 应用生成的逻辑处理流程多种多样，为了方便讨论，我们首先构建一个较为复杂但比较典型的逻辑处理流程，然后以该流程为例讨论如何将其转化为物理执行计划。如图 4.1 所示，我们构建了一个 ComplexApplication 应用，该应用包含 map()、partitionBy()、union() 和 join() 等多种数据操作。

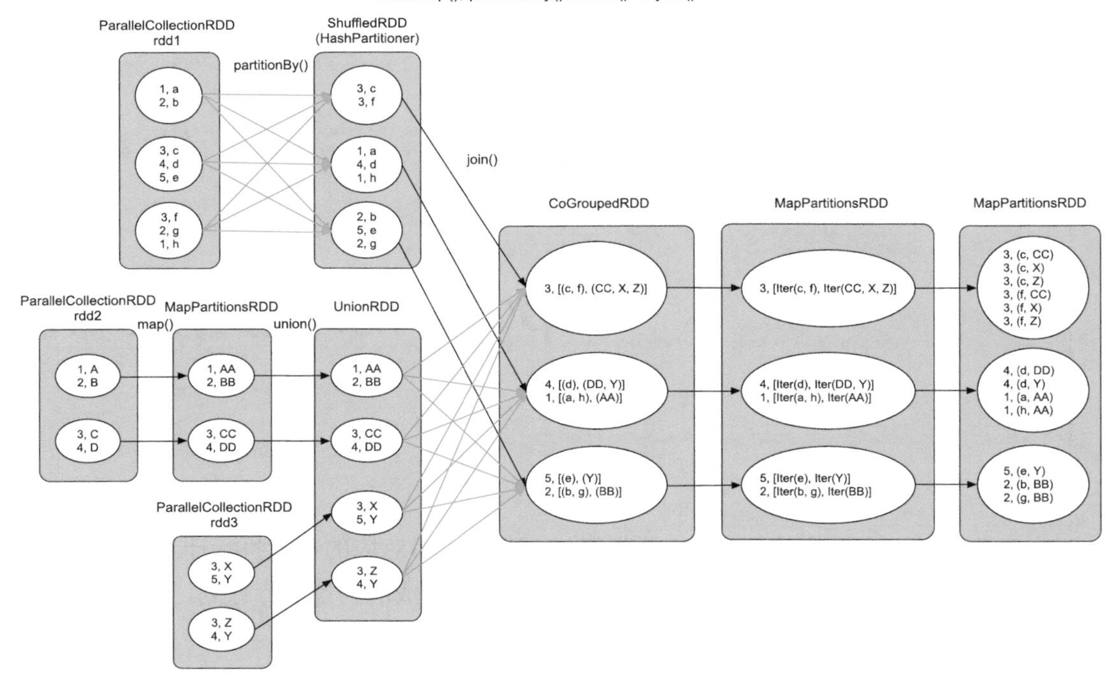

图 4.1 ComplexApplication 应用的逻辑处理流程

ComplexApplication 应用的示例代码：

```
// 构建一个<K, V>类型的rdd1
val data1 = Array[(Int, Char)]((1,'a'), (2,'b'),(3,'c'), (4,'d'),(5,'e'),
            (3,'f'),(2,'g'), (1,'h'))
val rdd1 = sc.parallelize(data1, 3)
// 使用HashPartitioner对rdd1进行重新划分
val partitionedRDD = rdd1.partitionBy(new HashPartitioner(3))
// 构建一个<K, V>类型的rdd2，并对rdd2中record的Value进行复制
val data2 = Array[(Int, String)]((1, "A"), (2, "B"),(3, "C"), (4, "D"))
val rdd2 = sc.parallelize(data2, 2).map(x => (x._1, x._2 + "" + x._2))
// 构建一个<K, V>类型的rdd3
val data3 = Array[(Int, String)]((3, "X"), (5, "Y"), (3, "Z"), (4, "Y"))
val rdd3 = sc.parallelize(data3, 2)
// 将rdd2和rdd3进行union()操作
val unionedRDD = rdd2.union(rdd3)
// 将被重新划分过的rdd1与unionRDD进行join()操作
val resultRDD = partitionedRDD.join(unionedRDD)
// 输出join()操作后的结果，包括每个record及其index
resultRDD.foreach(println)
```

本章的核心问题是如何将逻辑处理流程转化为物理执行计划。MapReduce、Spark 等大数据处理框架的核心思想是将大的应用拆分为小的执行任务，那么面对这么复杂的数据处理流程，Spark 如何将其拆分为小的执行任务呢？

想法 1：一个直观想法是将每个具体的数据操作作为一个执行阶段，也就是将前后关联的 RDD 组成一个执行阶段，图 4.1 中的每个箭头都生成一个执行任务。对于 2 个 RDD 聚合成 1 个 RDD 的情况（见图 4.1 中的 ShuffledRDD、UnionRDD、CoGroupedRDD），将这 3 个 RDD 组成一个 stage。这样虽然可以解决任务划分问题，但存在多个性能问题。第 1 性能问题是会产生很多个任务，如图 4.1 中有 36 个箭头，会生成 36 个任务，当然我们可以对 ShuffleDependency 进行优化，将指向 child RDD 中同一个分区的箭头合并为一个 task，使得一个 task 从 parent RDD 中的多个分区中获取数据，但是仍然会有多达 21 个任务。过多的任务不仅会增加调度压力，而且会产生第 2 个严重的性能问题，即需要存储大量的中间数据。一般来说，每个任务需要将执行结果存到磁盘或者内存中，这样方便下一个任务读取数据、进行计算。如果每个箭头都是计算任务的话，那么存储这些中间计算结果（RDD 中的数据）需要大量的内存和磁盘空间，效率较低。

想法 2：既然想法 1 中生成的任务过多会造成中间数据量过大，那么第 2 个想法是减少任务数量。仔细观察一下逻辑处理流程图会发现中间数据只是暂时有用的，中间数据（RDD）产生以后，只用于下一步计算操作（图 4.1 中的箭头），而下一步计算操作完成后，中间数据可以被删除。那么，一个大胆的想法是将这些计算操作串联起来，只用一个执行阶段来执行这些串联的多个操作，使得上一步操作在内存中生成的数据被下一步操作处理完后能够及时回收，减少内存消耗。

基于这个串联思想，接下来需要解决的两个问题分别是：

第一，每个 RDD 包含多个分区，那么需要生成多少个任务计算？如图 4.2 所示，我们观察到 RDD 中每个分区的计算逻辑相同，可以独立计算，因此我们可以将每个分区上的操作串联为一个 task，也就是为最后的 MapPartitionsRDD 的每个分区分配一个 task。

第二，如何串联操作？遇到复杂依赖关系（如 ShuffleDependency）如何处理？因为某些操作，如 cogroup()、join() 的输入数据（RDD）可以有多个，而输出数据（RDD）一般只有一个，所以我们将串联的顺序调整为从后往前。如图 4.2 中黑色粗箭头所示，从图中最后的 MapPartitionsRDD 开始向前串联，当遇到 ShuffleDependency 时，我们采用的处理方法是将该分区所依赖的上游数据（parent RDD）及操作都纳入一个 task 中。然而，这个方案仍然存在性能问题，当遇到 ShuffleDependency 时，task 包含很多数据依赖和操作，导致划分出的 task 可能太大，而且会出现重复计算。例如，在图 4.2 中，从 rdd2 到 UnionRDD 所有的数据和操作都被纳入 task0 中，造成 task0 的计算量过大，而且其他 task 会重复处理这些数据，如使用虚线表示的 task1 仍然需要计算 rdd2 => UnionRDD 中的数据。当然我们可以在 task0 计算完后缓存这些需要重复计算的数据，以便后续 task 的计算，但这样缓存会占用存储空间，而且会使得 task0 与其他 task 不能同时并行计算，降低了并行度。

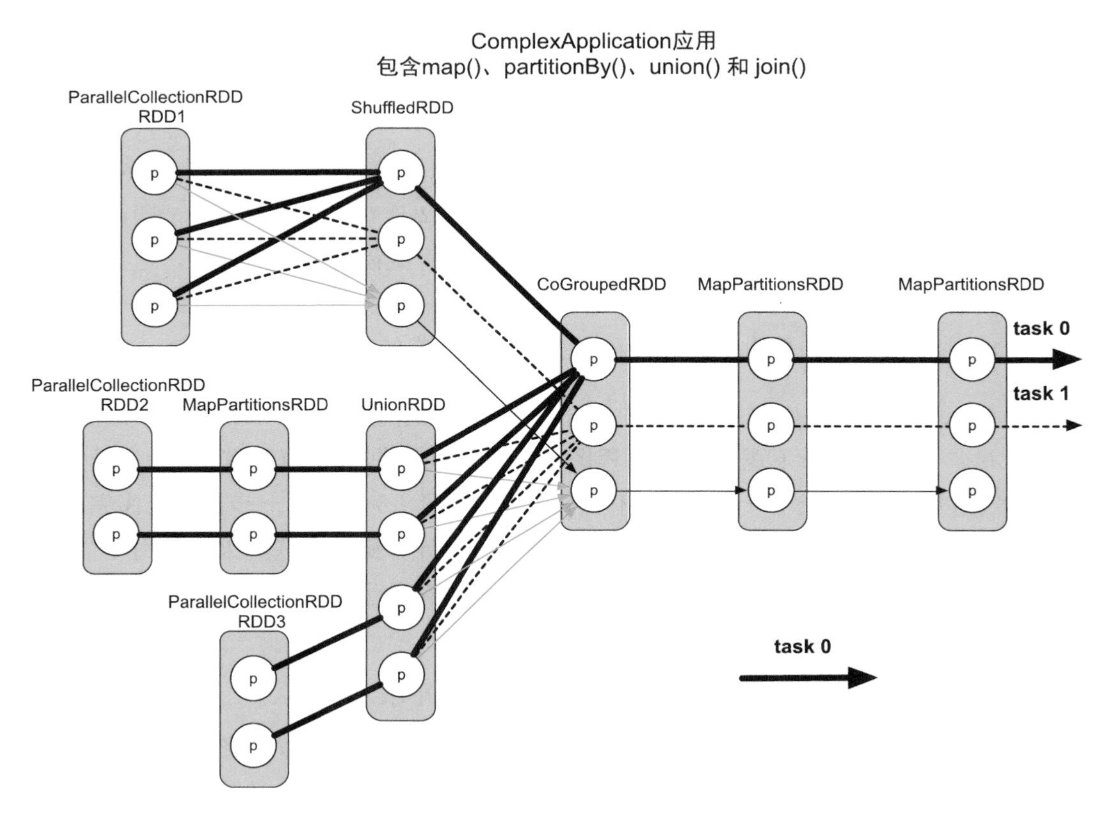

图 4.2 一种物理执行计划的生成方法

想法 3：想法 2 的缺点是 task 会变得很大，降低了并行度。问题根源是遇到 ShuffleDependency 时会出现重复计算，不能有效地划分任务。既然 ShuffleDependency 包含复杂的多对多的依赖关系，导致任务划分困难，为何不对该 ShuffleDependency 关系进行划分呢？如将 ShuffleDependency 前后的计算逻辑分开，形成不同的计算阶段和任务，这样就不会出现 task 过大的情况。Spark 实际上就是基于这个思想设计的，下面我们详细讨论 Spark 的划分方案。

4.2　Spark物理执行计划生成方法

1. 执行步骤

Spark具体采用3个步骤来生成物理执行计划：首先根据action()操作顺序将应用划分为作业（job），然后根据每个job的逻辑处理流程中的ShuffleDependency依赖关系，将job划分为执行阶段（stage）。最后在每个stage中，根据最后生成的RDD的分区个数生成多个计算任务（task），具体如下所述。

（1）根据action()操作顺序将应用划分为作业（job）。

这一步主要解决何时生成job，以及如何生成job逻辑处理流程的问题。当应用程序出现action()操作时，如resultRDD.action()，表示应用会生成一个job，该job的逻辑处理流程为从输入数据到resultRDD的逻辑处理流程。例如，在示例代码中，我们在join()之后使用了foreach()这一action()操作，因此，Spark会生成图4.3这样的逻辑处理流程（这里添加了输入数据的表示Data blocks，因为一般的job是从分布式文件系统读取数据的）。如果应用程序中有很多action()操作，那么Spark会按照顺序为每个action()操作生成一个job，每个job的逻辑处理流程也都是从输入数据到最后action()操作的。

（2）根据ShuffleDependency依赖关系将job划分为执行阶段（stage）。

对于每个job，从其最后的RDD（图4.3中连接results的MapPartitionsRDD）往前回溯整个逻辑处理流程，如果遇到NarrowDependency，则将当前RDD的parent RDD纳入，并继续往前回溯。当遇到ShuffleDependency时，停止回溯，将当前已经纳入的所有RDD按照其依赖关系建立一个执行阶段，命名为stage *i*。如图4.3所示，首先从results之前的MapPartitionsRDD开始向前回溯，回溯到CoGroupedRDD时，发现其包含两个parent RDD，其中一个是UnionRDD。因为CoGroupedRDD与UnionRDD的依赖关系是ShuffleDependency，对其进行划分，并继续从CoGroupedRDD的另一个parent RDD回溯，回溯到ShuffledRDD时，同样发现了ShuffleDependency，对其进行划分得到了一个执行阶段stage 2。接着从stage 2之前的UnionRDD开始向前回溯，由于都是NarrowDependency，将一直回溯到读取输入数据的RDD2和RDD3中，形成stage 1。最后，只剩余RDD1成为一个stage 0。

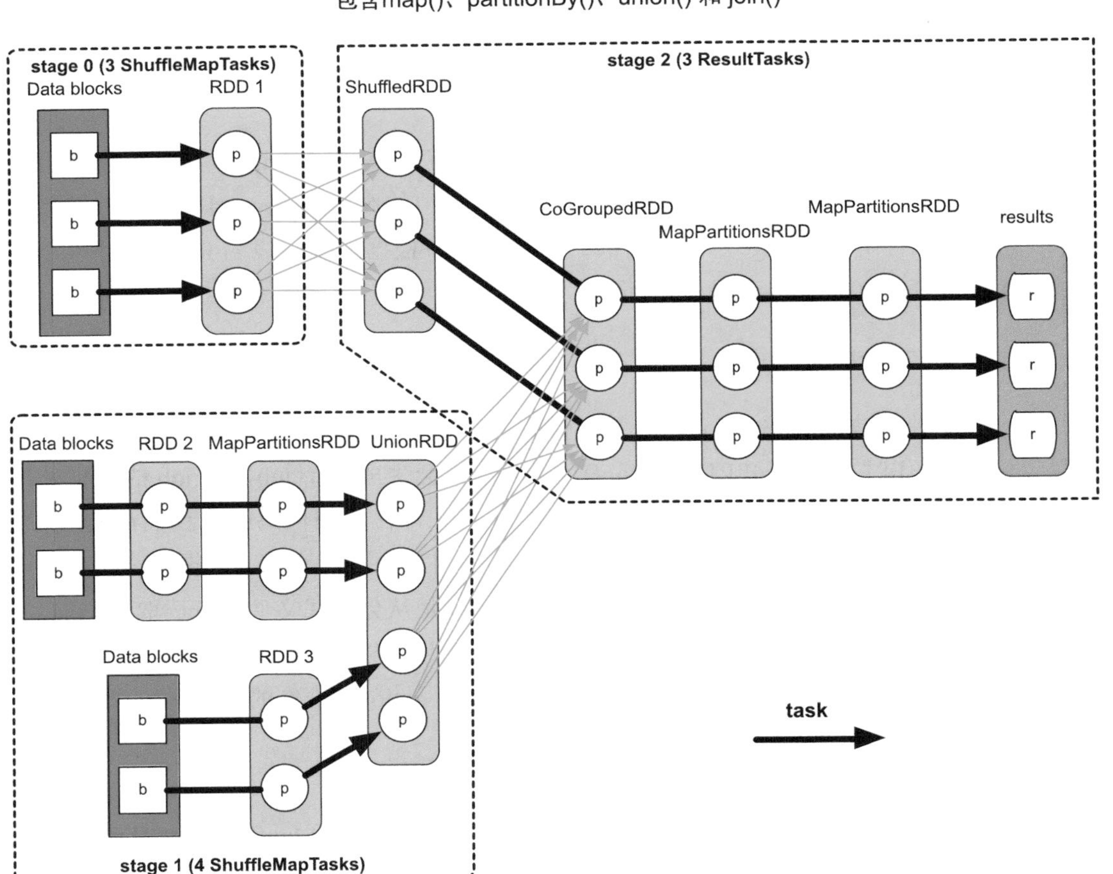

图 4.3　ComplexApplication 应用生成的物理执行图

（3）根据分区计算将各个 stage 划分为计算任务（task）。

执行第2步后，我们可以发现整个job被划分成了大小适中（相比想法2中的划分方法）、逻辑分明的执行阶段 stage。接下来的问题是如何生成计算任务。我们之前的想法是每个分区上的计算逻辑相同，而且是独立的，因此每个分区上的计算可以独立成为一个 task。Spark 也采用了这个策略，根据每个 stage 中最后一个 RDD 的分区个数决定生成 task 的个数。如在图 4.3 的 stage 2 中，最后一个 MapPartitionsRDD 的分区个数为 3，那么 stage 2 就生成 3 个 task。如图 4.3 中粗箭头所示，在 stage 2 中，每个 task 负责 ShuffledRDD => CoGroupedRDD => MapPartitionsRDD => MapPartitionsRDD 中一个分区的计算。同样，在

stage 1 中生成 4 个 task，前 2 个 task 负责 Data blocks => RDD2 => MapPartitionsRDD => UnionRDD 中 2 个分区的计算，后 2 个 task 负责 Data blocks => RDD3 => UnionRDD 中 2 个分区的计算。在 stage 0 中，生成 3 个 task，负责 Data blocks => RDD1 的计算。

2. 相关问题

经过以上 3 个步骤，Spark 可以将一个应用的逻辑处理流程划分为多个 job，每个 job 又可以划分为多个 stage，每个 stage 可以生成多个 task，而同一个阶段中的 task 可以同时分发到不同的机器并行执行。看起来已经很完美了，但还有 3 个执行方面的问题：一个应用生成了多个 job、stage 和 task，如何确定它们的计算顺序？ task 内部如何存储和计算中间数据？前后 stage 中的 task 间如何传递和计算数据？

（1）job、stage 和 task 的计算顺序：job 的提交时间与 action() 被调用的时间有关，当应用程序执行到 rdd.action() 时，就会立即将 rdd.action() 形成的 job 提交给 Spark。job 的逻辑处理流程实际上是一个 DAG 图，经过 stage 划分后，仍然是 DAG 图形状。每个 stage 的输入数据要么是 job 的输入数据，要么是上游 stage 的输出结果。因此，计算顺序从包含输入数据的 stage 开始，从前到后依次执行，仅当上游的 stage 都执行完成后，再执行下游的 stage。在图 4.3 中，stage 0 和 stage 1 由于都包含了 job 的输入数据，两者都可以先开始计算，仅当两者都完成后，stage 2 才开始计算。stage 中每个 task 因为是独立而且同构的，可以并行运行没有先后之分。

（2）task 内部数据的存储与计算问题（流水线计算）：讨论完 job、stage、task 的执行顺序后，我们聚焦在 task 内部，讨论 task 如何计算每个 RDD 中的数据。在想法 2 中，我们提出的解决方案是每计算出一个中间数据（也就是 RDD 中的一个分区）就将其存放到内存中，等下一个操作处理完成并生成新的 RDD 中的一个分区后，回收上一个 RDD 在内存中的数据。这种方案虽然可以减少内存空间，但当某个 RDD 中一个分区个数太多时，仍然会占用大量内存。为了解决这个问题，进一步观察 RDD 分区之间的关系，发现上游分区包含的 record 和下游分区包含的 record 之间经常存在一对一的数据依赖关系。例如，在图 4.4 中的第 1 个计算模式（pattern）中，*f*() 和 *g*() 函数每次读取一个 record，计算并生成一个新 record，这类型的操作包括 map()、filter() 等。也就是说，*f*() 函数在计算 record1 的时候，并不需要知道 record2 是什么，同样，*g*() 函数在计算 record1′ 的时候也只需要 *f*() 函数输出 record1′，并不需要 *f*() 函数此时就计算出 record2′。因此，在第 1 个 pattern 中执行 *f*() 和 *g*() 函数的时候，可以采用以下步骤进行“流水线”式的计算。

- 读取 record1 => *f*(record1) => record1′ => *g*(record1′) => 输出 record1″
- 读取 record2 => *f*(record2) => record2′ => *g*(record2′) => 输出 record2″
- 读取 record3 => *f*(record3) => record3′ => *g*(record3′) => 输出 record3″

“流水线”式计算的好处是可以有效地减少内存使用空间，在 task 计算时只需要在内存中保留当前被处理的单个 record 即可，不需要保存其他 record 或者已经被处理完的 record。例如，在第 1 个 pattern 中，没有必要在执行 *f*(record1) 之前将 record2 和 record3 提前算出来放入内存中。

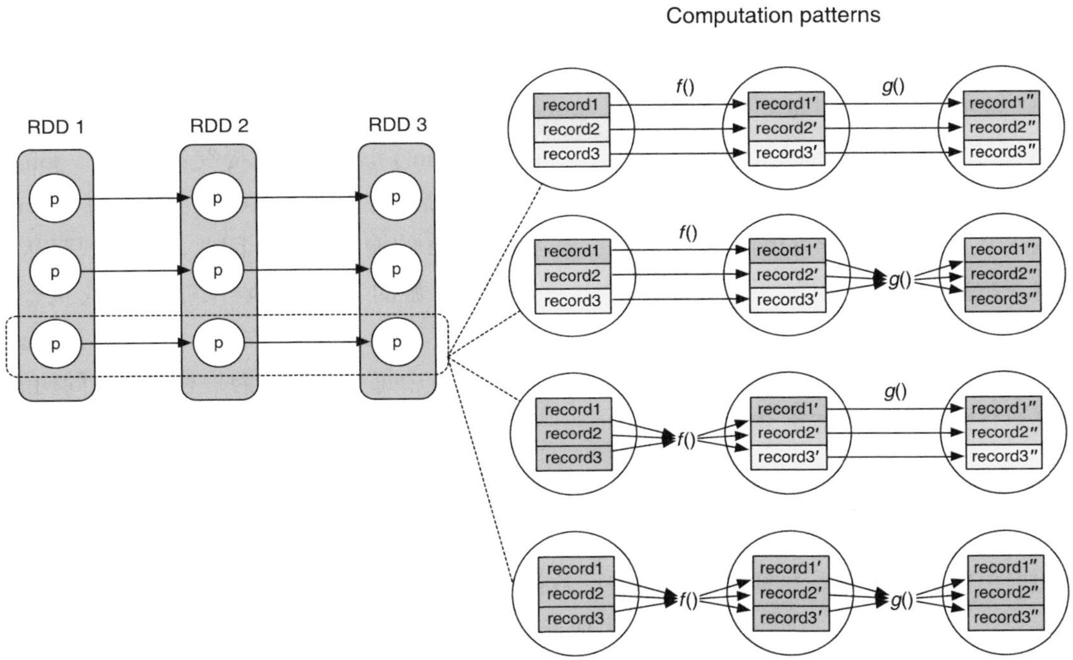

Computation patterns

RDD 1 RDD 2 RDD 3

图 4.4 task 内部中间数据的 4 种计算模式，即根据上游数据计算下游数据的不同方式

对于其他类型的操作，是否还可以采用“流水线”式计算呢？第 2 个 pattern 中的 *g*() 函数、第 3 个 pattern 中的 *f*() 函数、第 4 个 pattern 中的 *f*() 和 *g*() 函数都需要一次性读取上游分区中所有的 record 来计算。这样的函数主要出现在 mapPartitions(func *f*), zipPartitions(func *g*) 等操作中。举个例子，*f*() 和 *g*() 函数可以是第 3 章中介绍的 mapPartitions(func)，具体代码如下，其中 iter 是读取上游分区中 record 的迭代器。

```
// 数据源是被划分为 3 份的列表
val inputRDD = sc.parallelize(List(1,2,3,4,5,6,7,8,9), 3)
// iter 是上游分区中 record 的迭代器
val resultRDD = inputRDD.mapPartitions(iter => {
  var result = List[Int]()
  var odd = 0
  var even = 0
  while (iter.hasNext) {
    val Value = iter.next()
    if (Value % 2 == 0)
      even += Value                    // 计算偶数的和
    else
      odd += Value                     // 计算奇数的和
  }
  result = result :+ odd :+ even       // 将计算结果放入 result 列表中
  result.iterator                      // 输出 result 列表
})
```

在第 2 个 pattern 中，由于 *f*() 函数仍然是一一映射的，所以仍然可以采用“流水线”式计算，计算流程如下：

① 读取 record1 => *f*(record1) => record1′ => *g*(record1′) => record1′ 进入 *g*() 函数中的 iter.next() 进行计算 => *g*() 函数将计算结果存入 *g*() 函数中的 list。

② 读取 record2 => *f*(record2) => record2′ => *g*(record2′) => record2′ 进入 *g*() 函数中的 iter.next() 进行计算 => *g*() 函数将计算结果存入 *g*() 函数中的 list。

③ 读取 record3 => *f*(record3) => record3′ => *g*(record3′) => record3′ 进入 *g*() 函数中的 iter.next() 进行计算 => *g*() 函数将计算结果存入 *g*() 函数中的 list。

④ *g*() 函数一条条输出 list 中的 record。

从计算流程可以看到，*f*() 函数每生成一条数据，都进入类似上面 mapPartitions() 的例子 *g*() 函数的 iter.next() 中进行计算，*g*() 函数需要在内存中保存这些中间计算结果，并在输出时将中间结果依次输出。当然，有些 *g*() 函数逻辑简单，不需要使用数据结构来保存中间结果，如求 record 的 max 值，只需要保存当前最大的 record 即可。

在第 3 个 pattern 中，由于 *f*() 函数需要将 [record1, record2, record3] 都算出后才能计算得到 [record1′,record2′,record3′]，因此会先执行 *f*() 函数，完成后再计算 *g*() 函数。实际的执行过程：首先执行 *f*() 函数算出 [record1′,record2′,record3′]，然后使用 *g*() 函数依次计算 *g*(record1′)=> record1″,*g*(record2′) => record2″，*g*(record3′) => record3″。也就是说，*f*()

函数的输出结果需要保存在内存中，而 *g*() 函数计算完每个 record′ 并得到 record″ 后，可以对 record′ 进行回收。

在第 4 个 pattern 中，计算顺序仍然是从前到后，但不能进行 record 的“流水线”式计算。与第 3 个 pattern 类似，*f*() 函数需要一次性读取 [record1, record2, record3] 后才能算出 [record1′, record2′, record3′]，同样，*g*() 函数需要一次性读取 [record1′, record2′, record3′] 且计算后才能输出 [record1″, record2″, record3″]。这两个函数只是依次执行，“流水线”式计算退化到“计算－回收”模式：每执行完一个操作，回收之前的中间计算结果。

总结：Spark 采用“流水线”式计算来提高 task 的执行效率，减少内存使用量。这也是 Spark 可以在有限内存中处理大规模数据的原因。然而，对于某些需要聚合中间计算结果的操作，还是需要占用一定的内存空间，也会在一定程度上影响流水线计算的效率。

（3）task 间的数据传递与计算问题：讨论了 task 内部数据计算后，还有一个问题是不同 stage 之间的 task 如何传递数据进行计算。回顾一下，stage 之间存在的依赖关系是 ShuffleDependency，而 ShuffleDependency 是部分依赖的，也就是下游 stage 中的每个 task 需要从 parent RDD 的每个分区中获取部分数据。ShuffleDependency 的数据划分方法包括 Hash 划分、Range 划分等，也就是要求上游 stage 预先将输出数据进行划分，按照分区存放，分区个数与下游 task 的个数一致，这个过程被称为“Shuffle Write”。按照分区存放完成后，下游的 task 将属于自己分区的数据通过网络传输获取，然后将来自上游不同分区的数据聚合在一起进行处理，这个过程被称为“Shuffle Read”。总的来说，不同 stage 的 task 之间通过 Shuffle Write ＋ Shuffle Read 传递数据，至于如何具体进行 Shuffle 操作，分区数据是写内存还是磁盘，如何对这些数据进行聚合，这些问题将在后续章节中详细介绍。

3. stage 和 task 命名方式

在 MapReduce 中，stage 只包含两类：map stage 和 reduce stage，map stage 中包含多个执行 map() 函数的任务，被称为 map task；reduce stage 中包含多个执行 reduce() 函数的任务，被称为 reduce task。而在 Spark 中，stage 可以有多个，有些 stage 既包含类似 reduce() 的聚合操作又包含 map() 操作，所以一般不区分是 map stage 还是 reduce stage，而直接使用 stage *i* 来命名，只有当生成的逻辑处理流程类似 MapReduce 的两个执行阶段时，我们才会依据习惯区分 map/reduce stage。虽然在 Spark 中一般不区分 map/reduce stage，但可以对 stage 中的 task 使用不同的命名，如果 task 的输出结果需要进行 Shuffle Write，以便传输给下一个 stage，那么这些 task 被称为 ShuffleMapTasks；而如果 task 的输出结果被汇总到

Driver 端或者直接写入分布式文件系统，那么这些 task 被称为 ResultTasks。如图 4.3 所示，stage 0 和 stage 1 中的 task 是 ShuffleMapTasks，stage 2 中的 task 是 ResultTasks，直接输出结果。

4. 快速了解一个应用的物理执行计划

虽然我们理解了 Spark 生成物理执行计划的过程，但面对一个新的应用时，如何快速知道该应用会产生哪些 stage？每个 stage 包含多少个 task？答案是我们可以利用 Spark UI 界面提供的信息快速分析出 Spark 应用的物理执行图，具体步骤如下所述。

（1）查看 job 信息：例如，在 ComplexApplication 的用户代码中，只包含一个 action() 操作（foreach() 操作），因此只生成一个 job。我们可以在 Spark job 界面看到 foreach() 生成的 job 信息，如图 4.5 所示。

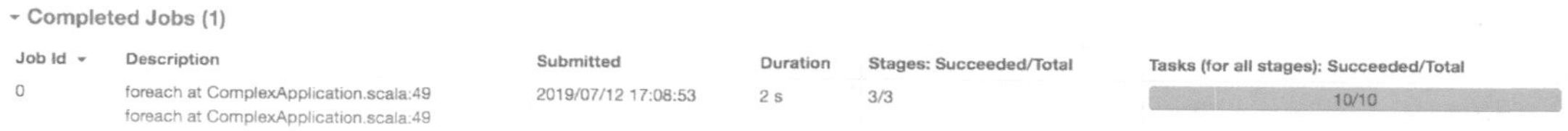

▾ Completed Jobs (1)

Job Id ▾	Description	Submitted	Duration	Stages: Succeeded/Total	Tasks (for all stages): Succeeded/Total
0	foreach at ComplexApplication.scala:49 foreach at ComplexApplication.scala:49	2019/07/12 17:08:53	2 s	3/3	10/10

图 4.5 ComplexApplication 应用生成的 job 信息

（2）查看 job 包含的 stage：从 Details for job 0 界面可以看到该 job 包含 3 个 stage，如图 4.6 所示，其中 stage 0 包含 3 个 task，共 Shuffle Write 了 376.0B，stage 1 包含 4 个 task，共 Shuffle Write 了 988.0B，而 stage 2 包含 3 个 task，一共 Shuffle Read 了 1364.0B = 376.0B + 988.0B。

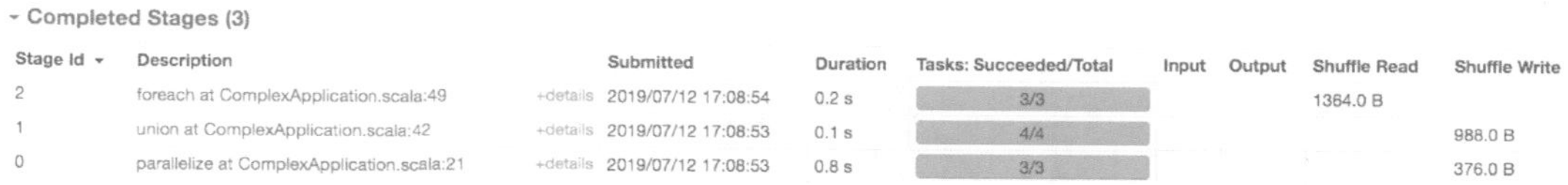

▾ Completed Stages (3)

Stage Id ▾	Description		Submitted	Duration	Tasks: Succeeded/Total	Input	Output	Shuffle Read	Shuffle Write
2	foreach at ComplexApplication.scala:49	+details	2019/07/12 17:08:54	0.2 s	3/3			1364.0 B	
1	union at ComplexApplication.scala:42	+details	2019/07/12 17:08:53	0.1 s	4/4				988.0 B
0	parallelize at ComplexApplication.scala:21	+details	2019/07/12 17:08:53	0.8 s	3/3				376.0 B

图 4.6 ComplexApplication 应用生成的 stage 信息

还可以单击“DAG Visualization”查看 stage 之间的数据依赖关系，如图 4.7 所示。

图 4.7 展示了 ComplexApplication 应用的 job 被划分为 3 个 stage，每个 stage 包含一个或多个数据操作，每个黑色实心圆圈代表一个 RDD。但这个图稍显混乱，stage 0 中 parallelize 操作生成的 RDD 应该是被 stage 2 中的 partitionBy 处理的，与 stage 1 中的 parallelize 无关，也就是 stage 0 到 stage 2 的横箭头不应该贯穿 stage 1。如果想进一步了

解黑色实心圆圈代表哪些 RDD，则可以进入 stage 的 UI 界面或者直接单击图 4.7 中的 stage，最终可以看到图 4.8 这样的 stage 结构图，可以看到每个 stage 的信息与我们之前分析的一致。与图 4.3 不同的是，图 4.8 详细展示了每个操作会生成哪些 RDD（如 join() 操作生成了 CoGroupedRDD 及两个 MapPartitionsRDD），但没有展示 stage 之间的连接关系。

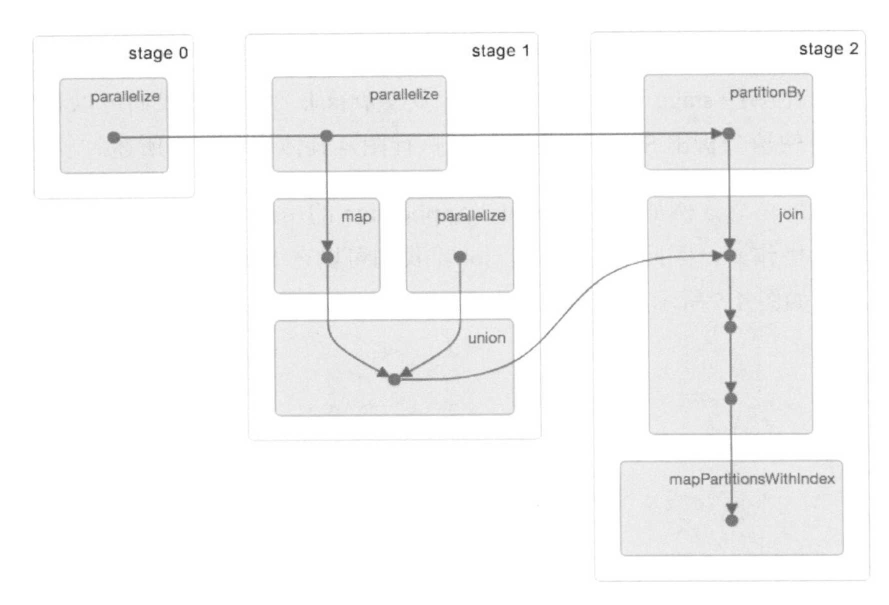

图 4.7　ComplexApplication 应用中 stage 之间的依赖关系

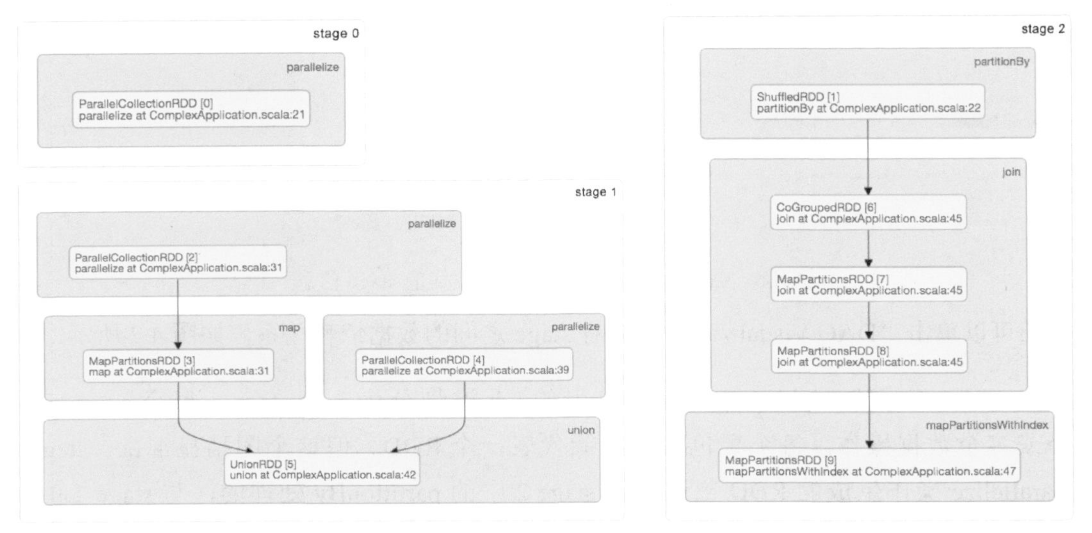

图 4.8　ComplexApplication 应用中每个 stage 包含的操作及生成的 RDD 信息

（3）查看每个 stage 包含的 task：进入 Details for stage *i* 的界面可以看到每个 stage 包含的 task 信息。如图 4.9 所示，stage 0 包含 3 个 task，每个 task 都进行了 Shuffle Write，写入了 2 ～ 3 个 record，也就是说 Spark UI 中也会统计 Shuffle Write/Read 的 record 数目。

▾ Tasks (3)

Index ▲	ID	Attempt	Status	Locality Level	Executor ID	Host	Launch Time	Duration	GC Time	Write Time	Shuffle Write Size / record
0	0	0	SUCCESS	PROCESS_LOCAL	Driver	localhost	2019/07/14 17:51:06	0.6 s		17 ms	94.0 B / 2
1	1	0	SUCCESS	PROCESS_LOCAL	Driver	localhost	2019/07/14 17:51:07	37 ms		2 ms	141.0 B / 3
2	2	0	SUCCESS	PROCESS_LOCAL	Driver	localhost	2019/07/14 17:51:07	35 ms		1 ms	141.0 B / 3

图 4.9 ComplexApplication 应用中 stage 0 包含的 task 信息

如图 4.10 所示，stage 1 包含 4 个 task，每个 task 都进行了 Shuffle Write，写入了 2 个 record。

▾ Tasks (4)

Index ▲	ID	Attempt	Status	Locality Level	Executor ID	Host	Launch Time	Duration	GC Time	Write Time	Shuffle Write Size / record
0	3	0	SUCCESS	PROCESS_LOCAL	Driver	localhost	2019/07/14 17:51:07	9 ms		2 ms	248.0 B / 2
1	4	0	SUCCESS	PROCESS_LOCAL	Driver	localhost	2019/07/14 17:51:07	8 ms		2 ms	248.0 B / 2
2	5	0	SUCCESS	PROCESS_LOCAL	Driver	localhost	2019/07/14 17:51:07	8 ms		2 ms	246.0 B / 2
3	6	0	SUCCESS	PROCESS_LOCAL	Driver	localhost	2019/07/14 17:51:07	8 ms		3 ms	246.0 B / 2

图 4.10 ComplexApplication 应用中 stage 1 包含的 task 信息

如图 4.11 所示，stage 2 包含 3 个 task，每个 task 从上游的 stage 0/1 那里 Shuffle Read 了 5 ～ 6 个 record。

▾ Tasks (3)

Index ▲	ID	Attempt	Status	Locality Level	Executor ID	Host	Launch Time	Duration	GC Time	Shuffle Read Size / record
0	7	0	SUCCESS	ANY	Driver	localhost	2019/07/14 17:51:07	0.2 s		464.0 B / 5
1	8	0	SUCCESS	ANY	Driver	localhost	2019/07/14 17:51:07	25 ms		512.0 B / 6
2	9	0	SUCCESS	ANY	Driver	localhost	2019/07/14 17:51:07	18 ms		388.0 B / 5

图 4.11 ComplexApplication 应用中 stage 2 包含的 task 信息

4.3 常用数据操作生成的物理执行计划

4.2 节我们讨论了 Spark 划分 stage 和 task 的一般原则，那么具体到每个常用的数据操作，如何进行划分呢？我们首先回顾一下 NarrowDependency 和 ShuffleDependency 数据依赖关系，然后探讨相关的 stage 划分原则，最后挑选一些具有代表性的数据操作来详细说明。

先回顾一下数据依赖关系，宽依赖（ShuffleDependency）和窄依赖（NarraowDependency）的区别是child RDD的各个分区中的数据是否完全依赖其parent RDD的一个或者多个分区。完全依赖指 parent RDD 中的一个分区不需要进行划分就可以流入 child RDD 的分区中。如果是完全依赖，那么数据依赖关系是窄依赖。如果是不完全依赖，也就是 parent RDD 的一个分区中的数据需要经过划分（如 HashPartition 或者 RangePartition）后才能流入 child RDD 的不同分区中，那么数据依赖关系是宽依赖。

再看一下 NarrowDependency 和 ShuffleDependency 的 stage 划分原则，如图 4.12 所示。对于 NarrowDependency，parent RDD 和 child RDD 的分区之间是完全依赖的，我们可以将 parent RDD 和 child RDD 直接合并为一个 stage。在合成的 stage 中（图 4.12 中为 stage 0），对于 OneToOneDependency，每个 task 读取 parent RDD 中的一个分区，并计算 child RDD 中的一个分区。对于 ManyToOneDependency 或者 ManyToManyDependency，每个 task 读取 parent RDD 中多个分区，并计算出 child RDD 中的一个分区。对于 ShuffleDependency，如图 4.13 所示，将 parent RDD 和 child RDD 进行划分，形成两个或多个 stage，每个 stage 产生多个 task，stage 之间通过 Shuffle Write 和 Shuffle Read 来传递数据。下面，我们将常用数据操作归类到这几种依赖关系中，并举例详细介绍其物理执行计划。

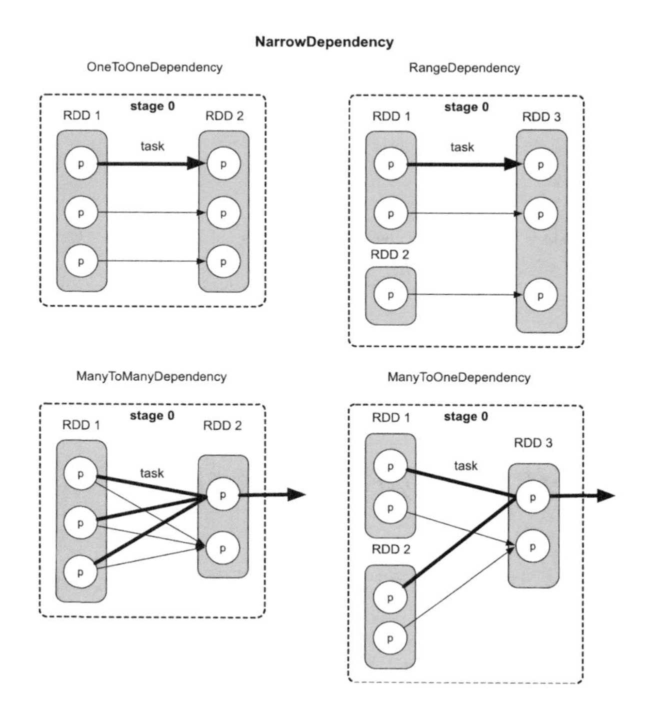

图 4.12　NarrowDependency 的 stage 划分原则

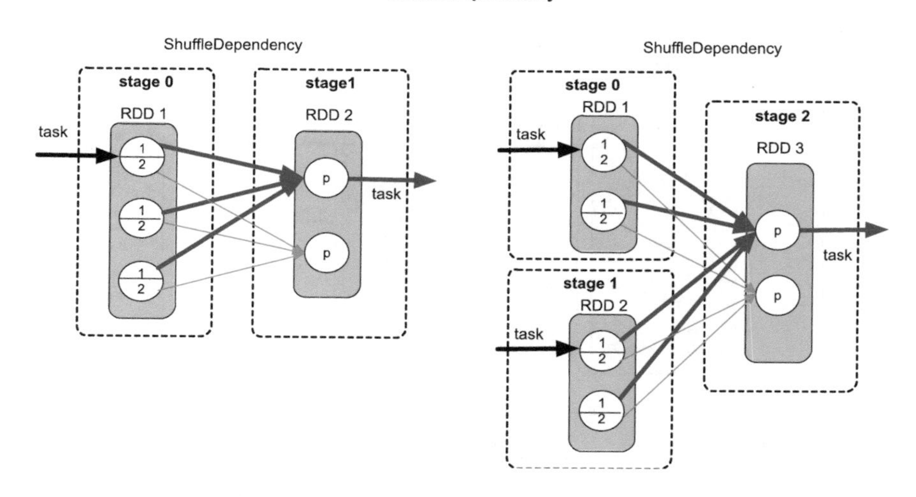

图 4.13 ShuffleDependency 的 stage 划分原则

OneToOneDependency 类型的操作

典型操作	语义特点
map(), mapValues(), filter(), filterByRange(), flatMap(), flatMapValues(), sample(), sampleByKey(), glom(), zipWithIndex(), zipWithUniqueId() 等	针对每个 record 执行 func 操作，输出一个或多个 record
mapPartitions(), mapPartitionsWithIndex() 等	针对一个分区中的数据进行操作，输出一个或多个 record

图 4.14 展示了 flatMap() 和 mapPartitionsWithIndex() 操作的 stage 和 task 划分图，这两个操作都生成了一个 stage，stage 中不同颜色的箭头表示不同的 task。每个 task 负责处理一个分区，进行流水线计算，且计算逻辑清晰。这两个操作唯一不同的是 flatMap() 每读入一条 record 就处理和输出一条，而 mapPartitionsWithIndex() 等到全部 record 都处理完后再输出 record。图 4.14 右图中的 mapPartitionsWithIndex() 是计算每个分区中奇数的和及偶数的和。

RangeDependency 类型的操作

典型操作	语义特点
在一般情况下的 union() 操作是指参与 union() 的 RDD 的 partitioner 不相同，详见第 3 章介绍的 union() 操作	将多个 RDD 的分区直接合并在一起

Example: rdd2 = rdd1.flatMap(func)
stage 0 (3 ResultTasks)
ParallelCollectionRDD
rdd1
MapPartitionsRDD
rdd2
flatMap()
how do you do
are you ok
thanks
bye bye
I'm ok
how
do
you
do
are
you
ok
thanks
bye
bye
I'm
ok
task 0
task 1
task 2
Example: rdd2 = rdd1.mapPartitionsWithIndex(func)
stage 0 (3 ResultTasks)
ParallelCollectionRDD
MapPartitionsRDD
mapPartitionsWithIndex()
1
2
3
4
5
6
7
8
9
pid=0, odd=4
pid=0, even=2
pid=1, odd=5
pid=1, even=10
pid=2, odd=16
pid=2, even=8
task 0
task 1
task 2

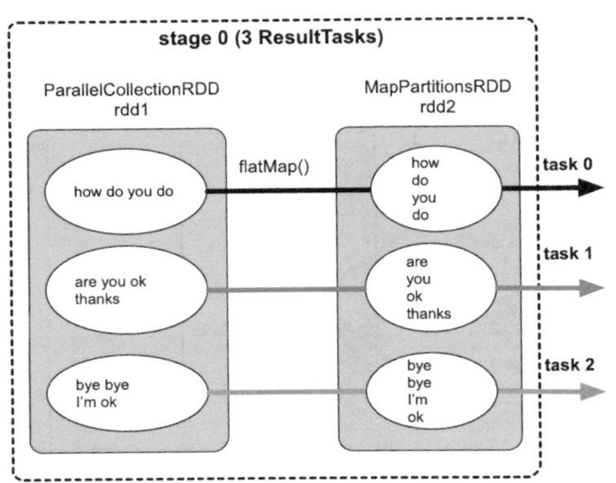

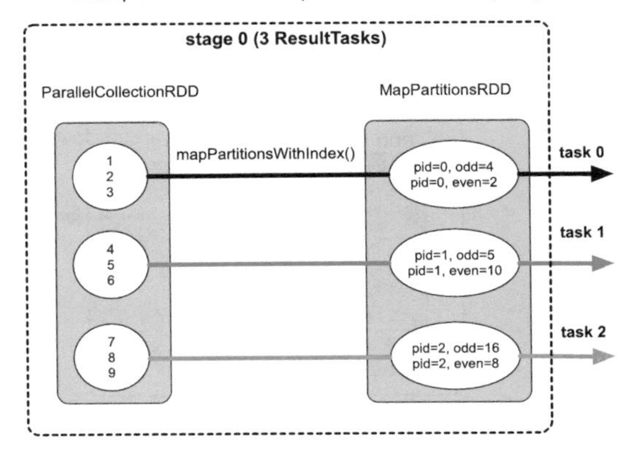

图 4.14　OneToOneDependency 数据依赖划分举例

图 4.15 展示了在一般情况下 union() 操作的 stage 和 task 划分图，该操作将两个 RDD 合并为一个 RDD，只生成了一个 stage，stage 中不同颜色的箭头表示不同的 task，每个 task 负责处理一个分区。

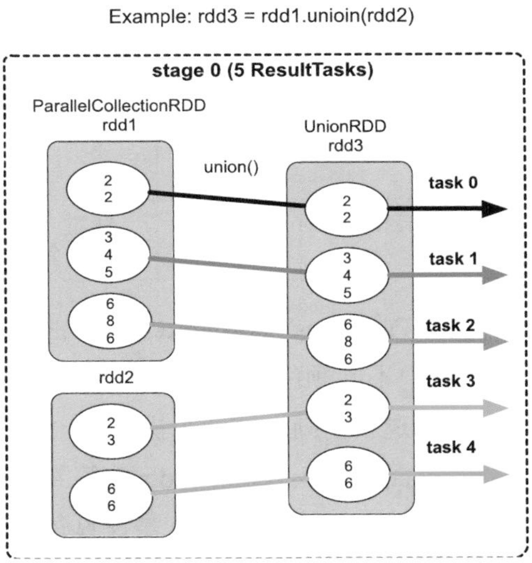

Example: rdd3 = rdd1.unioin(rdd2)
stage 0 (5 ResultTasks)
ParallelCollectionRDD
rdd1
UnionRDD
rdd3
union()
rdd2
2
2
3
4
5
6
8
6
2
3
6
6
task 0
task 1
task 2
task 3
task 4

图 4.15　RangeDependency 数据依赖划分举例

ManyToOneDependency 类型的操作

典型操作	语义特点
coalesce(shuffle=false)，特殊情况下的 union()，zip()，zipPartitions() 等	使用多对一 NarrowDependency 将 parent RDD 中多个分区聚合在一起

如图 4.16 所示，coalesce(shuffle=false)、特殊情况下的 union()（见第 3 章的说明），以及 zipPartitions() 操作对应的数据依赖关系都是 ManyToOneDependency，child RDD 中的每个分区需要从 parent RDD 中获取所依赖的多个分区的全部数据。由于 ManyToOneDependency 是窄依赖，所以 Spark 将 parent RDD 和 child RDD 组合为一个 stage，该 stage 生成的 task 个数与最后的 RDD 的分区个数相等。与 OneToOneDependency 形成的 task 相比，这里每个 task 需要同时在 parent RDD 中获取多个分区中的数据。

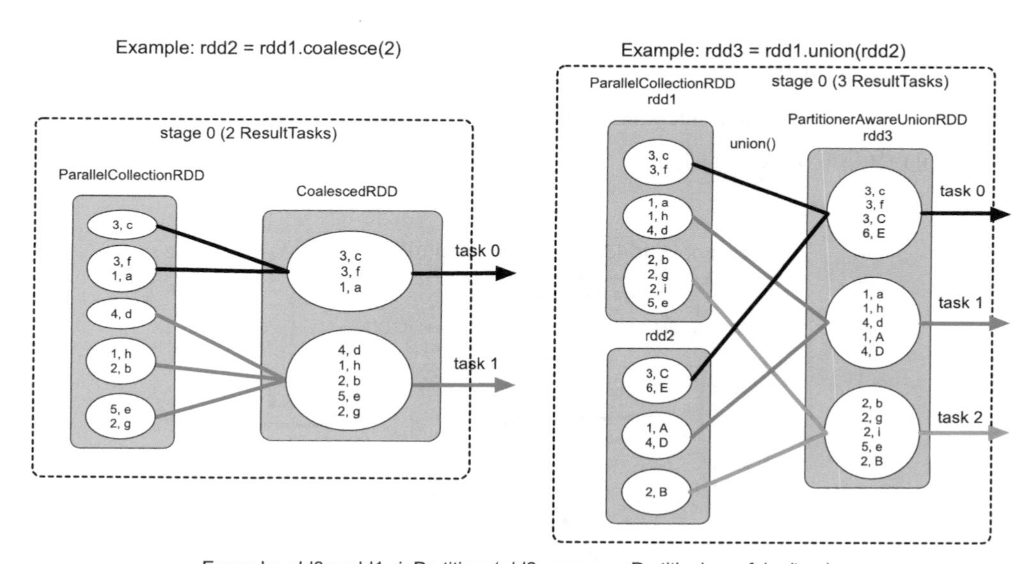

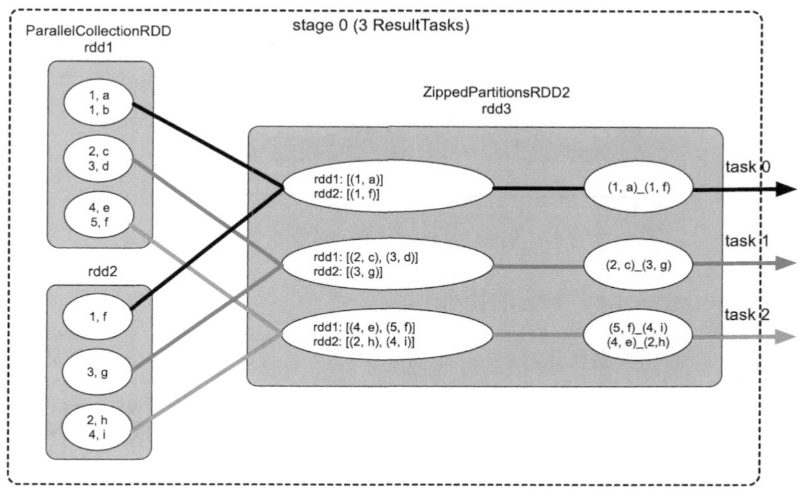

图 4.16 ManyToOneDependency 数据依赖划分举例

ManyToManyDependency 类型的操作

典型操作	语义特点
cartesian() 等	使用复杂的多对多 NarrowDependency 将 parent RDD 中多个分区聚合在一起

如图 4.17 所示，cartesian() 操作对应的数据依赖关系是 ManyToManyDependency，child RDD 中的每个分区需要从两个 parent RDD 中获取所依赖的分区的全部数据。虽然 ManyToManyDependency 形似 ShuffleDependency，却属于 NarrowDependency，因此 Spark 将 parent RDD 和 child RDD 组合为一个 stage，该 stage 生成的 task 个数与最后的 RDD 的分区个数相等。与 ManyToOneDependency 形成的 task 相比，这里每个 task 需要同时在多个 parent RDD 中获取分区中的数据。

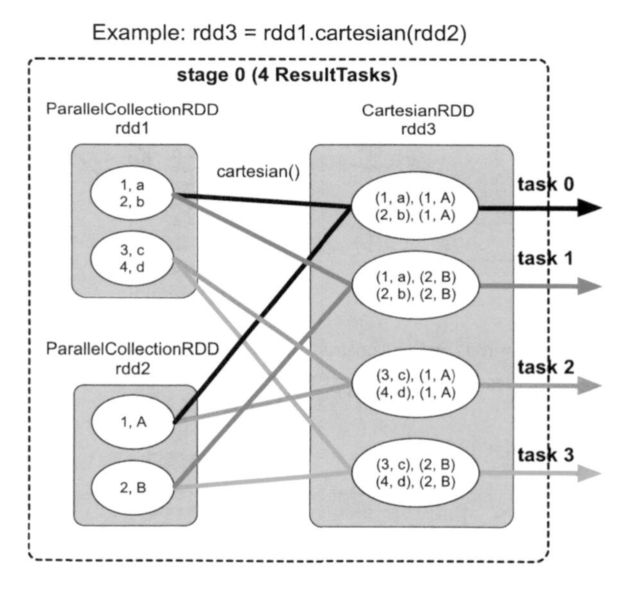

图 4.17 ManyToManyDependency 数据依赖划分举例

单一 ShuffleDependency 类型的操作

典型操作	语义特点
partitionBy(), groupByKey(), reduceByKey(), aggregateByKey(), combineByKey(), foldByKey(), sortByKey(), coalesce(shuffle=true)(), repartition(), repartitionAndSortWithinPartitions(), sortBy(), distinct() 等	使用 ShuffleDependency 将 parent RDD 中的数据进行重新划分和聚合

如图 4.18 所示，aggregateByKey() 和 sortByKey() 操作形成的是单一的 ShuffleDependency 数据依赖关系，也就是只与一个 parent RDD 形成 ShuffleDependency。根据划分原则，Spark 将 parent RDD 和 child RDD 分开，分别形成一个 stage，每个 stage 中的 task 个数与该 stage 中最后一个 RDD 中的分区个数相等。为了进行跨 stage 的数据传递，上游 stage 中的 task 将输出数据进行 Shuffle Write，child stage 中的 task 通过 Shuffle Read 同时获取 parent RDD 中多个分区中的数据。与 NarrowDependency 不同，这里从 parent RDD 的分区中获取的数据是划分后的部分数据。

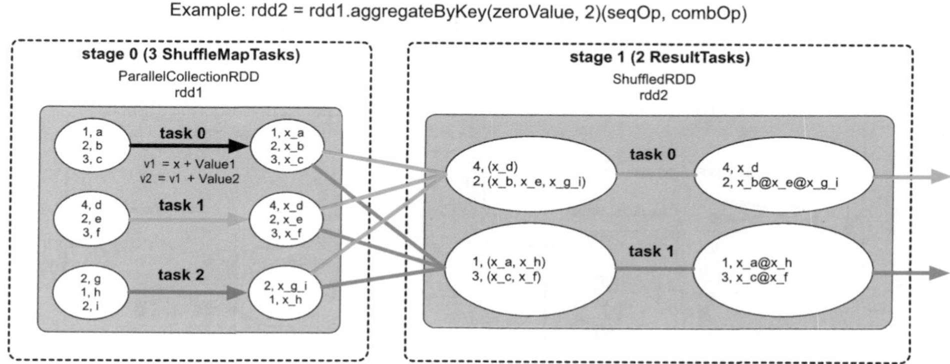

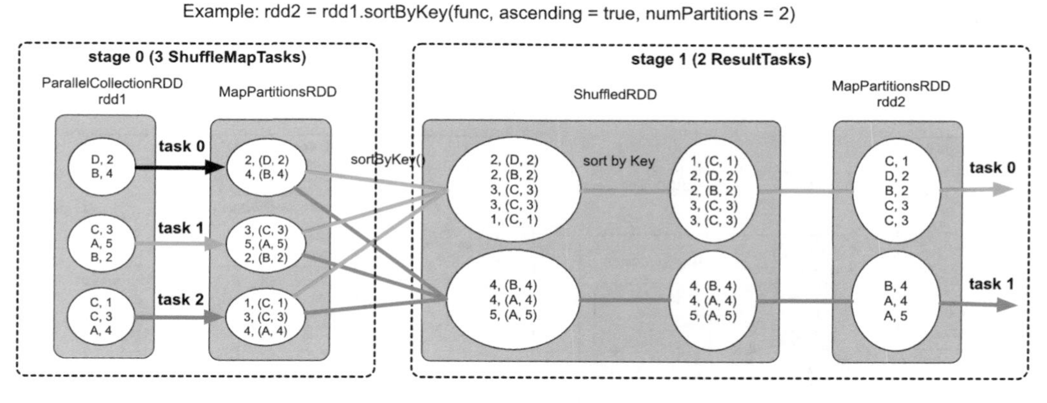

图 4.18 单一 ShuffleDependency 数据依赖划分举例

多 ShuffleDependency 类型的操作

典型操作	语义特点
cogroup(), groupWith(), join(), intersection(), subtract(), subtractByKey() 等	使用 ShuffleDependency 将多个 parent RDD 中的数据进行重新划分和聚合

如图 4.19 所示，join() 操作在不同配置下会生成多种不同类型的数据依赖关系。在图 4.19（d）中，由于 rdd1、rdd2 和 CoGoupedRDD 具有相同的 partitioner，parent RDD 和 child RDD 之间只存在窄依赖 ManyToOneDependency，因此只形成一个 stage。图 4.19（b）、图 4.19（c）都同时包含 OneToOneDependency 和 ShuffleDependency，根据 Spark 的 stage 划分原则，只对 ShuffleDependency 进行划分，得到两个 stage，stage 1 中的 task 既需要读取上游 stage 中的多个分区中的数据，也需要处理通过 OneToOneDependency 连接的 RDD 中的数据。图 4.19（a）最复杂，包含了多个 ShuffleDependency，依据 Spark 的划分原则，需要对多个 ShuffleDependency 都进行划分，得到多个 stage（这里划分出 3 个 stage）。下游 stage 需要等待上游 stage 完成后再执行，Shuffle Read 获取上游 stage 的输出数据。

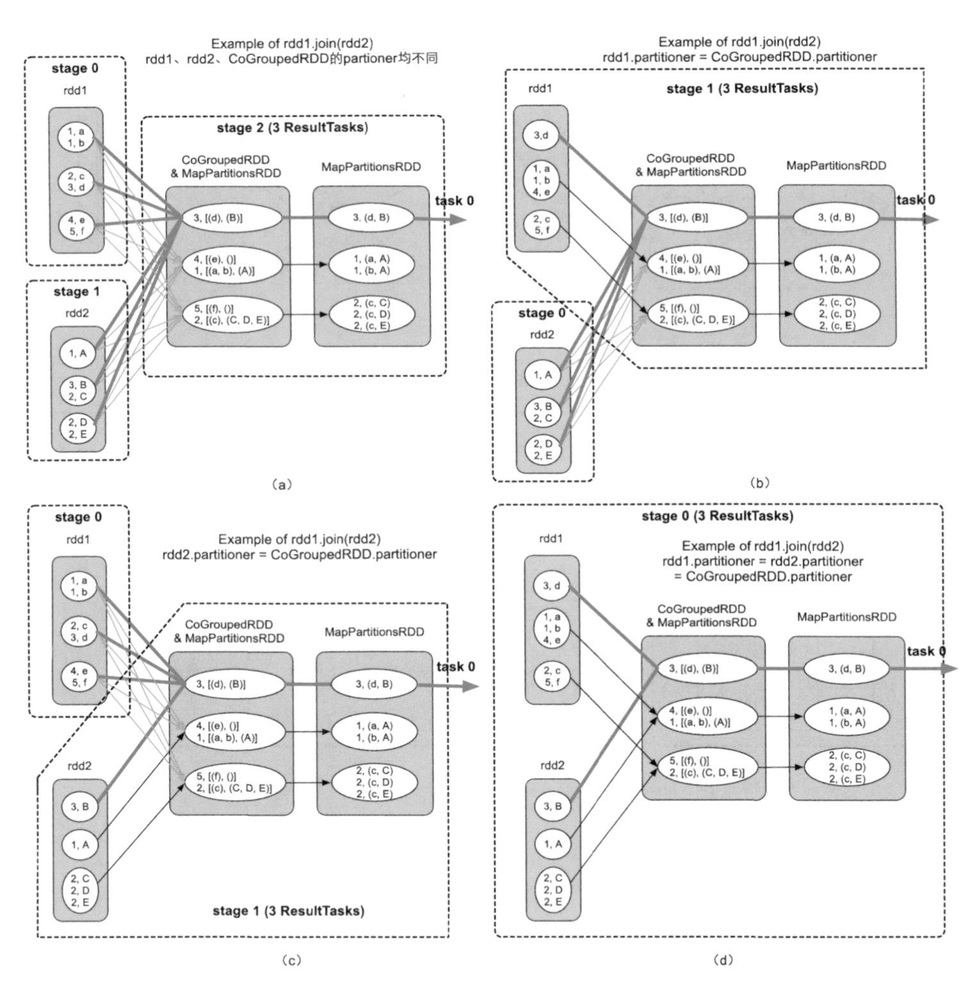

图 4.19　多 ShuffleDependency 数据依赖划分举例

4.4　本章小结

本章主要讨论了 Spark 将逻辑处理流程转化为物理执行计划的一般过程及其典型实例。至此，给定一个 Spark 应用，读者可以分析出其逻辑处理流程和物理执行计划。然而，如果想深入理解 Spark，还需要探究很多细节问题，如 task 如何在分布式集群中运行，Shuffle 机制如何设计与实现，一些更复杂的应用（如迭代应用）的逻辑处理流程和物理执行计划有什么不同，这些问题我们会在后续章节中详细讨论。

4.5　扩展阅读

第 3 章及本章介绍的逻辑处理流程和物理执行计划是完全根据用户定义的 RDD 操作顺序和数据依赖关系生成的。这样存在的一个问题是用户自己定义的数据处理流程可能不是最优的，如将用户代码 rdd1.join(rdd2).map(func) 中的操作调整顺序后形成的 rdd1.map(func).join(rdd2) 的执行效率可能更高；再如在某个数据集上先进行分区再进行 join() 的效率要比直接进行 join() 的效率高，然而一般用户并不清楚操作顺序对性能的影响。

实际上，为了优化数据处理流程，尤其是 SQL 数据处理流程，数据库领域已经有很多相关的优化工作，包括基于规则的优化、基于性能模型的优化和基于自适应的优化等。Spark SQL 引擎也将这些优化技术引入了用户代码的逻辑处理流程和物理执行计划转化过程中。Spark SQL 使用基于规则的优化技术，如谓词下推、算子组合、常量折叠等技术来对逻辑处理流程进行优化；使用基于性能模型的优化技术选择最优的物理执行计划；使用基于自适应的优化执行技术，根据应用运行时的信息来动态调整执行计划（包括自动 Shuffle 分区个数的确定、数据倾斜的处理等），提高执行效率。读者可以进一步阅读 *Spark SQL* 论文和相关技术文档来了解更多的优化技术。

第三部分
典型的 Spark 应用

第5章

迭代型 Spark 应用

在第 3 章和第 4 章中，我们已经讨论了 Spark 将应用程序转化为逻辑处理流程和物理执行计划的一般过程。在本章中，将介绍更为复杂的迭代型 Spark 应用。首先，讨论迭代型 Spark 应用的分类及特点。然后，通过两个经典的机器学习例子和一个图计算的例子来详细说明迭代型 Spark 应用的设计和实现原理，具体分为应用描述、算法原理、并行化方法、逻辑处理流程和物理执行计划等方面。另外，我们也会讨论适用于这些应用的高层编程模型。

5.1 迭代型 Spark 应用的分类及特点

迭代型 Spark 应用是指运行在 Spark 上，需要进行不断迭代才能得到最终结果的应用。这类应用比普通 Spark 应用更为复杂。下面，我们将以回答关键问题的方式来介绍迭代型 Spark 应用的分类及特点。

（1）迭代型 Spark 应用有哪些？

迭代型 Spark 应用主要包括机器学习应用和图计算应用。这两类应用都需要在数据上不断迭代计算、不断更新中间状态，最终达到一个收敛的结果。例如，机器学习应用在训练模型的过程中，需要在训练数据上不断迭代计算、不断更新模型参数，最终使模型的损失函数取得最小值。图计算应用需要在图数据上进行迭代计算，不断更新各个节点的状态，最终达到一个收敛状态。迭代型 Spark 应用需要在大数据上进行多轮迭代计算，既是数据密集型的也是计算密集型的。

（2）迭代型应用和非迭代型应用的编程方法有什么不同？

迭代型应用通常与算法结合较为紧密，有固定的计算流程。例如，机器学习应用常常使用梯度下降法来求解目标函数的最小值；图计算应用常常使用消息传播的方法来更新节点状态。针对这些固定的计算流程，系统研究人员设计了相对于 MapReduce 和 RDD 数据操作更高层的编程模型，使得算法开发人员可以直接利用这些高层编程模型来编写程序。普通的非迭代型应用往往没有固定的处理流程，所以只能直接依赖底层的 RDD、DataFrame 数据操作来实现（SparkSQL 应用可以使用 SQL 语言）。

（3）迭代型应用的逻辑处理流程和物理执行计划与非迭代型应用有哪些不同？

因为迭代型应用包含迭代计算，所以相应的 Spark job 个数或 stage 个数一般比非迭代型应用多，而且这些 job 和 stage 中很多是重复出现的。另外，在迭代计算的过程中，有些输入数据和中间数据常常是可以重复使用的，因此迭代型应用会比非迭代型应用更多地使用数据缓存。

5.2 迭代型机器学习应用 SparkLR

5.2.1 应用描述

SparkLR 是经典机器学习算法 Logistic Regression 的 Spark 分布式版本，可以在 Spark 项目自带的例子（Spark example 包）中找到。Logistic Regression 是被广泛使用的分类算法，可以根据带有分类标签的训练数据，迭代训练出一个线性分类模型 $h_w(\boldsymbol{x})$，用于解决二分类问题。例如，在现实世界中，银行一般根据申请人的特征（年龄、收入、月消费额）来决定是否对其发放信用卡。如果想使审批过程自动化，银行可以根据历史的信用卡审批数据，构建一个 Logistic Regression 线性分类模型 $h_w(\boldsymbol{x})$。对于某个新用户，可以将该用户的特征向量 $\boldsymbol{x}_i$ 代入 $h_w(\boldsymbol{x})$ 模型进行计算，并根据 $h_w(\boldsymbol{x})$ 的输出结果自动决定是否对其发放信用卡。

下面介绍一下 Logistic Regression 的数学原理，没有相关背景知识的读者不必担心，这些原理并不是理解 SparkLR 执行流程的必要基础。

5.2.2　算法原理

假设我们拥有一些已审批的银行信用卡数据样本$\boldsymbol{X}=\{\boldsymbol{x}_i, y_i\}_{i=1}^{n}$，其中包含 n 个样例，每个样例$\boldsymbol{X}_i=\{\boldsymbol{x}_i, y_i\}$包含特征向量$\boldsymbol{x}_i$和分类标签$y_i$。特征向量$\boldsymbol{x}_i$描述客户基本信息，如$\boldsymbol{x}_i$=（年龄、收入、月消费额）。$y_i$ 取值为 0 或 1，分别代表不发放和发放。Logistic Regression 分类模型的数学表达式为$h_w(\boldsymbol{x})=g\left(\boldsymbol{w}^{\mathrm{T}}\boldsymbol{x}\right)=\dfrac{1}{1+\mathrm{e}^{-\boldsymbol{w}^{\mathrm{T}}\boldsymbol{x}}}$，其中 $\boldsymbol{w}$ 是一个参数向量，其值需要对模型不断训练得到。对于每个新样例 X_i，将其特征向量 $\boldsymbol{x}_i$ 代入 $h_w(\boldsymbol{x})$ 后，会得到 $\boldsymbol{X}_i$ 对应的分类结果为 $y_i=1$ 的概率，如下：

$$P\left(y_i=1|\boldsymbol{x}_i\right)=h_w\left(\boldsymbol{x}_i\right)$$

$$P\left(y_i=0|\boldsymbol{x}_i\right)=1-h_w\left(\boldsymbol{x}_i\right)$$

当 $\boldsymbol{X}_i$ 的分类类别为 1 的概率超过 50%，即$P\left(y_i=1|\boldsymbol{x}_i\right)>0.5$时，我们认为应该为 $\boldsymbol{X}_i$ 发放信用卡，反之，不应该为其发放信用卡。这里，读者可能会有两个问题：（1）为什么 $h_w(\boldsymbol{x}_i)$ 可以得到 $\boldsymbol{X}_i$ 属于类别为 1 的概率？直观地说，这是因为 $h_w(\boldsymbol{x}_i)$ 是一个 Sigmoid 函数。图 5.1 中 Sigmoid 的值域是 (0, 1)，可以用来表示概率，进而可以用于表示 $\boldsymbol{X}_i$ 属于类别为 1 的概率。确切地说，Logistic Regression 模型实际是用线性回归 [72] 模型逼近样例属于 1 与样例属于 0 的概率比值，并且会对这个比值取对数，即$\ln\dfrac{P\left(y=1|\boldsymbol{x}\right)}{P\left(y=0|\boldsymbol{x}\right)}=\boldsymbol{w}^{\mathrm{T}}\boldsymbol{x}$，用公式推导可以得到$P\left(y_i=1|\boldsymbol{x}_i\right)=h_w\left(\boldsymbol{x}_i\right)$；（2）如何训练得到 $\boldsymbol{w}$？下面我们介绍可以被用来求解 $\boldsymbol{w}$ 的梯度下降法。

想要求解参数向量 $\boldsymbol{w}$，首先需要定义什么样的 $\boldsymbol{w}$ 好呢？直观上来说最能拟合样本数据的 $\boldsymbol{w}$，也就是使得 $h_w(\boldsymbol{x})$ 对每个训练样例都能正确分类的 $\boldsymbol{w}$ 是好的。然而，当训练样本存在噪声时，无论如何设置 $\boldsymbol{w}$，都有可能产生错误的分类。因此，实际应用中 Logistic Regression 选取 $\boldsymbol{w}$ 的标准是使得 $h_w(\boldsymbol{x})$ 正确预测每个样例的概率的乘积最大。如果采用形式化表示，就是使得下面的代价函数 $L(\boldsymbol{w})$ 的值最大。这种方法被称为“最大似然估计”方法。这里 y_i 的取值是 0 或 1。

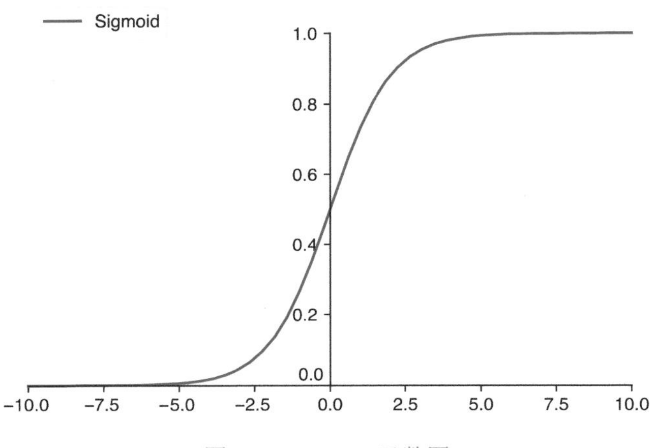

图 5.1　Sigmoid 函数图

$$L(\boldsymbol{w})=p(y|\boldsymbol{X};\boldsymbol{w})=\prod_{i=1}^{n}p(y_i\,|\,\boldsymbol{x}_i;\boldsymbol{w})=\prod_{i=1}^{n}\left(h_w(\boldsymbol{x}_i)\right)^{y_i}\left(1-h_w(\boldsymbol{x}_i)\right)^{1-y_i}$$

因为指数形式乘积的值可能会过小，所以我们对函数 $L(\boldsymbol{w})$ 取对数：

$$l(\boldsymbol{w})=\log L(\boldsymbol{w})=\sum_{i=1}^{n}\left(y_i\log h_w(\boldsymbol{x}_i)+(1-y_i)\log\left(1-h_w(\boldsymbol{x}_i)\right)\right)$$

于是，$\boldsymbol{w}$ 取值的优化目标是使得 $l(\boldsymbol{w})$ 的值最大。计算 $\boldsymbol{w}$ 的一个直观做法是直接对 $l(\boldsymbol{w})$ 求导，使得导数等于 0 后，获得 $\boldsymbol{w}$ 的解析解。然而，由于 $l(\boldsymbol{w})$ 求导后的等式是非线性的（包含指数函数），无法获得 $\boldsymbol{w}$ 的解析解，因此，在实际应用中，Logistic Regerssion 通常采用下面所述的梯度下降法来求解 $\boldsymbol{w}$。

梯度下降法是一种通过迭代计算来获得代价函数（目标函数）最小值及对应参数的方法。如图 5.2 所示，其核心思想是从一个随机的初始位置开始，按照函数值下降最快的方向（gradient 梯度方向），不断迭代逼近函数的最小值，从而获得相应的参数值。图 5.2 中的 $f(\boldsymbol{w})$ 表示代价函数。当然，梯度下降法可能陷入局部最优，求得的可能是函数的局部最小值，这与初始点的选取、函数的局部最小值的分布等有关。

一般来说，梯度下降法是按下面的两个步骤进行的。

（1）为模型参数向量 $\boldsymbol{w}$ 赋初始值，初始值可以是随机值或全零值。

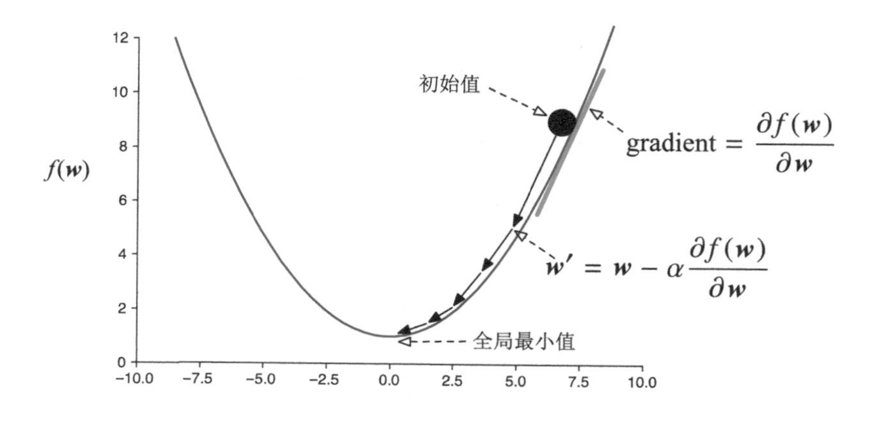

图 5.2　梯度下降法图示

（2）从初始值出发，计算当前位置的代价函数梯度。然后，不断更新 $\boldsymbol{w}$ 的值，使得代价函数值按照梯度下降的方向不断减少，直至收敛。

梯度的确切含义是代价函数对其参数的偏导数，如图 5.2 中的$\frac{\partial f(\boldsymbol{w})}{\partial \boldsymbol{w}}$所示。偏导数决定了在训练过程中参数下降的方向。

如何在 Logistic Regression 中应用梯度下降法呢？对于 Logistic Regression 来说，需要先将求解函数 $l(\boldsymbol{w})$ 最大值的问题转变为求解其代价函数 $f(\boldsymbol{w})$ 最小值的问题，如下将 $l(\boldsymbol{w})$ 加上负号：

$$f(\boldsymbol{w}) = \min - l(\boldsymbol{w}) = -\sum_{i=1}^{n}\left(y_i \log h_w(\boldsymbol{x}_i) + (1 - y_i)\log\left(1 - h_w(\boldsymbol{x}_i)\right)\right)$$

然后，计算 $f(\boldsymbol{w})$ 相对于参数 $\boldsymbol{w}$ 的梯度，即求 $f(\boldsymbol{w})$ 相对于 $\boldsymbol{w}$ 在每一维上的梯度。例如，在第 j 维度上 $f(\boldsymbol{w})$ 相对于 $\boldsymbol{w}$ 的梯度：

$$\frac{\partial}{\partial \boldsymbol{w}_j} f(\boldsymbol{w}) = \sum_{i=1}^{n}\left(h_w(\boldsymbol{x}_i) - y_i\right)\boldsymbol{x}_{ij}$$

式中，$\boldsymbol{x}_{ij}$ 表示样例 $\boldsymbol{X}_i$ 的第 j 维。求得梯度后，可以用下面的公式来对 $\boldsymbol{w}$ 进行迭代更新：

$$\boldsymbol{w}_j = \boldsymbol{w}_j - \alpha \frac{\partial}{\partial \boldsymbol{w}_j} f(\boldsymbol{w}) = \boldsymbol{w}_j - \alpha \sum_{i=1}^{n}\left(h_w(\boldsymbol{x}_i) - y_i\right)\boldsymbol{x}_{ij}$$

式中，α 表示学习率，即步长，决定每一轮迭代更新时 $\boldsymbol{w}$ 的变化幅度。如果步长太大，则在模型训练时波动会比较大且容易错过最小值；如果步长太小，则模型训练的收敛速度太慢。在实际应用中，一般让步长随着迭代轮数增加而动态减小[73]，如在 Spark 中，α 的取值为 $\frac{\text{stepSize}}{\sqrt{t}}$，其中 stepSize 由用户设定，$t$ 表示当前迭代计算的轮数。

基于 $\boldsymbol{w}$ 的迭代公式，我们可以按照梯度下降法对 Logistic Regression 模型进行迭代训练，基本过程如下。

① 对模型参数向量 $\boldsymbol{w}$ 进行赋值，可以是全零的向量，也可以是其他任意随机值。

② 根据当前的 $\boldsymbol{w}$ 值，对每个样例 $\boldsymbol{X}_i=\{\boldsymbol{x}_i,y_i\}$ 计算其梯度 gradient_i，并累加得到 $\text{gradient}_i=\sum_{i=1}^{n}\text{gradient}_i=\sum_{i=1}^{n}\left(h_w(\boldsymbol{x}_i)-y_i\right)\boldsymbol{x}_i$。注意这个计算过程需要用到所有的样例 $\boldsymbol{X}=\{\boldsymbol{x}_i,y_i\}_{i=1}^{n}$。

③ 使用 $\boldsymbol{w}=\boldsymbol{w}-\alpha\sum_{i=1}^{n}\left(h_w(\boldsymbol{x}_i)-y_i\right)\boldsymbol{x}_i$ 来更新 $\boldsymbol{w}$。

④ 重复第②步和第③步，直至收敛，即更新后 $\boldsymbol{w}$ 的变化幅度小于一个给定的阈值。

我们可以对照 SparkLR 的代码来理解上述过程。需要注意的是，SparkLR 代码中使用的两个类别标签是 $y_i\in\{-1,1\}$ 而不是 $y_i\in\{0,1\}$，因此相应的 $f(\boldsymbol{w})$ 及 $\boldsymbol{w}$ 更新公式与 $y_i\in\{0,1\}$ 时略有区别。当 $y_i\in\{-1,1\}$ 时，$\boldsymbol{w}$ 的更新公式如下，其中 α 固定为 1。

$$\boldsymbol{w}=\boldsymbol{w}-\alpha\sum_{i=1}^{n}\boldsymbol{x}_i\left(\frac{1}{1+\mathrm{e}^{-y_i\boldsymbol{w}^{\mathrm{T}}\boldsymbol{x}_i}}-1\right)y_i$$

SparkLR 的示例代码：

```
val spark = SparkSession.builder.appName("SparkLR").getOrCreate()
val numSlices = 3
// 按照高斯分布随机产生 1000 个样例（generateData 表示产生的 1000 个样例）
val points = spark.sparkContext.parallelize(generateData, numSlices).
            cache()
// 使用随机值对参数向量 w 进行初始化
val w = DenseVector.fill(D) {2 * rand.nextDouble - 1}
println(s"Initial w: $w")
// 迭代计算，训练出最优的 w
for (i <- 1 to ITERATIONS) {
  println(s"On iteration $i")
  // 根据每个样例的特征 x 和标签 y，计算梯度
  val gradient = points.map { p =>
    p.x * (1 / (1 + exp(-p.y * (w.dot(p.x)))) - 1) * p.y
```

```
    }.reduce(_ + _)
    // 按照更新公式对参数向量 w 进行更新
    w -= gradient
  }
  println(s"Final w: $w")
```

需要注意的是，这里展示的 SparkLR 代码是 Logistic Regression 的简化实现版本。这里没有按照迭代轮数对步长进行衰减，没有采用任何模型优化措施（如后面将要介绍的正则化方法），也没有迭代终止条件，只是让用户设置迭代轮数。在下一个例子中，我们将详细介绍在 Spark MLlib 中实现的 Logistic Regression 完整版。

5.2.3　基于 Spark 的并行化实现

当有大量训练数据时，需要对 Logistic Regression 模型训练进行并行化。那么，Spark 是如何实现 Logistic Regression 并行化训练的呢？

如 5.2.2 节所述，Logistic Regression 模型的训练过程主要包含两个计算步骤：一是根据训练数据计算梯度，二是更新模型参数向量 **w**。计算梯度（gradient）时需要读入每个样例$\{\boldsymbol{x}_i, y_i\}$，代入梯度公式计算，并对计算结果进行加和。由于在计算时每个样例可以独立代入公式，互相不影响，所以我们可以采用“数据并行化”的方法，即将训练样本划分为多个部分，每个 task 只计算部分样例上的梯度，然后将这些梯度进行加和得到最终的梯度。在更新参数向量 **w** 时，更新操作可以在一个节点上完成，不需要并行化。

5.2.2 节已经给出 SparkLR 的示例代码，基于示例代码，我们可以画出 SparkLR 的并行化逻辑处理流程，如图 5.3 所示。训练数据用 points:ParallelCollectionRDD 来表示，参数向量用 **w** 来表示，注意参数向量 **w** 不是 RDD，而只是一个变量。初始化参数向量 **w** 后，进入迭代计算阶段。SparkLR 使用 map() 和 reduce() 两个操作来完成迭代计算。每轮迭代开始时，Spark 首先将 **w** 广播到所有的 task 中，每个 task 使用 map() 计算自己接收到的每个$\{\boldsymbol{x}_i, y_i\}$的梯度$g_i$。然后，每个 task 使用 reduce() 操作对g_i进行本地聚合。在图 5.3 中，第 1 个 task（如粗箭头所示）执行 reduce() 操作，并在本地对 3 个g_i进行聚合计算$r_1 = \sum_{i=1}^{3} g_i$。当每个 task 执行完成后，Driver 端收集所有的r_i，加和后得到总的梯度 gradient $=\sum_{i=1}^{3} r_i$。最后，根据 **w** 的更新公式，对参数向量 **w** 进行更新，用于下一轮迭代计算。

注意：在本例中使用的 reduce() 操作与 reduceByKey() 操作不同，reduce() 是 action() 操作，并不会形成 reduce stage，因此，SparkLR 只包含一个不断重复运行的 map stage。

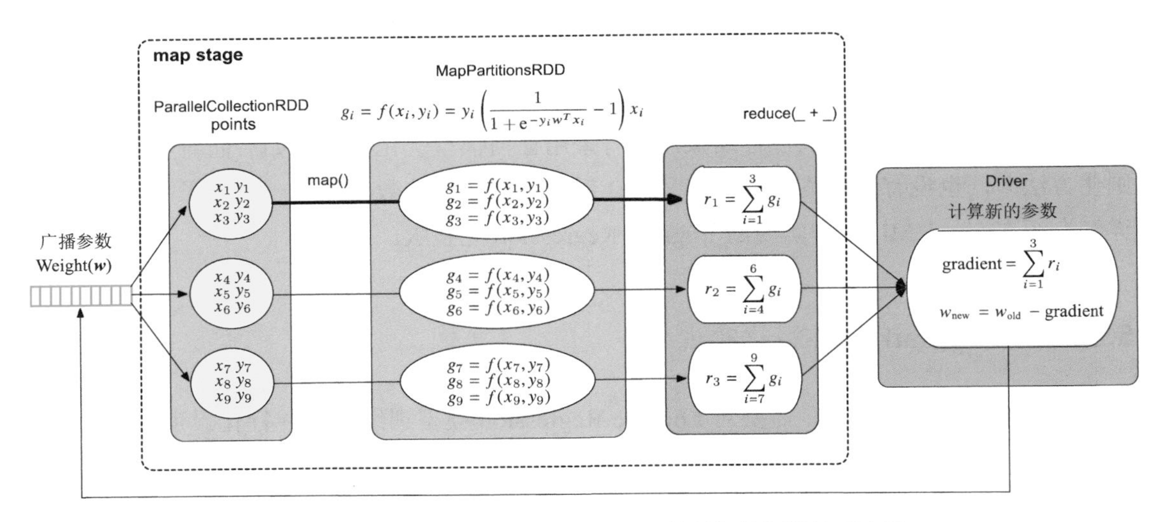

图 5.3　迭代型机器学习应用 SparkLR 的并行化逻辑处理流程

上面我们已经展开讨论了 SparkLR 的并行化逻辑处理流程，那么，SparkLR 在实际运行时生成什么样的 job 和 stage 呢？当我们把迭代轮数设为 5 时，形成的 job 和 stage 如图 5.4 所示。可以看到在这个例子中，SparkLR 一共生成了 5 个 job，每个 job 只包含一个 map stage。一个有趣的现象是，第 1 个 job 运行需要 0.8s（800 ms），而第 2 个到第 5 个 job 只需要 56~76ms。发生这一现象的原因是，SparkLR 在第 1 个 job 运行时对训练数据（points:RDD）进行了缓存，使得后续的 job 只需要从内存中直接读取数据进行计算即可，这大大减小了数据加载到内存中的开销，从而加速了计算过程。在第 7 章中我们会详细讨论 Spark 缓存机制的设计和实现。

- Completed Jobs (5)

Job Id ▾	Description	Submitted	Duration	Stages: Succeeded/Total	Tasks (for all stages): Succeeded/Total
4	reduce at SparkLR.scala:63 reduce at SparkLR.scala:63	2019/10/27 20:56:17	56 ms	1/1	2/2
3	reduce at SparkLR.scala:63 reduce at SparkLR.scala:63	2019/10/27 20:56:17	50 ms	1/1	2/2
2	reduce at SparkLR.scala:63 reduce at SparkLR.scala:63	2019/10/27 20:56:17	66 ms	1/1	2/2
1	reduce at SparkLR.scala:63 reduce at SparkLR.scala:63	2019/10/27 20:56:17	76 ms	1/1	2/2
0	reduce at SparkLR.scala:63 reduce at SparkLR.scala:63	2019/10/27 20:56:16	0.8 s	1/1	2/2

图 5.4　SparkLR 产生的 job 和 stage

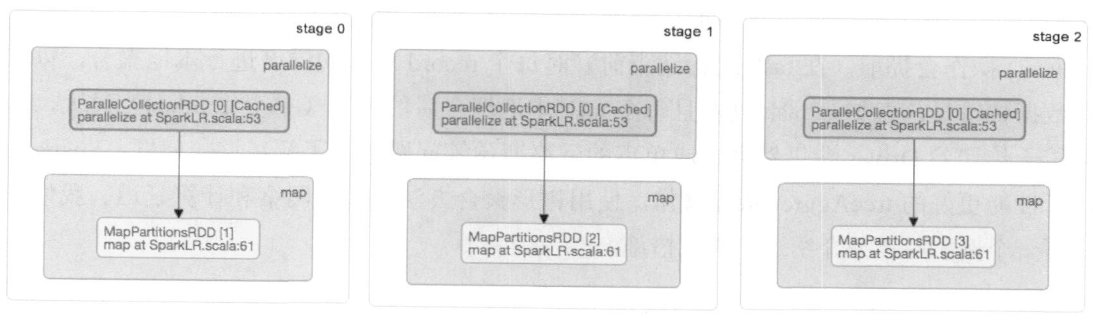

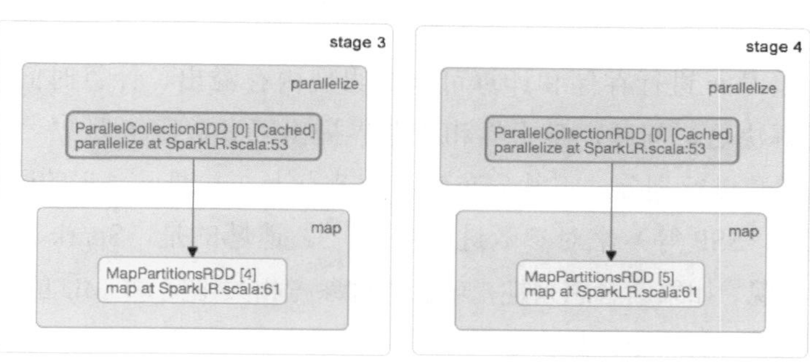

图 5.4　SparkLR 产生的 job 和 stage（续）

最后，我们来看一下 SparkLR 的输出结果：

```
Initial w: (-0.138, 0.833, -0.283, 0.848, 0.427, 0.938, 0.817, -0.851,
        0.777, 0.614)
Final w: (131.481, 63.721, 122.897, 57.277, 86.079, 74.447, 68.761,
         112.618, 58.666, 65.483)
```

在这个例子中，***w*** 是一个 10 维的向量，被初始化为 -1 ～ 1 的随机值，经过 5 轮迭代计算后，得到最终的 ***w*** 值。需要注意的是，在这个例子中，SparkLR 没有进行收敛条件检查，所以这里的 Final ***w*** 不一定是最优结果。

5.2.4　深入讨论

作为本章的第 1 个例子，SparkLR 帮助我们理解了如何对迭代型机器学习应用进行并行化实现。然而，如果直接将 SparkLR 的实现方法应用于大规模数据训练，则还存在不少系统性能问题。

（1）数据聚合问题：为了将所有 task 计算的梯度进行加和，SparkLR 使用了 reduce()

操作，这个操作需要将所有 task 的计算结果收集到 Driver 端进行统一聚合计算。尽管 reduce() 操作会提前（在 task 运行结束前）对每个 record 对应的梯度进行本地聚合，以减少数据传输量，但如果 task 过多且每个 task 本地聚合后的结果（单个 graident）过大，那么统一传递到 Driver 端仍然会造成单点的网络瓶颈等问题。为了解决这一问题，Spark 设计了性能更好的 treeAggregate() 操作，使用树形聚合方法来减少网络和计算延迟。我们将在下一个例子中详细介绍这一优化措施。

（2）参数存储问题：在 SparkLR 例子中，我们将 $\boldsymbol{w}$ 的维度设置为 10，然而在大规模互联网应用中，$\boldsymbol{w}$ 的维度可能是千万甚至上亿。这么大的模型参数会导致单点内存瓶颈问题，即在 Driver 端对 $\boldsymbol{w}$ 进行存储和计算可能会出现内存溢出、计算时间过长等性能和可靠性问题。为了解决这一问题，学术界和工业界提出了参数服务器 [74, 75, 76] 的解决方案。其核心思想是对参数进行划分，将其分布到多个节点上，并通过一定的同步或异步更新协议（如 BSP、ASP、SSP 等）来对参数进行更新 [77]。遗憾的是，Spark 目前还没有提供参数服务器的官方实现。如果读者感兴趣，可以通过参考相关论文、CMU 的 Petuum 项目 [75]、腾讯的 Angel 项目 [76] 等来进一步学习。

5.3 迭代型机器学习应用——广义线性模型

实际上，Logistic Regression 只是广义线性模型中的一种，我们可以通过改进 Logistic Regression 的并行化方法来解决更多广义线性模型的并行化问题。什么是广义线性模型？直观上来讲，机器学习中的线性模型是指模型的输入 $\boldsymbol{x}$ 和输出 y 之间存在线性关系，如 $y=\boldsymbol{w}^{\mathrm{T}}\boldsymbol{x}$。广义线性模型是对线性模型进行扩展，使输出 y 的总体均值通过一个非线性函数依赖线性预测值 $\boldsymbol{w}^{\mathrm{T}}\boldsymbol{x}$，如在 Logistic Regression 中，输出 y 与线性预测值 $\boldsymbol{w}^{\mathrm{T}}\boldsymbol{x}$ 之间存在非线性关系 $y=h_w\left(\boldsymbol{w}^{\mathrm{T}}\boldsymbol{x}\right)$。广义线性模型的英文名称是 Generalized Linear Model（GLM），更确切的定义可以参考文献 [78]。

5.3.1 算法原理

广义线性模型（GLM）统一了多种线性分类和回归模型，包括用于分类的 Logistic Regression、Linear SVM 模型，以及用于回归的 Linear Regression、Lasso Regression、

Ridge Regression 模型等。那么，为什么可以将这些模型进行统一呢？原因是这些模型要解决的问题都可以被抽象为一个凸优化问题，而且模型的计算过程基本相同，不同点只是这些模型具有不同的计算函数（代价函数和梯度计算公式）。Spark 通过对这些模型的计算过程进行抽象统一，同时支持不同的计算函数，可以实现广义线性模型。在此基础上，通过实现不同的计算函数就可以构建不同的模型。这样可以避免在 Spark 中实现不同模型算法的重复性。

这里，我们首先介绍广义线性模型的基本数学原理。线性分类和回归问题可以被抽象为一个凸优化问题，即找到一个合适的参数向量 $\boldsymbol{w}$ 来使下面的代价函数 $f(\boldsymbol{w})$ 最小化：

$$f(\boldsymbol{w}) = \lambda R(\boldsymbol{w}) + \frac{1}{n}\sum_{i=1}^{n} L(\boldsymbol{w}; \boldsymbol{x}_i, y_i)$$

$f(\boldsymbol{w})$ 是一个凸函数，包含两部分 $R(\boldsymbol{w})$ 和 $L(\boldsymbol{w}; \boldsymbol{x}, y)$。其中，$R(\boldsymbol{w})$ 是正则化项，用来控制模型的复杂度，避免模型过拟合；$L(\boldsymbol{w}; \boldsymbol{x}, y)$ 是损失函数，用来衡量模型的预测结果与实际结果的差距。$L(\boldsymbol{w}; \boldsymbol{x}, y)$ 可以看作是以 $\boldsymbol{w}^{\mathrm{T}}\boldsymbol{x}$ 和 y 为输入的函数，其中 $\boldsymbol{w}$ 是需要求解的参数向量。λ 是一个大于等于零的固定参数，用来调整 $R(\boldsymbol{w})$ 和 $L(\boldsymbol{w}; \boldsymbol{x}, y)$ 的比例，即决定优化目标是更强调减少模型复杂度的（结构风险最小化）还是更强调减少训练误差（经验风险最小化）的。取较大的 λ 值将较大程度约束模型复杂度，反之，更强调减少训练误差。

与在 5.2 节中介绍的 Logistic Regression 模型参数的求解方法类似，这里需要计算 $f(\boldsymbol{w})$ 相对于 $\boldsymbol{w}$ 的梯度。由于 $f(\boldsymbol{w})$ 包含正则化和损失函数两项，所以这里的梯度包含 $R(\boldsymbol{w})$ 相对于 $\boldsymbol{w}$ 的梯度 $\text{gradient}_{R(\boldsymbol{w})}$，以及 $L(\boldsymbol{w}; \boldsymbol{x}, y)$ 相对于 $\boldsymbol{w}$ 的梯度 $\text{gradient}_{L(\boldsymbol{w})}$。

需要注意的是，在计算梯度的过程中，如果 $R(\boldsymbol{w})$ 或 $L(\boldsymbol{w}; \boldsymbol{x}, y)$ 函数不是在每个点都对 $\boldsymbol{w}$ 可导，就不能采用标准的梯度下降法来求解 $\boldsymbol{w}$，只能采用子梯度下降法 [79] 来求解 $\boldsymbol{w}$，即采用函数的子梯度来进行梯度下降。相比于标准的梯度下降法，子梯度下降法不能保证每一轮迭代都能使目标函数变小，所以其收敛速度相对较慢。关于子梯度下降法更多的理论知识可以参考 Subgradient descent[80]，或者 Subgradient Method[81]。这里为了简化讨论，不区分梯度和子梯度，统一使用 $\text{gradient}_{R(\boldsymbol{w})}$ 和 $\text{gradient}_{L(\boldsymbol{w})}$ 来表示。不同的线性模型使用不同的损失函数和梯度计算公式表示 [82]，如表 5.1 所示。

表 5.1　不同线性模型的损失函数及其梯度计算公式

损失函数名称	损失函数$L(w;x,y)$	梯度计算公式 gradient$_{L(w)}$	适用模型
Logistic loss	$\log\left(1+e^{-yw^{T}x}\right), y\in\{-1,1\}$	$-y\left(1-\frac{1}{1+e^{-yw^{T}x}}\right)x$	Logistic Regression
Hinge loss	$\max\{0,1-yw^{T}x\}, y\in\{-1,1\}$	$\begin{cases}-yx & \text{if } yw^{T}x<1\\ 0 & \text{otherwise}\end{cases}$	SVM
Squared loss	$\frac{1}{2}\left(w^{T}x-y\right)^{2}, y\in\mathbf{R}$	$\left(w^{T}x-y\right)x$	Linear, Lasso, Ridge Regression

* 注意：这里采用的两种分类标签是$y\in\{-1,1\}$。另外，Hinge loss 函数不是在每个点都可导，所以表中的公式是其子梯度计算公式。

同样，不同的线性模型使用的正则化项及其梯度计算公式如表 5.2 所示。

表 5.2　不同线性模型使用的正则化项及其梯度计算公式

正则化	正则化项$R(w)$	梯度计算公式 gradient$_{R(w)}$	适用模型
不使用正则化	0	0	All
L2	$\frac{1}{2}\|w\|_{2}^{2}$	w	Logistic Regression, SVM, Ridge Regression
L1	$\|w\|_{1}$	$\text{sign}(w)$	Logistic Regression, Lasso Regression
Elastic net (L2 & L1)	$\alpha\|w\|_{1}+(1-\alpha)\frac{1}{2}\|w\|_{2}^{2}$	$\alpha\text{sign}(w)+(1-\alpha)w$	Logistic Regression

* 注意：由于 L1 正则化项函数不是在每个点都可导，所以 L1 使用子梯度计算公式。

这里，正则化项是用来约束 w 中所有维度值总的大小。在训练过程中，模型参数向量 w 的某些维度可能趋近于 0，某些维度值可能变得很大，而正则化项可以对此进行调节。直观上来说，L2 正则化的作用是使得 w 的各维度值变得更平滑均衡，即将某些趋近于 0 的维度值变得大一些，同时将较大的维度值变得小一些。而 L1 正则化的作用是使得参数向量 w 中的维度值更加稀疏，也就是使得某些维度更趋近于 0，从而避免不太重要的特征参与计算。另外，有些正则化方法可以兼顾 L1 正则化和 L2 正则化的优点，如 Elastic net 正则化，直观上来讲 Elastic net 正则化是 L2 和 L1 正则化的插值。

在得到 $f(\boldsymbol{w})$ 相对于 $\boldsymbol{w}$ 的梯度后，我们可以使用 $\boldsymbol{w}$ 的计算公式，对 $\boldsymbol{w}$ 进行迭代更新，具体公式为

$$\boldsymbol{w}=\boldsymbol{w}-\alpha\times\text{gradient}=\boldsymbol{w}-\frac{\text{stepSize}}{\sqrt{t}}\left(\text{gradient}_{L(\boldsymbol{w})}+\lambda\times\text{gradient}_{R(\boldsymbol{w})}\right)$$

式中，α 为步长，取值为$\frac{\text{stepSize}}{\sqrt{t}}$。步长随着迭代轮数 t 增加而减少，总梯度 gradient 为损失函数梯度与正则化函数梯度的插值。

至此，我们已经推导出了 $\boldsymbol{w}$ 的更新公式，那么接下来的问题是对于一个特定模型 Linear SVM，应该选择哪种正则化方法和损失函数呢？我们在表 5.1 和表 5.2 中总结了正则化方法和损失函数会被哪些模型选择使用，这里再具体介绍一下不同线性机器学习模型的含义和为什么会这样选择。

（1）Logistic Regression（LR）分类模型。

在 5.2.1 节已经介绍了基本的 Logistic Regression 的算法原理，这里为了约束模型的复杂度，添加了正则化项。由于 Logistic Regression 算法本身的目标是减少训练误差（经验风险最小化），所以可以搭配不同的结构风险最小化方法，如 L2、L1 和 Elastic net 正则化。

（2）Linear SVM 分类模型。

SVM 是 Support Vector Machine 的缩写，中文名为支持向量机，其目标是为带标签的训练数据寻找一个分类超平面 $\boldsymbol{w}^{\mathrm{T}}\boldsymbol{x}=0$，使得超平面两端的训练数据被正确地分为两类。对于二维训练数据，分类超平面就是二维平面上的一条直线，直线两侧的训练数据被分为正负样例；对于三维训练数据，分类超平面就是三维空间中的一个平面，平面两侧的训练数据被分为正负样例。在默认情况下，当 $\boldsymbol{w}^{\mathrm{T}}\boldsymbol{x}\geqslant 0$ 时，我们认为正例$y=+1$，反之为负例$y=-1$。

回到正则化项和损失函数的选择问题，SVM 算法的目标是最大化样本数据到分类超平面的间隔距离，即最小化$\frac{1}{2}\|\boldsymbol{w}\|_2^2$，该目标函数与 L2 正则化的形式一致，因此 SVM 目标函数本身包含 L2 正则化，只需要考虑如何选择损失函数。因为 Hinge loss 损失函数可以较为精确地评价 SVM 模型的预测值与实际值误差，所以 SVM 选择使用 Hinge loss 损失函数，更多关于 Hinge loss 的介绍可以参考文献 [72]。注意，如果我们强制把 SVM 中的 L2 正则化项替换为 L1 正则化项，就变成了线性规划问题。

（3）回归模型。

Linear Regression、Lasso Regression 和 Ridge Regerssion 等回归模型的目的都是建立 $\boldsymbol{x}$ 和 y 的线性映射关系 $y=\boldsymbol{w}^{\mathrm{T}}\boldsymbol{x}$。注意，不同于分类模型中的 $y\in\{+1,-1\}$，这里 $y\in\mathrm{R}$，主要用于解决回归问题。简单来说，分类问题与回归问题的区别是，预测的是离散的还是连续的。举个例子来说明回归问题：假设一个人跳远距离 y 是由其身高 $\boldsymbol{x}_1$ 和体重 $\boldsymbol{x}_2$ 线性决定的，身高越高跳远距离越远、体重越轻跳远距离越远，那么我们可以根据一个包含很多人跳远数据的样本（身高、体重、跳远距离），计算出 $y=\boldsymbol{w}^{\mathrm{T}}\boldsymbol{x}$ 的线性关系，这个计算过程称为回归。

这 3 种回归模型都使用平方损失函数来度量预测值和实际值的误差，不同的是 Linear Regression 不使用正则化，Lasso Regression 使用 L1 正则化，而 Ridge Regression 使用 L2 正则化。

理解了不同的线性模型后，我们还有最后一个问题：如何确定模型参数向量 $\boldsymbol{w}$ 的迭代更新什么时候结束，即迭代计算 $\boldsymbol{w}$ 的收敛条件是什么？在实际中，常常根据 $\boldsymbol{w}$ 的波动程度来判断，当 $\boldsymbol{w}$ 不再发生明显变化时，认为 $\boldsymbol{w}$ 已经收敛。例如，可以使用下面的条件公式来判断。当 $\boldsymbol{w}$ 的相对变化率小于某一阈值 convergenceThreshold 时，我们认为已经收敛，且停止迭代。当然，也可以通过设置最大的迭代轮数来减少迭代训练时间。

$$\frac{\left\|\boldsymbol{w}_{\mathrm{old}}-\boldsymbol{w}_{\mathrm{new}}\right\|^2}{\max\left\{\left\|\boldsymbol{w}_{\mathrm{old}}\right\|^2,1\right\}}<\text{convergenceThreshold}$$

在本节中，我们主要介绍了广义线性模型基本的算法原理，如果读者感兴趣，则可以进一步参考 *Spark MLlib* 论文中关于线性模型的介绍 [82]，以加深理解。

5.3.2 基于 Spark 的并行化实现

对比广义线性模型与 Logistic Regression 的算法原理可以发现，两者的迭代计算过程是一样的，只是代价函数和梯度计算公式有所差别。因此，我们仍然可以采用数据并行化方法在 Spark 上实现广义线性模型。因为 SparkLR 实现方案还存在性能瓶颈，所以需要进一步优化。另外，需要为不同的广义线性模型变换梯度计算公式。下面，我们以问题的形式讨论在 Spark 上实现广义线性模型的具体流程和这样设计背后的原理。

（1）如何对 w 进行初始化？

在迭代开始时，在 Driver 端使用全零值或者任意随机值对 w 向量进行初始化。

（2）怎么划分训练数据？

采用第 3 章介绍的水平划分方法，将包含 n 个样例的训练数据水平切分为 m 块，每一块包含的样例个数为 n_i。如图 5.5 所示，第 1 个分块中的样例个数为 n_i。如果这些输入数据存放在 HDFS 上，则默认每块数据大小为 128MB。

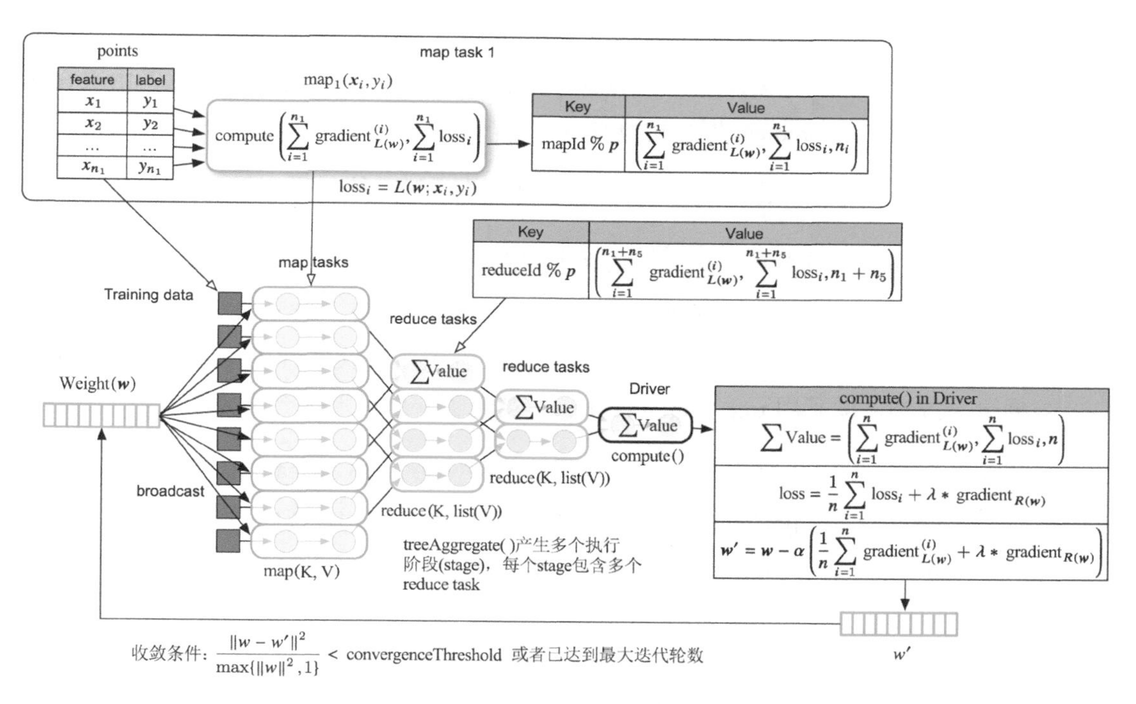

图 5.5　广义线性模型的并行化迭代处理流程

（3）迭代的主要步骤是什么？

广义线性模型训练过程与 Logistic Regression 的训练过程类似，每轮迭代主要包含两步：第 1 步是计算梯度$\text{gradient}_{L(w)}$和$\text{gradient}_{R(w)}$，第 2 步是对 w 进行如下更新。不断重复这个过程，直至收敛。

$$w = w - \frac{\text{stepSize}}{\sqrt{t}}\left(\text{gradient}_{L(w)} + \lambda \times \text{gradient}_{R(w)}\right)$$

如表 5.2 所示，梯度$\text{gradient}_{L(\boldsymbol{w})}$的计算公式与样本数据$\{\boldsymbol{x}, y\}$和 $\boldsymbol{w}$ 相关，而$\text{gradient}_{R(\boldsymbol{w})}$的计算公式只与 $\boldsymbol{w}$ 相关，与样本数据无关。因此，我们只需要扫描样本数据来计算$\text{gradient}_{L(\boldsymbol{w})}$即可。具体方法是在每个训练样例$\boldsymbol{X}_i = \{\boldsymbol{x}_i, y_i\}$上使用表 5.1 中的计算公式得到$\text{gradient}_{L(\boldsymbol{w})}^{(i)}$，然后将其相加：

$$\text{gradient}_{L(\boldsymbol{w})} = \frac{1}{n}\sum_{i=1}^{n}\text{gradient}_{L(\boldsymbol{w})}^{(i)}$$

最后，根据$\text{gradient}_{L(\boldsymbol{w})}$和 $\boldsymbol{w}$ 的计算公式对 $\boldsymbol{w}$ 进行更新，并检查是否收敛。

（4）如何并行化迭代过程？

上述的迭代步骤中，主要耗时在计算$\text{gradient}_{L(\boldsymbol{w})}$上，那么如何对其并行化？由于在每个样例$\boldsymbol{X}_i = \{\boldsymbol{x}_i, y_i\}$上计算$\text{gradient}_{L(\boldsymbol{w})}^{(i)}$是可以独立进行的，所以可以采用数据并行化方法，也就是让每个 task 计算一部分样本数据上的$\sum_{i=1}^{n_i}\text{gradient}_{L(\boldsymbol{w})}^{(i)}$，然后统一累加得到$\text{gradient}_{L(\boldsymbol{w})}$。如图 5.5 所示，map task 1 计算第 1 个分块数据上的$\sum_{i=1}^{n_i}\text{gradient}_{L(\boldsymbol{w})}^{(i)}$和损失程度等信息。接下来，如果采用 SparkLR 的方法在 Driver 端对所有梯度进行累加计算，容易导致 5.2.3 节所述的单点数据聚合瓶颈问题。为了解决这个问题，Spark 在实现广义线性模型时采用了优化版本的数据聚合方法，即利用 treeAggregate() 操作实现了分层树形聚合。如图 5.5 所示，每个 map task 计算完并输出一个分块上训练数据的$\sum_{i=1}^{n_i}\text{gradient}_{L(\boldsymbol{w})}^{(i)}$后，Spark 启动 reduce task 对各个 map task 输出的梯度进行两两聚合，然后在聚合后的结果上再进行两两聚合，直至剩余很少的中间聚合结果时，再在 Driver 端进行聚合累加。这样，可以减轻 Driver 端的负载，缺点是聚合操作的延时会有所增加。

（5）如何更新参数 $\boldsymbol{w}$ ？

Driver 端收集到所有 task 输出的梯度和损失等信息，将梯度进行累加得到$\text{gradient}_{L(\boldsymbol{w})}$，然后根据正则化项的梯度公式$\text{gradient}_{R(\boldsymbol{w})}$及 $\boldsymbol{w}$ 的更新公式来对 $\boldsymbol{w}$ 进行更新。这里也对损失进行了累加，目的是记录$f(\boldsymbol{w})$损失的变化过程，即迭代过程中训练误差的波动情况，用于后续的参数调优。在代码实现中，$\boldsymbol{w}$ 是一个可变的向量变量，类型为 DenseVector，采用 Double 数组实现，一直存放在 Driver 端的内存中。在每轮迭代开始时，Spark 将向量变量 $\boldsymbol{w}$ 进行序列化，并广播到每个 map task 中。

至此，我们讨论了广义线性模型的并行计算过程，这里，我们进一步讨论其物理执行计划的一些细节问题。

① 在每轮迭代开始前，Spark 将参数向量 ***w*** 的最新值广播到每个 map task（确切说是 task 所在的 Executor）中，然后每个 task 将其存放在本地内存中。如果 ***w*** 很大，则需要消耗大量内存空间。

② 使用 treeAggregate() 虽然可以解决 Driver 端单点数据聚合效率低下、内存不足等问题，但是会引入更多的 stage 和 task，而且随着 stage 增加，越靠下游的 stage，其可并行执行的 task 个数越小。这样，并行化程度不断降低将影响整体执行的效率。为了解决这个问题，Spark 默认将树的层数设为两层，这样可以避免太多的执行阶段。

③ 广义线性模型产生的 Shuffle 数据量很少。如图 5.5 所示，在广义线性模型的并行计算过程中，每个 map/reduce task 只输出一个 record（梯度的累加值）。Shuffle 阶段将这些 task 输出的 record 以 round-robin 的方式发送到下一阶段的 task。为了实现 round-robin 的分发方式，record 的 Key 被设计为 taskId 对下一阶段中 task 个数（p）的取模，record 的 Value 被设计为梯度的累加值。

④ Driver 端需要对 ***w*** 向量和 gradient 进行运算，如果训练数据的特征维度很高的话，则需要大量内存。

5.3.3　深入讨论

分布式机器学习是当前热门的研究领域。目前，基于 Spark 对机器学习进行并行化实现还存在不少问题。

（1）在 5.2.3 节中提到的大规模参数存储问题。

（2）计算同步问题：目前 Spark 迭代更新 ***w*** 参数的方法属于同步更新，即 Spark 需要等待所有的 map/reduce task 计算完成并得到最终的梯度后，再更新 ***w***。当一个 stage 中的 task 运行速度不一样时，需要等待慢的 task 完成后才能进行下一步计算，这样会导致计算延迟。对于一些大规模机器学习应用，其模型训练过程需要迭代上百轮，甚至上千轮，这个等待延迟就会很长。当某些 task 失败需要重启时，带来的计算延时更长。如果采用异步更新，即允许运行快的 task 使用还未更新的 ***w*** 进行下一轮计算，虽然可以加快计算速度，但是由于异步更新会使用旧的参数进行迭代计算，则会造成收敛速度慢等问题。为了平衡计算速度和收敛速度，一些学者提出了半异步更新协议 SSP[75]，该方法的核心思想是允许在一定时限内使用旧的参数进行计算，即参数“旧”的程度不能超过 m 轮。此方法可以在一定程度上缓解同步更新等待时延长和异步更新收敛速度慢的问题，然而还不能从根本上解决问题，更具体的细节可以参考相关论文 [74, 75]。

（3）task 的频繁启停问题：每轮迭代都需要启动和停止 task，如果迭代轮数太多，则也会带来比较长的延迟。一个可能的解决方案是采用 task 重用技术，即 task 一直运行，每接收到新的数据和请求，就立即开始计算来降低延迟。

5.4 迭代型图计算应用——PageRank

除了机器学习，另一种重要的迭代型 Spark 应用是图计算应用。图是计算机科学中常用的一种数据结构，能够有效地表达数据之间的复杂关联。现实世界中有很多数据都可以被抽象成图数据。例如，Web 网页链接、社交关系和商品交易中的商品、买家、卖家等都可以抽象成图中的顶点或边。在把现实问题抽象为图模型后，我们可以使用图算法来分析和挖掘图数据中包含的有用信息，如顶点度分布算法（Degree Distribution）能够计算各个顶点的度信息，可以用于分析哪些顶点与邻居顶点的联系多，哪些顶点与邻居顶点的联系少；三角形计数算法（Triangle Count）能够统计图中顶点所组成的三角形数目，可以用于检测图中的社区并衡量这些社区的凝聚力等；单源点最短路径（Single Source Shortest Path）算法能够求解每个顶点到图中其他顶点的最短路径，可以用于路径规划、物流、GPS 导航等；PageRank（PR）算法是重要的链接分析算法，可以用于评估图中哪些顶点比较重要，其最常见的应用是网页排序。在本节中，我们将以 PageRank 为例，分析如何设计和实现迭代型图计算应用，以及对其并行化。

5.4.1 应用描述

PageRank 可以被用于度量节点重要性，是网页排序的经典算法。在基于 PageRank 的网页排序中，一个节点（网站）被链接的次数越多，说明该节点越重要。例如，在图 5.6 中，节点 3 和节点 7 的入度比其他节点高，因此这两个节点的 rank 值比其他节点高。另外，被重要节点链接的次数越多，说明节点越重要。例如，在图 5.6 中，虽然节点 7 的入度比节点 3 的入度高，但节点 7 链接了节点 3，而节点 3 并没有链接节点 7。那么，节点 7 的一些流量会进入节点 3，导致节点 3 比节点 7 更重要。

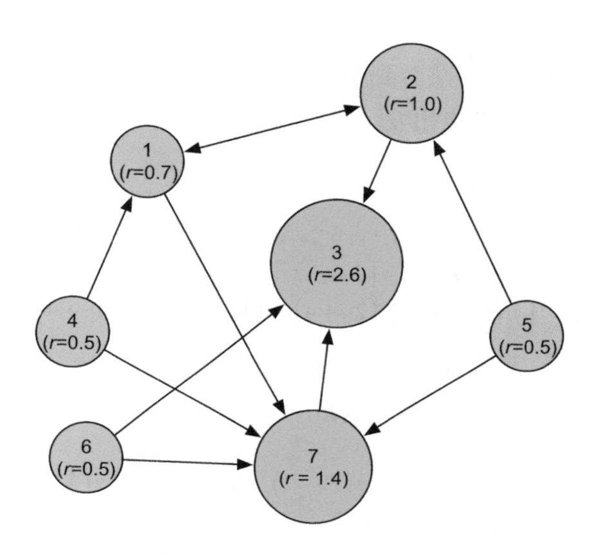

图 5.6　PageRank 算法示例，节点的 rank (r) 值越大节点越重要

以上示例是对于 PageRank 问题的直观描述，那么，从数学角度如何求解每个节点的 rank 值呢？这里，我们首先对 PageRank 问题进行数学建模。模型假定每个节点都有一个初始的 rank 值，如 1.0，如同每个网页当前都有 100 人在访问。然后，rank 值开始在每个节点沿着出边自由流动。例如，在第一轮迭代时，原本在节点 1 的 100 人可以自由选择访问节点 2 和节点 7，假定这两者比例分别为 50% 和 50%，那么节点 2 和节点 7 会接收到 1.0×50% = 0.5 的 rank 值。对于节点 7，还可能接收到节点 4、节点 5、节点 6 发来的 rank 值，此时节点 7 将接收到的所有 rank 值相加得到自己当前的 rank 值。同样的过程作用到所有节点，不断迭代下去，直至达到动态平衡，此时得到的每个节点的动态平衡值即 rank 值。

读者可能会注意到一个问题，在图 5.6 中有一些节点只有入边没有出边，如节点 3 有三条入边，但没有出边，代表不能从节点 3 跳转到其他节点。没有出边的节点被称为“悬挂节点”，因为没有出边，所以这样的“悬挂节点”最终会吸收所有的流量，导致动态平衡的破坏。解决这一问题的一种方法是在进入“悬挂节点”后，有一定概率是能随机跳转到其他节点，就像用户在浏览完某个页面之后，通过搜索引擎随机搜索和跳转到任意其他页面一样。例如，到达节点 3 后，可以假设有 15% 的概率能跳转到其他任意节点，有 85% 的概率按照出边进入邻居节点。

从数学角度来看，PageRank 模型可以用一个状态转移矩阵 $\boldsymbol{A}$ 和一个 rank 向量 $\boldsymbol{R}$ 来表示。假设一张图中一共有 4 个节点，那么根据出边和入边情况，我们可以建立一个状态转移矩阵 $\boldsymbol{A}$，其中 $\boldsymbol{A}_{ij}$ 表示从节点 i 跳转到节点 j 的概率。注意，该矩阵有一个特殊的性质是每一列加和为 1，表示从一个节点出发，跳转到本节点及其他节点的总概率为 1。

$$\boldsymbol{A}=\begin{bmatrix} p(1\to 1) & p(2\to 1) & p(3\to 1) & p(4\to 1) \\ p(1\to 2) & p(2\to 2) & p(3\to 2) & p(4\to 2) \\ p(1\to 3) & p(2\to 3) & p(3\to 3) & p(4\to 3) \\ p(1\to 4) & p(2\to 4) & p(3\to 4) & p(4\to 4) \end{bmatrix}$$

另外，我们用向量 $\boldsymbol{R}_j$ 表示第 j 轮迭代后每个节点的 rank 值。那么可以根据矩阵 $\boldsymbol{A}$ 和 $\boldsymbol{R}_j$ 来计算第 j+1 轮迭代后的 rank 值 $\boldsymbol{R}_{j+1}=\boldsymbol{A}\boldsymbol{R}_j$。

$$\boldsymbol{R}_{j+1}=\boldsymbol{A}\boldsymbol{R}_j=\begin{bmatrix} p(1\to 1) & p(2\to 1) & p(3\to 1) & p(4\to 1) \\ p(1\to 2) & p(2\to 2) & p(3\to 2) & p(4\to 2) \\ p(1\to 3) & p(2\to 3) & p(3\to 3) & p(4\to 3) \\ p(1\to 4) & p(2\to 4) & p(3\to 4) & p(4\to 4) \end{bmatrix}\begin{bmatrix} r_1^j \\ r_2^j \\ r_3^j \\ r_4^j \end{bmatrix}$$

在上述公式中，r_i^j表示节点 i 在第 j 轮迭代后的 rank 值。上述公式从直观上理解就是在第 j+1 轮时，每个节点 i 根据所收到的其他节点发送来的第 j 轮的 rank 值，以计算其新的 rank 值，即$r_i^{j+1}=p(1\to i)r_1^j+p(2\to i)r_2^j+p(3\to i)r_3^j+p(4\to i)r_4^j$。如果把 $\boldsymbol{R}_j$ 看作随迭代轮数不断变化的随机变量，那么这个 rank 值的计算过程可以被看作是一条马尔可夫链。由于状态转移矩阵 $\boldsymbol{A}$ 的特征值为 1，所以根据马尔可夫链的性质，随着迭代轮数不断增加，每个节点的 rank 值最终会收敛，即当 j 足够大时，$\boldsymbol{R}_{j+1}=\boldsymbol{A}\boldsymbol{R}_j=\boldsymbol{R}_j$且收敛结果与初始的 rank 值无关。更详细介绍可以参考论文 *PageRank*[83] 和论文解读 [84]。

从编程角度来说，PageRank 计算主要包含以下 3 个步骤。

① 初始化每个节点的 rank 值（如 1.0）。

② 将每个节点的 rank 值传递给其邻居节点。

③ 每个节点根据所有邻居发送来的 rank 值计算和更新自身的 rank 值。

不断重复和迭代上述后两个步骤，直至每个节点的 rank 值不再改变或者改变的值很小。

当图的规模很大时，图的存储和迭代计算代价将会很高，因此基于集群的并行化处理变得非常必要。接下来我们将讨论如何在 Spark 上实现 PageRank 算法的并行化。

5.4.2　基于 Spark 的并行化实现

如何对大规模图算法进行并行化处理是一个重要的研究问题，目前并行化的主要思想是将大图切分为多个子图，然后将这些子图分布到不同机器上进行并行计算，在必要时进行跨机器通信同步计算得出结果。学术界和工业界提出了多种将大图切分为子图的图划分方法 [85]，主要包含两种：边划分（Edge Cut）和点划分（Vertex Cut）。

1. 边划分

如图 5.7 所示，边划分是对图中某些边进行切分的，得到多个图分区，每个分区包含一部分节点、节点的入边和出边、节点的邻居（虚线表示）。具体在 Pregel 图计算框架 [86] 中，每个分区包含一些节点和节点的出边；在 GraphLab 图计算框架 [87] 中，每个分区包含一些节点、节点的出边和入边，以及这些节点的邻居节点。边划分的优点是可以保留节点的邻居信息，缺点是容易出现划分不均衡，如对于度很高的节点，其关联的边都被分到一个分区中，造成其他分区中的边可能很少。另外，如图 5.7 中最右边的图所示，边划分可能存在边冗余。

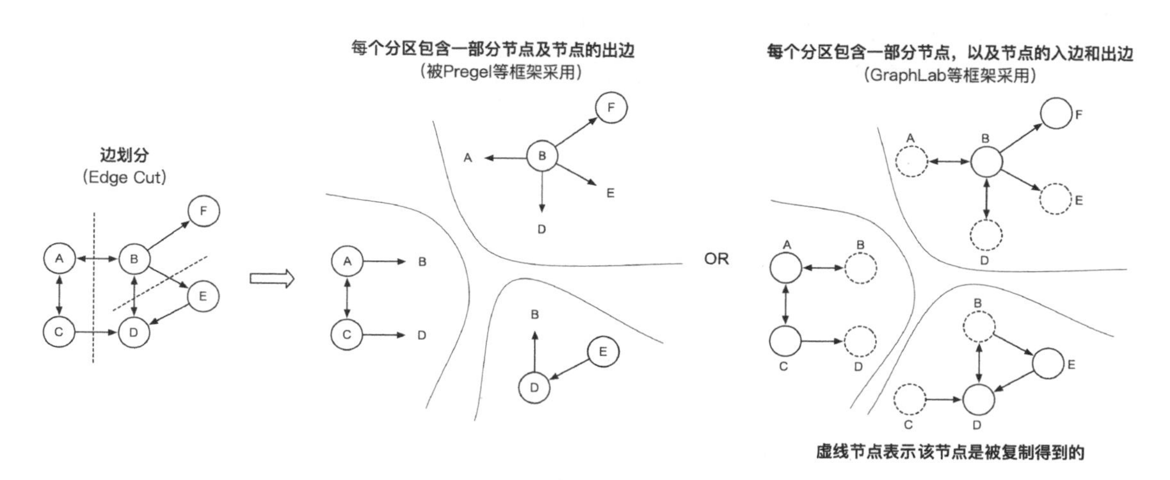

图 5.7　基于边划分的并行化方法，该图被划分为三个分区

2. 点划分

如图 5.8 所示，点划分是对图中某些点进行切分的，得到多个图分区，每个分区包含一部分边，以及与边相关联的节点。具体地，PowerGraph[88]、GraphX[15] 等框架采用点划分，被划分的节点存在多个分区中。点划分的优缺点与边划分的优缺点正好相反，可以将边较为平均地分配到不同机器中，但没有保留节点的邻居关系。

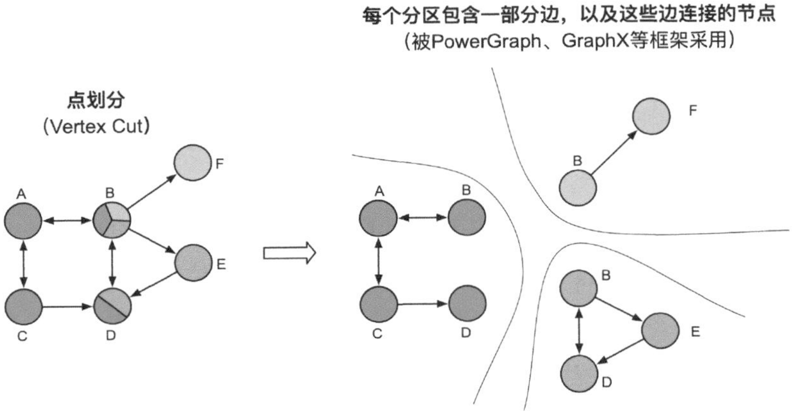

图 5.8　基于点划分的并行化方法，该图被划分为三个分区

总的来说，边划分将节点分布到不同机器中，而点划分将边分布到不同机器中。接下来要介绍的 Spark example 包中的 PageRank 使用的是类似 Pregel 的划分方式，而 GraphX 中的 PageRank 使用的方式是基于点划分的，实现更加复杂，读者可以参考相关代码进行理解。

PageRank 在 Spark 的简化版上被实现（SparkPageRank），简化版没有处理悬挂节点的问题。

```
val spark = SparkSession.builder.appName("SparkPageRank").getOrCreate()
// 假定需要迭代 10 轮
val iters = 10
// 读取输入图的每条边信息
val lines = spark.sparkContext.parallelize(Array[String](
  ("2 1"), ("4 1"), ("1 2"), ("6 3"), ("7 3"), ("7 6"), ("6 7"), ("3 7")
))
// 将图数据的每条边转化为顶点信息 <sourceId, destId>, 并进行缓存
val links = lines.map{ s =>
    val parts = s.split("\\s+")
```

```
    (parts(0), parts(1))
}.groupByKey().cache()
// 初始化每个顶点的 PageRank 值，默认为 1.0
var ranks = links.mapValues(V => 1.0)
// 迭代计算每个顶点的 PageRank 值
for (i <- 1 to iters) {
    // 使用 join() 得到每个顶点的 rank 值及该顶点的邻居节点，然后将该节点的 rank 值平均
    // 发送给其邻居节点
    val contribs = links.join(ranks).Values.flatMap{ case (urls, rank) =>
        val size = urls.size
        urls.map(url => (url, rank / size))
    }
    // 每个顶点收集邻居节点发送来的 rank 值，进行累加聚合计算后，得到更新后的 rank 值
    ranks = contribs.reduceByKey(_ + _).mapValues(0.15 + 0.85 * _)
    // 0.15 的解释：PageRank 论文中解释为保证每个节点有一个最小值 rank 值为 0.15
}
// 输出经过多轮迭代后的每个节点的 rank 值
val output = ranks.collect()
output.foreach(tup => println(s"${tup._1} has rank:  ${tup._2} ."))
```

通过上边的代码和示意图，我们介绍了基于 Spark 实现 PageRank 的基本过程，下面我们通过对关键问题进行分析来详细讨论具体的实现流程和原理。

（1）如何对图数据进行表示、存储及访问？

我们知道图的表示方式有多种：邻接矩阵、邻接表、边集合等。邻接矩阵主要在数学运算中使用，如 PageRank 计算公式中使用的状态转移矩阵 $\boldsymbol{A}$。直接使用邻接矩阵方式存储图需要 $O(n^2)$ 的存储空间，其中 n 为图中顶点的个数。这种表示和存储方式的缺点是当图很大时，需要消耗大量存储空间，而且容易出现稀疏问题，即邻接矩阵中大量元素为空。邻接表只存储边信息，可以降低图的存储空间，而且保存了每个顶点的邻居信息。很多图算法，如 PageRank，是基于邻居间的消息传播来进行迭代计算的，因此可以选择邻接表来存储图数据。具体方法是将边集合，也就是源节点和目标节点的 record<sourceId, destId> 集合，转化成邻接表 <sourceId, list(destId)>，实现过程中采用 groupByKey(sourceId) 对 <sourceId, destId> 集合进行聚合即可。如图 5.9 所示，在初始化（Initialization）阶段，对 Graph edges 进行 map() 和 groupByKey() 操作，得到邻接表 links: <sourceId, list(destId)>，同时将 links 缓存到内存中，便于后续每轮迭代计算使用。

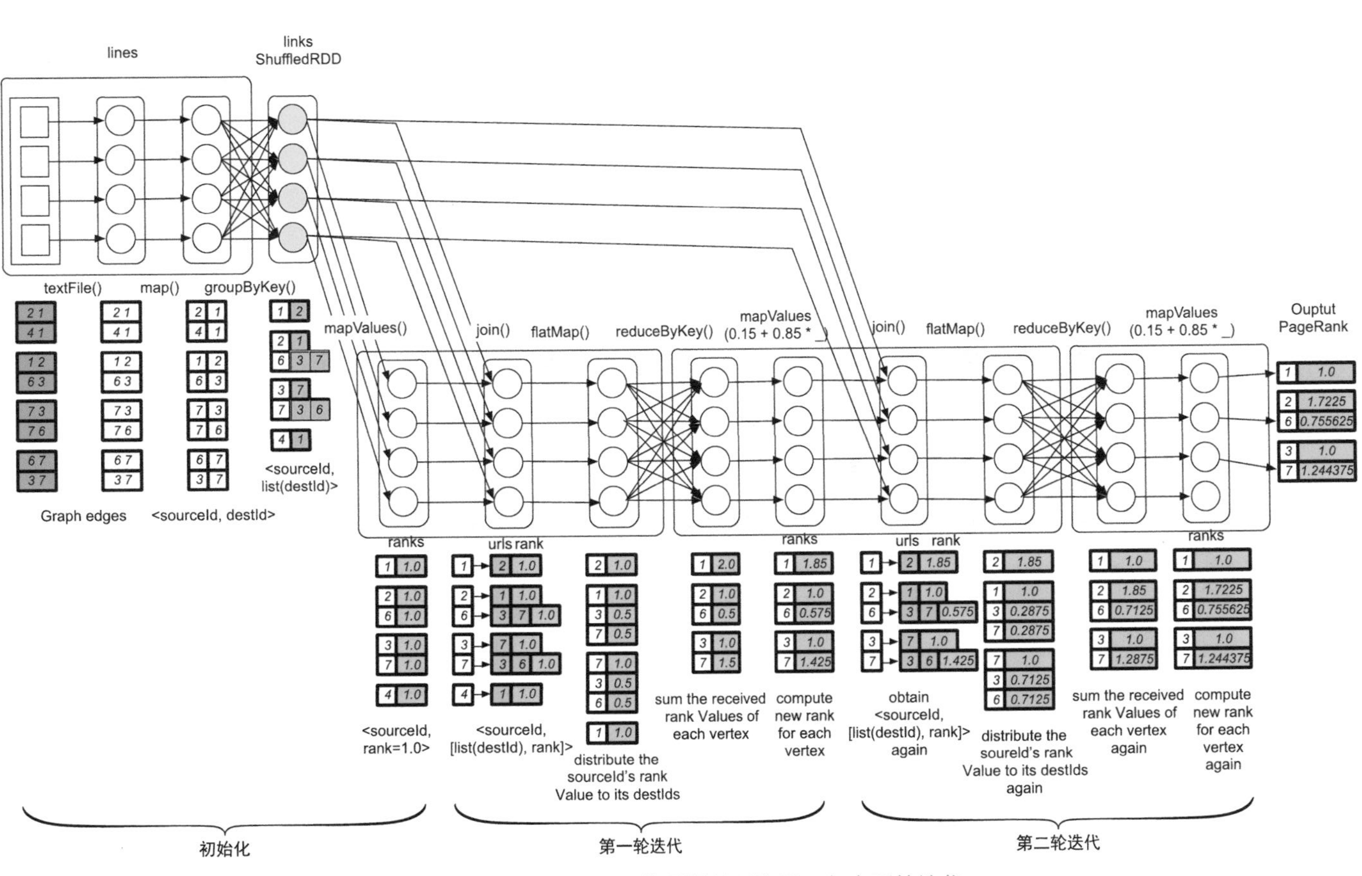

图 5.9 SparkPageRank 的逻辑处理流程，包含两轮迭代

本例中没有涉及边的权重信息，假如给定的图数据包含边的权重（weight）等信息，可以将 <sourceId, destId> 改为 <sourceId, (destId, weight)>，更多的表示方法可以参考 GraphX 中的图表示方法 [89]。

需要注意的是，虽然示例代码中直接包含了图的边数据，在实际应用中，原始图的 Graph edges 数据常常存放在 HDFS 上。Spark 在从 HDFS 上读取数据的时候，可以自动进行分区，这样每个 task 可以处理一部分数据，不同的 task 可以并行运行。

（2）如何对节点的 rank 值进行初始化？

在迭代计算之前，我们还需要对节点的 rank 值进行初始化。初始化过程可以分两步执行：第 1 步是获取输入图中包含的所有节点信息，如图 5.9 所示，可以执行对邻接表 <sourceId, list(destId)> 提取 Key 的操作来实现；第 2 步将每个 Key 对应的 Value 设置为 1.0，从而得到初始化的 ranks: <sourceId, rank = 1.0>。

（3）如何进行迭代计算？

PageRank 算法的迭代过程（逻辑处理流程）包含以下 3 个步骤，注意这里我们讨论 PageRank 简化版（SparkPageRank）的计算步骤，没有考虑悬挂节点的处理问题。

第 1 步是分发消息，将每个节点的 rank 值均分到其邻居节点，我们已经有邻接表 links: <sourceId,list(destId)> 和 rank 表 ranks: <sourceId,rank = 1.0>，接下来我们将两者进行 join()，可以得到 <sourceId,[list(destId),rank]>，然后算出邻居个数 *n*，直接输出 <destId, rank/*n*> 即可。直观上来说，就是节点向每个邻居节点发送了 rank/*n* 的权重信息。

第 2 步是收集消息，通过 Spark 的 Shuffle 阶段来收集每个节点接收到的邻居消息。具体地，通过 reduceByKey(sum) 操作，每个节点可以将其收到的 rank 权重信息聚合在一起，如在图 5.9 中（注意图 5.9 使用的输入图与图 5.6 不同），节点 7 收到节点 6 发来的 rank 信息 <7,0.5> 和节点 3 发来的 rank 信息 <7,1.0>，经过 reduceByKey() 后，得到 <7,0.5+1.0=1.5> 的 rank 信息，然而这个结果并不是节点 7 当前的 rank 值，还需要执行第 3 步。

第 3 步是对消息进行聚合计算，在第 2 步中已经计算了每个节点收到的 rank 权重之和，我们还需要进一步处理。这里使用 *PageRank* 论文中的计算公式 new rank = 0.15 + 0.85 × rank，目的是保证每个节点至少有 0.15 的 rank 值。由于本例是 PageRank 的简化版，所以并没有处理悬挂点问题，更标准的计算公式参考文献 [90]，也可以参考 GraphX 中 PageRank 的实现代码。

之后，不断重复迭代，也就是不断重复以上 3 个步骤，直至达到最大迭代轮数或收敛（每个节点的 rank 值变化很小）。本例是简化的 PageRank，只使用迭代轮数来控制。

（4）PageRank 形成的物理执行计划是什么样的？

我们需要结合图 5.9 和图 5.10 来分析，在初始化阶段，SparkPageRank 使用 groupByKey() 对图中的边进行聚合，该操作会形成一个 map stage（图 5.10 中的 stage 0）和一个 reduce stage（图 5.10 中的 stage 1）。在第一轮迭代（First iteration）时，我们首先对邻接表 links 和初始化的 ranks 进行 join() 操作。注意这里的 join() 不需要 Shuffle 阶段，因为 links 和 ranks 两个 RDD 都已经过相同的 Hash 划分且分区个数相同。在 join() 操作之后使用了 flatMap() 将 rank 值分发给邻居节点，这些操作由于不产生 Shuffle 阶段，因此和初始化阶段的 reduce stage 共用 stage 1。之后，SparkPageRank 使用 reduceByKey() 操作来收集 rank 值，因为 reduceByKey() 会产生 Shuffle 阶段，所以会产生一个新的 stage 2。在第二轮迭代（Second iteration）时，计算流程与第一轮一样，唯一需要注意的是迭代开始和结束的边界与图 5.10 中 stage 的边界并不相同，因为每次 join() 读取的是上一轮迭代的输出结果，所以这个读取过程与上一轮迭代的输出过程共用一个 stage。因为程序的整个计算过程中没有执行 action() 操作，只有程序的结尾处执行了 foreach() 操作，所以所有的 stage 都属于同一个 job。

并行化讨论：在 SparkPageRank 例子中先将边的集合聚合成邻接表，然后根据邻接表将 rank 值分发给邻居节点。该邻接表（links: ShuffledRDD）中的每个分区包含一部分节点及其出边到达的邻居节点，这种划分方式类似图 5.7 中 Pregel 的边划分方式。该方式存在的问题是如果某些节点包含的邻居过多，则会出现划分不平衡的问题，导致某些任务计算延迟。采用点化分方式的 PageRank 可以参考 GraphX 或者 PowerGraph 中的 PageRank 实现代码。

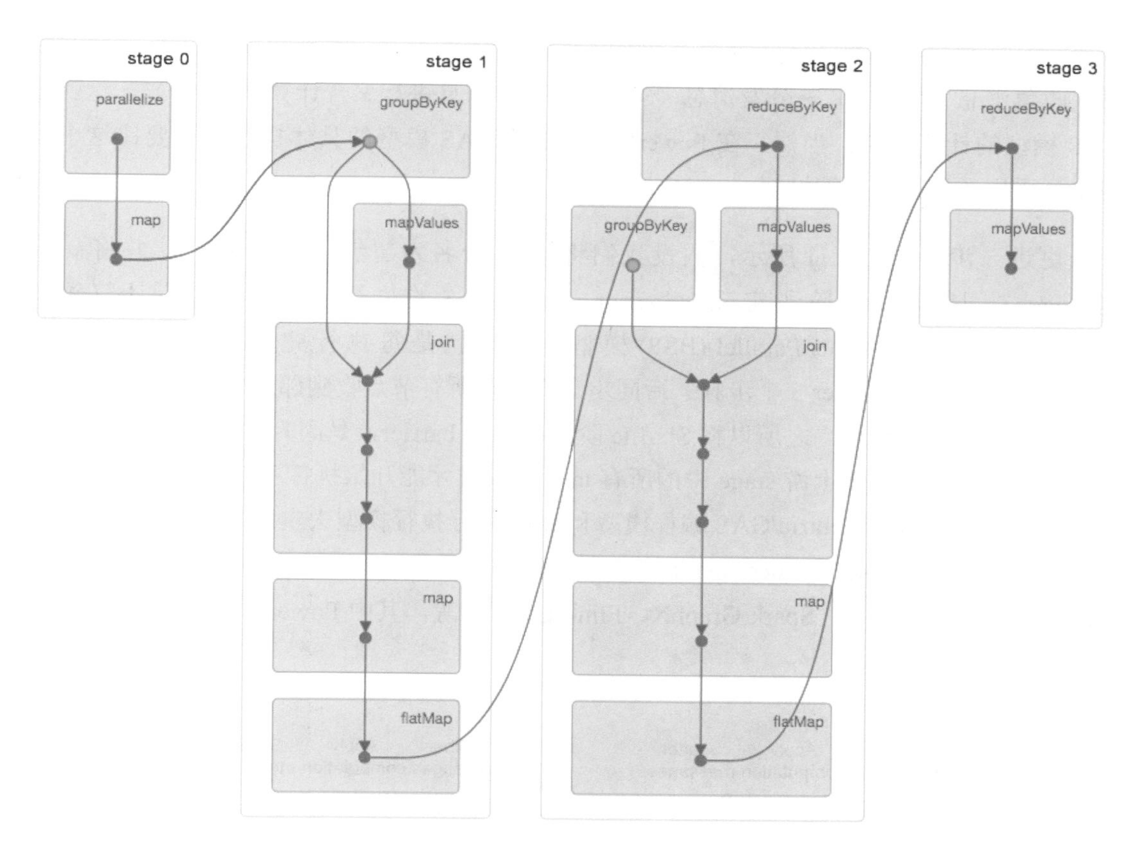

图 5.10　SparkPageRank 形成的物理执行计划，包含两轮迭代

5.4.3　深入讨论

图计算的编程模型：对于图算法开发者来说，如何将单机的图算法进行并行化以支持大规模图的实现是一个难题。为了解决这个问题，系统研究人员设计了多种编程模型来辅助图算法的并行化实现，包括以顶点为中心（Vertex-Centric）和以边为中心（Edge-Centric）[91] 的编程模型等，而最为常用的是以顶点为中心的（Vertex-Centric）编程模型，如 PowerGraph 系统 [88,92] 中采用的 Gather-Apply-Scatter (GAS) 编程模型等。

在介绍 GAS 模型前，我们先回顾一下 PageRank 在 Spark 上实现时每轮迭代需要执行的 3 个步骤：第 1 步是分发消息（Scatter）阶段，即将节点状态分发给邻居节点；第 2 步是收集消息（Gather），即通过 Shuffle 阶段来收集每个节点需要接收到的邻居消息；第 3

步是对消息进行聚合计算（Apply），根据收到的邻居消息来更新各个节点状态。如果从物理执行计划（stage 的角度）来看，如图 5.9 和图 5.10 所示，每个 stage 都执行了 3 个步骤：收集消息（Gather）→分发消息（Scatter）→对消息进行聚合计算（Apply），这就是 GAS 模型的计算步骤。当然，在 PowerGraph 中的 GAS 模型的具体执行过程要比这个更复杂，采用了异步执行等机制。

更进一步，如图 5.11 所示，假设我们将 stage 命名为超步（superstep），并将 stage 与 stage 之间的 Shuffle 阶段定义为 barrier，那么 GAS 的执行流程符合并行计算领域经典的 Bulk Synchronous Parallel (BSP) 模型 [93]，也就是每执行完一个超步（这里是 Gather → Apply → Scatter 3 个步骤）后同步一次，即所有节点收到邻居节点传播来的消息后，再执行下一个超步。之所以将 Shuffle 阶段抽象为 barrier，是因为 Shuffle 阶段是 stage 的分界线，而且只有当上游 stage 中的所有 task 完成时才能开始执行下游 stage。算法开发人员可以使用 Vertex-Centric/GAS 编程模型和 BSP 并行执行模型去实现并行化的图算法，而不用直接去接触 MapReduce/Spark 的基本操作。实现了 Vertex-Centric 的图计算框架包括 Pregel、PowerGraph、Spark GraphX、Flink Gelly[94] 等，其中 PowerGraph 采用了异步执行机制，效率更高。

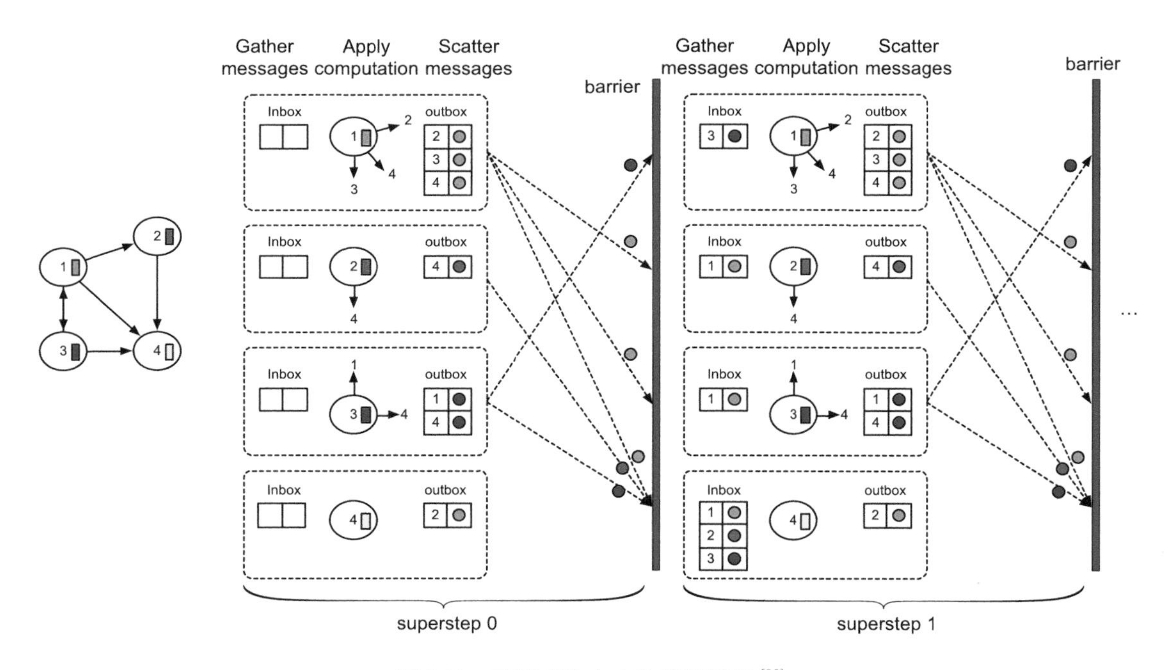

图 5.11 以顶点为中心的编程模型 [95]

5.5　本章小结

分布式机器学习和分布式图计算是两个非常热门的研究方向，在现实世界中也有非常广泛的应用。本章主要从算法和系统层面讨论了典型的迭代型机器学习应用和迭代型图计算应用在 Spark 上的设计与实现。迭代型应用非常复杂，为了深入探讨这些应用，我们不仅讨论了算法原理，也讨论了并行计算模型、逻辑处理流程、物理执行计划、性能调优等。在讨论中涉及了 Spark 的一些特性，如数据缓存，主要关于应该对哪些数据进行数据缓存、如何进行缓存等。在本书的第 7 章中，我们将详细介绍 Spark 的数据缓存机制。

第四部分

大数据处理框架
性能和可靠性保障机制

第 6 章 Shuffle 机制

本章首先介绍 Shuffle 的意义及设计挑战，然后介绍 Shuffle 的设计思想、Spark 中 Shuffle 框架的设计，以及支持高效聚合和排序的数据结构。最后，与 Hadoop MapReduce 的 Shuffle 机制对比。

6.1 Shuffle 的意义及设计挑战

第 4 章介绍了 Spark 如何将应用的逻辑处理流程转化为物理执行计划，也介绍了如何执行计算任务（task），但是没有详细讨论上游和下游 stage 之间是如何传递数据的，即运行在不同 stage、不同节点上的 task 间如何进行数据传递。这个数据传递过程通常被称为 Shuffle 机制。Shuffle 解决的问题是如何将数据重新组织，使其能够在上游和下游 task 之间进行传递和计算。如果是单纯的数据传递，则只需要将数据进行分区、通过网络传输即可，没有太大难度，但 Shuffle 机制还需要进行各种类型的计算（如聚合、排序），而且数据量一般会很大。如何支持这些不同类型的计算，如何提高 Shuffle 的性能都是 Shuffle 机制设计的难点问题。

如图 6.1 所示，我们通过观察包含 ShuffleDependency 的典型数据操作会发现，Shuffle 的设计和实现需要面对多个挑战。

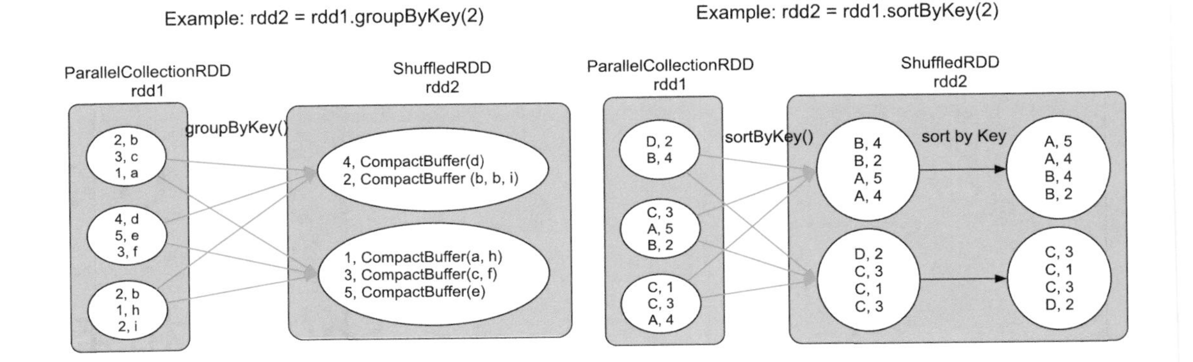

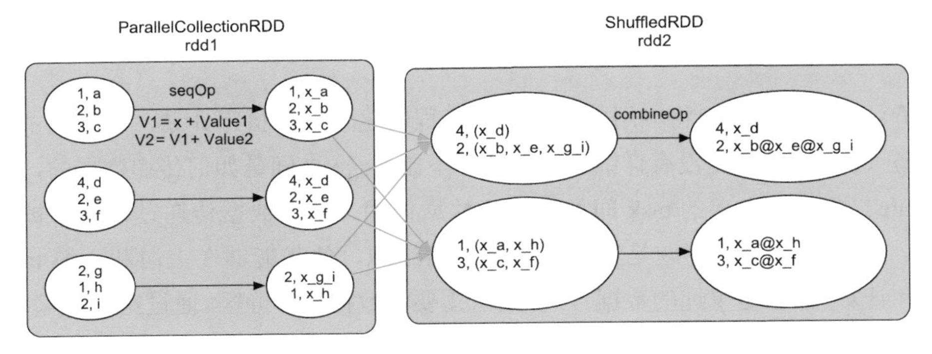

图 6.1　包含 ShuffleDependency 的典型数据操作的逻辑处理流程

（1）计算的多样性：Shuffle 机制分为 Shuffle Write 和 Shuffle Read 两个阶段，前者主要解决上游 stage 输出数据的分区问题，后者主要解决下游 stage 从上游 stage 获取数据、重新组织、并为后续操作提供数据的问题。如图 6.1 所示，在进行 Shuffle Write/Read 时，有些操作需要对数据进行一定的计算。例如，有些操作需要进行聚合，groupByKey() 需要将 Shuffle Read 的 <K,V> record 聚合为 <K,list(V)> record，如图 6.1 所示第 1 个图中的

<K,CompactBuffer(V)>，Spark 采用 CompactBuffer 来实现 list。有些操作需要进行 combine()，如 reduceByKey() 需要在 Shuffle Write 端进行 combine()。有些操作需要进行排序，如 sortByKey() 需要对 Shuffle Read 的数据按照 Key 进行排序。那么，如何建立一个统一的 Shuffle 框架来支持这些操作呢？如何根据不同数据操作的特点，灵活地构建 Shuffle Write/Read 过程呢？如何确定聚合函数、数据分区、数据排序的执行顺序呢？

（2）计算的耦合性：如图 6.1 所示，有些操作包含用户自定义聚合函数，如 aggregateByKey(seqOp, combOp) 中的 seqOp 和 combOp，以及 reduceByKey(func) 中的 func，这些函数的计算过程和数据的 Shuffle Write/Read 过程耦合在一起。例如，aggregateByKey(seqOp, combOp) 在 Shuffle Write 数据时需要调用 seqOp 来进行 combine()，在 Shuffle Read 数据时需要调用 combOp 来对数据进行聚合。对于 Shuffle Read 数据需要聚合的情况，具体在什么时候调用这些聚合函数呢？是先读取数据再进行聚合，还是边读取数据边进行聚合呢？

（3）中间数据存储问题：在 Shuffle 机制中需要对数据进行重新组织（分区、聚合、排序等），也需要进行一些计算（执行聚合函数），那么在 Shuffle Write/Read 过程中的中间数据如何表示？如何组织？如何存放？如果 Shuffle 的数据量太大，那么内存无法存下怎么办？

上述问题使得 Shuffle 机制的设计和实现要考虑得非常全面，事实上，很难设计出一个完美方案来解决上述所有问题。下面我们讨论一些解决上述问题可能的方法，以及 Spark 采用的实现方法。

6.2　Shuffle 的设计思想

现在我们切换到 Spark 设计者视角，思考如何解决 Shuffle 机制的技术问题。我们先从简单的问题着手，一步步优化我们的设计。为了方便讨论，本章主要讨论包含一个 ShuffleDependency 的数据操作，其 Shuffle 解决方案可以直接推广到包含多个 ShuffleDependency 的情况，如 join()，即 join() 中的每个 ShuffleDependency 可以复用单个 ShuffleDependency 的解决方案。

为了方便讨论，在单个 ShuffleDependency 情况下，我们将上游的 stage 称为 map

stage，将下游 stage 称为 reduce stage。相应地，map stage 包含多个 map task，reduce stage 包含多个 reduce task。

6.2.1 解决数据分区和数据聚合问题

解决 Shuffle 机制中最基础的两个问题：数据分区问题和数据聚合问题。

（1）数据分区问题：该问题针对 Shuffle Write 阶段。如何对 map task 输出结果进行分区，使得 reduce task 可以通过网络获取相应的数据？

数据分区问题解决方案：该问题包含两个子问题。第 1 个问题是如何确定分区个数？分区个数与下游 stage 的 task 个数一致。在第 4 章中讨论过，分区个数可以由用户自定义，如 groupByKey(numPartitions) 中的 numPartitions 一般被定义为集群中可用 CPU 个数的 1～2 倍，即将每个 map task 的输出数据划分为 numPartitions 份，相应地，在 reduce stage 中启动 numPartitions 个 task 来获取并处理这些数据。如果用户没有定义，则默认分区个数是 parent RDD 的分区个数的最大值 [96]。如图 6.2 的左图所示，在没有定义 join(numPartitions) 中的分区个数 numPartitions 的情况下，取两个 parent RDD 的分区的最大值为 2。第 2 个问题是如何对 map task 输出数据进行分区？解决方法是对 map task 输出的每一个 <K,V> record，根据 Key 计算其 partitionId，具有不同 partitionId 的 record 被输出到不同的分区（文件）中。如图 6.2 的右图所示，下游 stage 中只有两个 task，分区个数为 2。map task 需要将其输出数据分为两份，方法是让 map() 操作计算每个输出 record 的 partitionId = Hash(Key)%2，根据 partitionId 将 record 直接输出到不同分区中。这种方法非常简单，容易实现，但不支持 Shuffle Write 端的 combine() 操作。

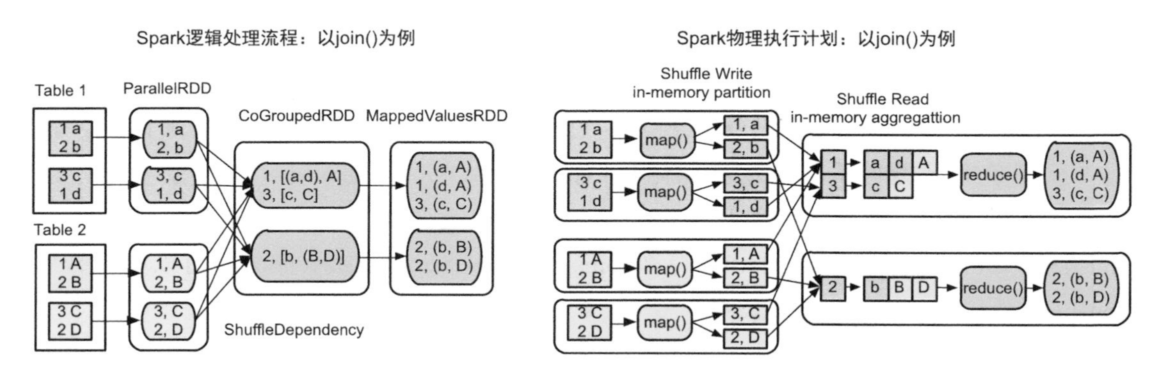

图 6.2 join() 的逻辑处理流程与 Shuffle Write/Read 过程

（2）数据聚合问题：该问题针对 Shuffle Read 阶段，即如何获取上游不同 task 的输出数据并按照 Key 进行聚合呢？如 groupByKey() 中需要将不同 task 获取到的 <K,V> record 聚合为 <K,list(V)>（实现时为 <K,CompactBuffer(V)>），reduceByKey() 将 <K,V> record 聚合为 <K,func(list(V))>。

数据聚合问题解决方案：数据聚合的本质是将相同 Key 的 record 放在一起，并进行必要的计算，这个过程可以利用 C++/Java 语言中的 HashMap 实现。方法是使用两步聚合（two-phase aggregation），先将不同 tasks 获取到的 <K,V> record 存放到 HashMap 中，HashMap 中的 Key 是 K, Value 是 list(V)。然后，对于 HashMap 中每一个 <K,list(V)> record，使用 func 计算得到 <K,func(list(V))> record。如图 6.2 的右图所示，join() 在 Shuffle Read 阶段将来自不同 task 的数据以 HashMap 方式聚合在一起，由于 join() 没有聚合函数，将 record 按 Key 聚合后直接执行下一步操作，使用 cartesian() 计算笛卡儿积。而对于 reduceByKey(func) 来说，需要进一步使用 func() 对相同 Key 的 record 进行聚合。如图 6.3 的左图所示，两步聚合的第 1 步是将 record 存放到 HashMap 中，第 2 步是使用 func()（此处是 sum()）函数对 list(V) 进行计算，得到最终结果。

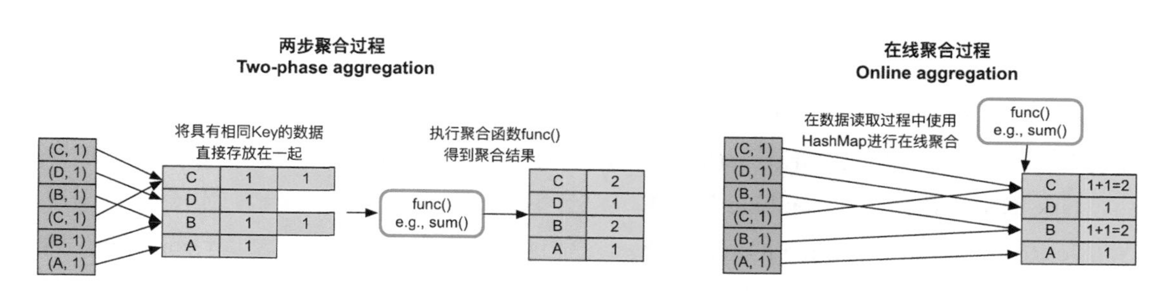

图 6.3　两步聚合和在线聚合的区别

两步聚合方案的优点是可以解决数据聚合问题，逻辑清晰、容易实现，缺点是所有 Shuffle 的 record 都会先被存放在 HashMap 中，占用内存空间较大。另外，对于包含聚合函数的操作，如 reduceByKey(func)，需要先将数据聚合到 HashMap 中以后再执行 func() 聚合函数，效率较低。

优化方案：对于 reduceByKey(func) 等包含聚合函数的操作来说，我们可以采用一种在线聚合（Online aggregation）的方法来减少内存空间占用。如图 6.3 的右图所示，该方案在每个 record 加入 HashMap 时，同时进行 func() 聚合操作，并更新相应的聚合结果。具体地，对于每一个新来的 <K,V> record，首先从 HashMap 中 get 出已经存在的结果 V′=

HashMap.get(K)，然后执行聚合函数得到新的中间结果 V″ = func(V,V′)，最后将 V″ 写入 HashMap 中，即 HashMap.put(K,V″)。一般来说，聚合函数的执行结果会小于原始数据规模，即 Size(func(list(V))) < Size(list(V))，如 sum()、max() 等，所以在线聚合可以减少内存消耗。在线聚合将 Shuffle Read 和聚合函数计算耦合在一起，可以加速计算。但是，对于不包含聚合函数的操作，如 groupByKey() 等，在线聚合和两步聚合没有差别，因为这些操作不包含聚合函数，无法减少中间数据规模。

6.2.2 解决 map() 端 combine 问题

有了基本的 Shuffle Write 端数据分区功能和 Shuffle Read 端数据聚合功能以后，我们开始完善方案，首先考虑如何支持 Shuffle Write 端的 combine 功能。

需要进行 combine 操作：进行 combine 操作的目的是减少 Shuffle 的数据量，根据第 3 章的分析，只有包含聚合函数的数据操作需要进行 map() 端的 combine，具体包括 reduceByKey()、foldByKey()、aggregateByKey()、combineByKey()、distinct() 等。对于不包含聚合函数的操作，如 groupByKey()，我们即使进行了 combine 操作，也不能减少中间数据的规模。

combine 解决方案：从本质上讲，combine 和 Shuffle Read 端的聚合过程没有区别，都是将 <K,V> record 聚合成 <K,func(list(V))>，不同的是，Shuffle Read 端聚合的是来自所有 map task 输出的数据，而 combine 聚合的是来自单一 task 输出的数据。因此仍然可以采用 Shuffle Read 端基于 HashMap 的解决方案。具体地，首先利用 HashMap 进行 combine，然后对 HashMap 中每一个 record 进行分区，输出到对应的分区文件中。

6.2.3 解决 sort 问题

支持了 Shuffle Write 端的 combine 功能后，我们还要考虑如何支持数据排序功能。有些操作如 sortByKey()、sortBy() 需要将数据按照 Key 进行排序，那么如何在 Shuffle 机制中完成排序呢？该问题包含以下两个子问题。

（1）在哪里执行 sort？

首先，在 Shuffle Read 端必须执行 sort，因为从每个 task 获取的数据组合起来以后不是全局按 Key 进行排序的。其次，理论上，在 Shuffle Write 端不需要排序，但如果进行了排序，那么 Shuffle Read 获取到（来自不同 task）的数据是已经部分有序的数据，可以减少 Shuffle Read 端排序的复杂度。

（2）何时进行排序，即如何确定排序和聚合的顺序？

第 1 种方案是先排序再聚合，这种方案需要先使用线性数据结构如 Array，存储 Shuffle Read 的 <K,V> record，然后对 Key 进行排序，排序后的数据可以直接从前到后进行扫描聚合，不需要再使用 HashMap 进行 hash-based 聚合。这种方案也是 Hadoop MapReduce 采用的方案，方案优点是既可以满足排序要求又可以满足聚合要求；缺点是需要较大内存空间来存储线性数据结构，同时排序和聚合过程不能同时进行，即不能使用在线聚合，效率较低。

第 2 种方案是排序和聚合同时进行，我们可以使用带有排序功能的 Map，如 TreeMap 来对中间数据进行聚合，每次 Shuffle Read 获取到一个 record，就将其放入 TreeMap 中与现有的 record 进行聚合，过程与 HashMap 类似，只是 TreeMap 自带排序功能。这种方案的优点是排序和聚合可以同时进行；缺点是相比 HashMap，TreeMap 的排序复杂度较高，TreeMap 的插入时间复杂度是 $O(n\log n)$，而且需要不断调整树的结构，不适合数据规模非常大的情况。

第 3 种方案是先聚合再排序，即维持现有基于 HashMap 的聚合方案不变，将 HashMap 中的 record 或 record 的引用放入线性数据结构中进行排序。这种方案的优点是聚合和排序过程独立，灵活性较高，而且之前的在线聚合方案不需要改动；缺点是需要复制（copy）数据或引用，空间占用较大。Spark 选择的是第 3 种方案，设计了特殊的 HashMap 来高效完成先聚合再排序的任务，这会在 6.4 节中详细介绍。

6.2.4 解决内存不足问题

上述方案已经解决了 Shuffle 机制中的分区和计算问题，但还有一个性能问题：Shuffle 数据量过大导致内存放不下怎么办？由于我们使用 HashMap 对数据进行 combine 和聚合，在数据量大的时候，会出现内存溢出。这个问题既可能出现在 Shuffle Write 阶段，又可能出现在 Shuffle Read 阶段。

解决方案：使用内存＋磁盘混合存储方案。先在内存（如 HashMap）中进行数据聚合，如果内存空间不足，则将内存中的数据 spill 到磁盘上，此时空闲出来的内存可以继续处理新的数据。此过程可以不断重复，直到数据处理完成。然而，问题是 spill 到磁盘上的数据实际上是部分聚合的结果，并没有和后续的数据进行过聚合。因此，为了得到完整的聚合结果，我们需要在进行下一步数据操作之前对磁盘上和内存中的数据进行再次聚合，这个过程我们称为“全局聚合”。为了加速全局聚合，我们需要将数据 spill 到磁盘上时进行排序，这样全局聚合才能够按顺序读取 spill 到磁盘上的数据，并减少磁盘 I/O。具体做法将在后面详细描述。

6.3 Spark 中 Shuffle 框架的设计

6.2 节我们介绍了解决 Shuffle 机制中数据分区、聚合、排序和内存不足问题的核心思想和方法，但是如何将这些方法融合到一个统一的 Shuffle 框架中，使得 Spark 可以根据不同数据操作的特点，灵活构建合适的 Shuffle 机制？本节我们将介绍 Spark 构建 Shuffle 框架的主要方法。

在 Shuffle 机制中 Spark 典型数据操作的计算需求如表 6.1 所示。

表 6.1 在 Shuffle 机制中 Spark 典型数据操作的计算需求

包含 ShuffleDependency 的操作	Shuffle Write 端 combine	Shuffle Write 端按 Key 排序	Shuffle Read 端 combine	Shuffle Read 端按 Key 排序
partitionBy()	×	×	×	×
groupByKey(), cogroup(), join(), coalesce(), intersection(), subtract(), subtractByKey()	×	×	√	×
reduceByKey(), aggregateByKey(), combineByKey(), foldByKey(), distinct()	√	×	√	×
sortByKey(), sortBy(), repartitionAndSortWithinPartitions()	×	×	×	√
未来系统可能支持的或者用户自定义的数据操作	√	√	√	√

通过表 6.1 分析可以知道，在 Shuffle Write 端，目前只支持 combine 功能，并不支持按 Key 排序功能。当然，未来有些数据操作可能同时需要这两个功能，所以，Shuffle 框

架还是需要支持全部的功能。下面我们讨论 Spark 设计和实现的 Shuffle Write/Read 框架。

6.3.1 Shuffle Write 框架设计和实现

在 Shuffle Write 阶段，数据操作需要分区、聚合和排序 3 个功能，但如表 6.1 所示，每个数据操作只需要其中的一个或两个功能。Spark 为了支持所有的情况，设计了一个通用的 Shuffle Write 框架，框架的计算顺序为“map() 输出→数据聚合→排序→分区”输出。

如图 6.4 所示，map task 每计算出一个 record 及其 partitionId，就将 record 放入类似 HashMap 的数据结构中进行聚合；聚合完成后，再将 HashMap 中的数据放入类似 Array 的数据结构中进行排序，既可按照 partitionId，也可以按照 partitionId+Key 进行排序；最后根据 partitionId 将数据写入不同的数据分区中，存放到本地磁盘上。其中，聚合（aggregate，即 combine）和排序（sort）过程是可选的，如果数据操作不需要聚合或者排序，那么可以去掉相应的聚合或排序过程。

在实现过程中，Spark 对不同的情况进行了分类，以及针对性的优化调整，形成了不同的 Shuffle Write 方式。下面我们介绍在 Shuffle Write 框架下，Spark 如何针对不同情况构建最适合的 Shuffle Write 方式。

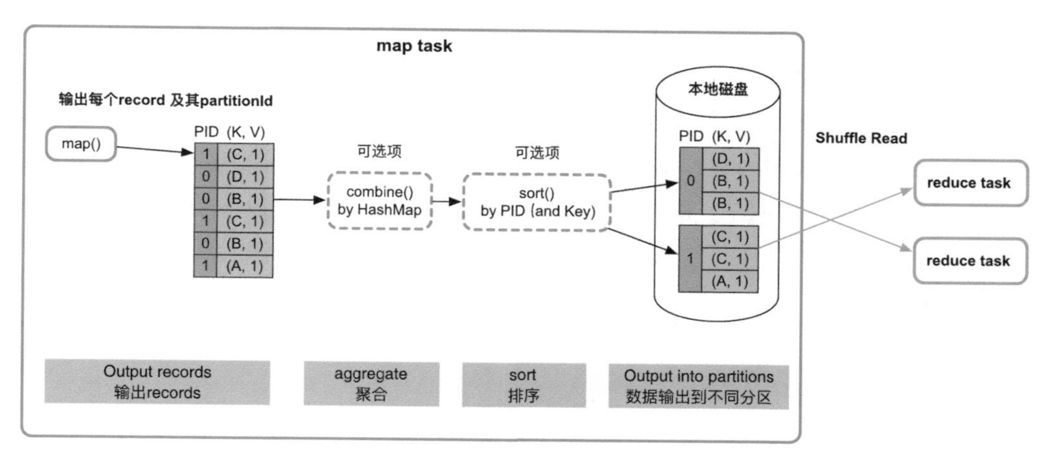

图 6.4 通用的 Shuffle Write 框架（包含“map() 输出→数据聚合排序→分区输出”的过程）

（1）不需要 map() 端聚合（combine）和排序。

这种情况最简单，只需要实现分区功能。如图 6.5 所示，map() 依次输出 <K,V>

record，并计算其 partitionId（PID），Spark 根据 partitionId，将 record 依次输出到不同的 buffer 中，每当 buffer 填满就将 record 溢写到磁盘上的分区文件中。分配 buffer 的原因是 map() 输出 record 的速度很快，需要进行缓冲来减少磁盘 I/O。在实现代码中，Spark 将这种 Shuffle Write 方式称为 BypassMergeSortShuffleWriter，即不需要进行排序的 Shuffle Write 方式。

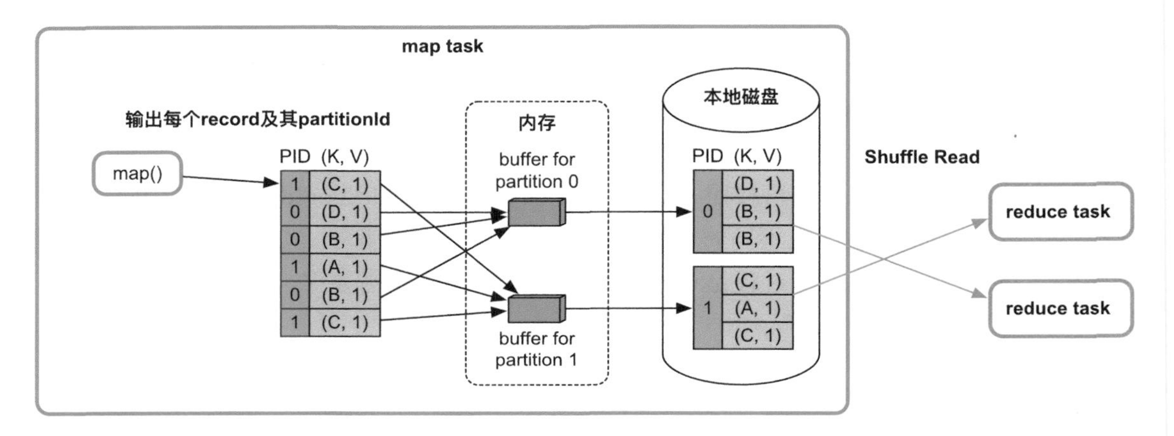

图 6.5　不需要 map() 端聚合（combine）和排序的 Shuffle Write 流程（BypassMergeSortShuffleWriter）

该模式的优缺点：优点是速度快，直接将 record 输出到不同的分区文件中。缺点是资源消耗过高，每个分区都需要一个 buffer（大小由 spark.Shuffle.file.buffer 控制，默认为 32KB），且同时需要建立多个分区文件进行溢写。当分区个数太大，如 10 000 时，每个 map task 需要约 320MB 的内存，会造成内存消耗过大，而且每个 task 需要同时建立和打开 10 000 个文件，造成资源不足。因此，该 Shuffle 方案适合分区个数较少的情况（< 200）。

该模式适用的操作类型：map() 端不需要聚合（combine）、Key 不需要排序且分区个数较少（<= spark.Shuffle.sort.bypassMergeThreshold，默认值为 200）。例如，groupByKey(100), partitionBy(100), sortByKey(100) 等。

（2）不需要 map() 端聚合（combine），但需要排序。

在这种情况下需要按照 partitionId+Key 进行排序。如图 6.6 所示，Spark 采用的实现方法是建立一个 Array（图 6.6 中的 PartitionedPairBuffer）来存放 map() 输出的 record，并对 Array 中元素的 Key 进行精心设计，将每个 <K,V> record 转化为 <(PID,K),V> record 存储;

然后按照 partitionId + Key 对 record 进行排序；最后将所有 record 写入一个文件中，通过建立索引来标示每个分区。

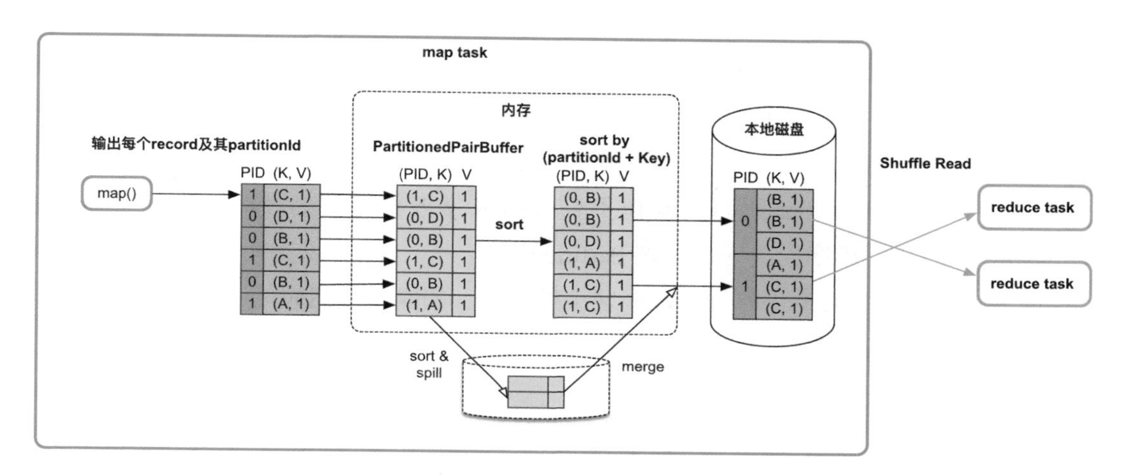

图 6.6　不需要 map() 端聚合（combine），但需要排序的 Shuffle Write 流程设计（SortShuffleWriter）

如果 Array 存放不下，则会先扩容，如果还存放不下，就将 Array 中的 record 排序后 spill 到磁盘上，等待 map() 输出完以后，再将 Array 中的 record 与磁盘上已排序的 record 进行全局排序，得到最终有序的 record，并写入文件中。

该 Shuffle 模式被命名为 SortShuffleWriter(KeyOrdering=true)，使用的 Array 被命名为 PartitionedPairBuffer。

该 Shuffle 模式的优缺点：优点是只需要一个 Array 结构就可以支持按照 partitionId+Key 进行排序，Array 大小可控，而且具有扩容和 spill 到磁盘上的功能，支持从小规模到大规模数据的排序。同时，输出的数据已经按照 partitionId 进行排序，因此只需要一个分区文件存储，即可标示不同的分区数据，克服了 BypassMergeSortShuffleWriter 中建立文件数过多的问题，适用于分区个数很大的情况。缺点是排序增加计算时延。

该 Shuffle 模式适用的操作：map() 端不需要聚合（combine）、Key 需要排序、分区个数无限制。目前，Spark 本身没有提供这种排序类型的数据操作，但不排除用户会自定义，或者系统未来会提供这种类型的操作。sortByKey() 操作虽然需要按 Key 进行排序，但这个排序过程在 Shuffle Read 端完成即可，不需要在 Shuffle Write 端进行排序。

另外，回想上一个 BypassMergeSortShuffleWriter 模式的缺点是，分区个数一旦过多（>200），就会出现 buffer 过大、建立和打开的文件数过多的问题。在这种情况下，应该采用什么样的 Shuffle 模式呢？

我们刚才分析了 SortShuffleWriter 的优点是只需要分配一个 Array，大小可控，同时只输出一个文件就可以标示出不同的分区，可以用于解决 BypassMergeSortShuffleWriter 存在的 buffer 分配过多的问题。唯一缺点是，需要按 PartitionId+Key 进行排序，而 BypassMergeSortShuffleWriter 面向的操作不需要按 Key 进行排序。因此，我们只需要将“按 PartitionId+Key 排序”改为“只按 PartitionId 排序”，就可以支持“不需要 map() 端 combine、不需要按照 Key 进行排序，分区个数过大”的操作。例如，groupByKey(300)、partitionBy(300)、sortByKey(300)。

（3）需要 map() 端聚合（combine），需要或者不需要按 Key 进行排序。

在这种情况下，需要实现按 Key 进行聚合（combine）的功能。如图 6.7 的上图所示，Spark 采用的实现方法是建立一个类似 HashMap 的数据结构对 map() 输出的 record 进行聚合。HashMap 中的 Key 是“partitionId+Key”，HashMap 中的 Value 是经过相同 combine 的聚合结果。在图 6.7 中，combine() 是 sum() 函数，那么 Value 中存放的是多个 record 对应的 Value 相加的结果。聚合完成后，Spark 对 HashMap 中的 record 进行排序。如果不需要按 Key 进行排序，如图 6.7 的上图所示，那么只按 partitionId 进行排序；如果需要按 Key 进行排序，如图 6.7 的下图所示，那么按 partitionId+Key 进行排序。最后，将排序后的 record 写入一个分区文件中。

如果 HashMap 存放不下，则会先扩容为两倍大小，如果还存放不下，就将 HashMap 中的 record 排序后 spill 到磁盘上。此时，HashMap 被清空，可以继续对 map() 输出的 record 进行聚合，如果内存再次不够用，那么继续 spill 到磁盘上，此过程可以重复多次。当 map() 输出完成以后，将此时 HashMap 中的 reocrd 与磁盘上已排序的 record 进行再次聚合（merge），得到最终的 record，输出到分区文件中。

该 Shuffle 模式的优缺点：优点是只需要一个 HashMap 结构就可以支持 map() 端的 combine 功能，HashMap 具有扩容和 spill 到磁盘上的功能，支持小规模到大规模数据的聚合，也适用于分区个数很大的情况。在聚合后使用 Array 排序，可以灵活支持不同的排序需求。缺点是在内存中进行聚合，内存消耗较大，需要额外的数组进行排序，而且如果有数据spill到磁盘上，还需要再次进行聚合。在实现中，Spark在Shuffle Write端使用一个经过特殊设计和优化的HashMap，命名为PartitionedAppendOnlyMap，可以同时支持聚合和排序操作，相当于HashMap和Array的合体，其实现细节将在6.4节中介绍。

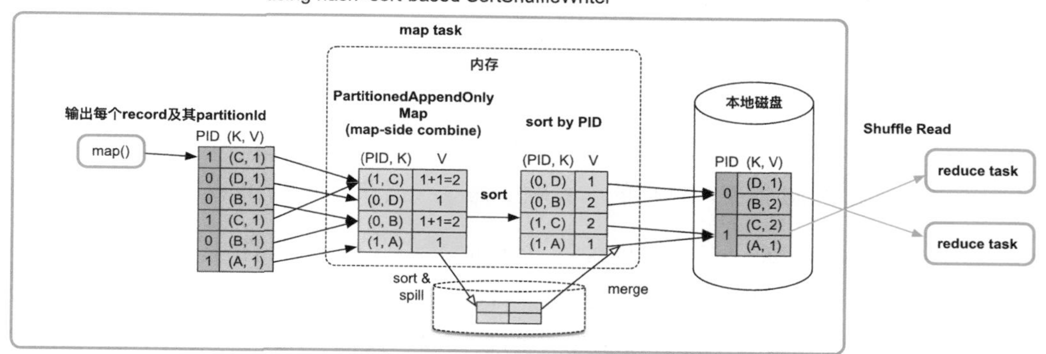

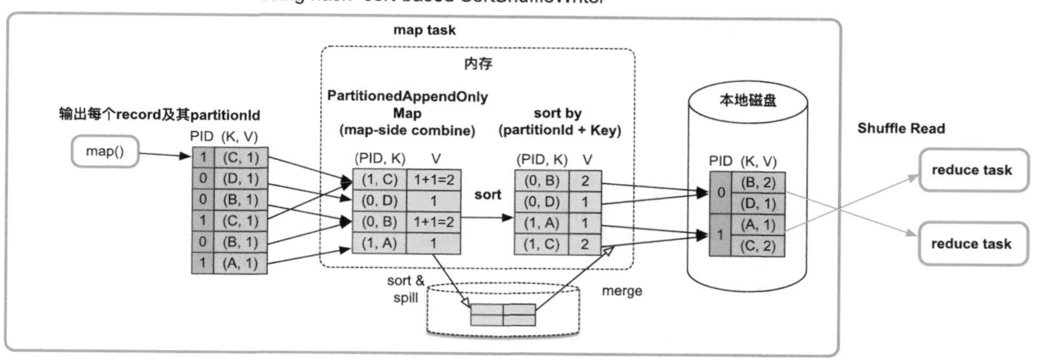

图6.7 包含combine的Shuffle Write流程设计（SortShuffleWriterWithCombine）

该Shuffle模式适用的操作：适合map()端聚合（combine）、需要或者不需要按Key进行排序、分区个数无限制的应用，如reduceByKey()、aggregateByKey()等。

Shuffle Write框架需要执行的3个步骤是“数据聚合→排序→分区”。如果应用中的数据操作不需要聚合，也不需要排序，而且分区个数很少，那么可以采用直接输出模式，即BypassMergeSortShuffleWriter。为了克服BypassMergeSortShuffleWriter打开文件过多、buffer分配过多的缺点，也为了支持需要按Key进行排序的操作，Spark提供了SortShuffleWriter，使用基于Array的方法来按partitionId或partitionId+Key进行排序，只输出单一的分区文件即可。最后，为了支持 map() 端 combine 操作，Spark 提供了基于 HashMap 的 SortShuffleWriter，将 Array 替换为类似 HashMap 的操作来支持聚合操作，在聚合后根据 partitionId 或 partitionId+Key 对 record 进行排序，并输出分区文件。因为 SortShuffleWriter 按 partitionId 进行了排序，所以被称为 sort-based Shuffle Write。

6.3.2 Shuffle Read 框架设计和实现

在 Shuffle Read 阶段，数据操作需要 3 个功能：跨节点数据获取、聚合和排序。如表 6.1 所示，每个数据操作都需要其中的部分功能。Spark 为了支持所有的情况，设计了一个通用的 Shuffle Read 框架，框架的计算顺序为“数据获取→聚合→排序”输出。

如图 6.8 所示，reduce task 不断从各个 map task 的分区文件中获取数据（Fetch records），然后使用类似 HashMap 的结构来对数据进行聚合（aggregate），该过程是边获取数据边聚合。聚合完成后，将 HashMap 中的数据放入类似 Array 的数据结构中按照 Key 进行排序（sort by Key），最后将排序结果输出或者传递给下一个操作。如果不需要聚合或者排序，则可以去掉相应的聚合或排序过程。

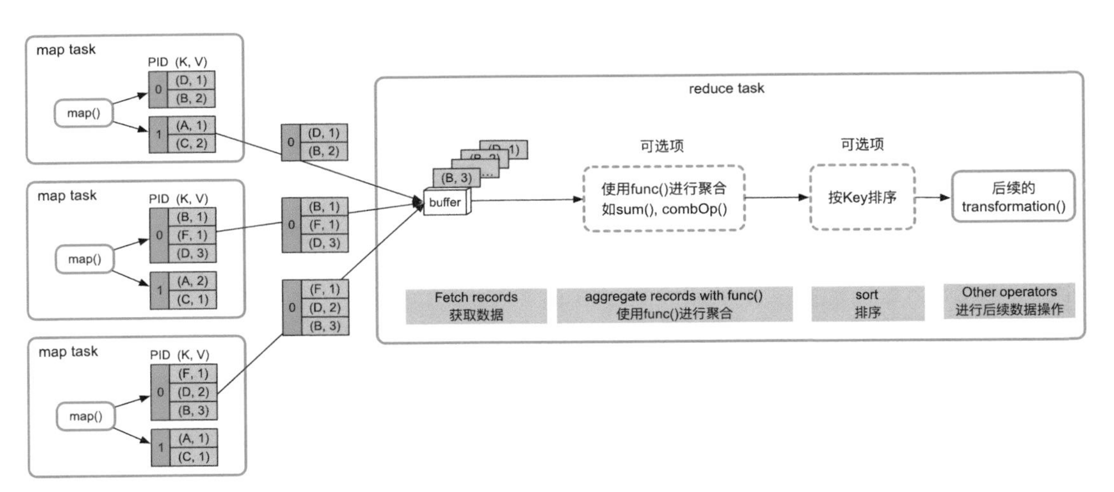

图 6.8 通用的 Shuffle Read 框架（包含“数据获取→聚合→排序输出”的过程）

（1）不需要聚合，不需要按 Key 进行排序。

这种情况最简单，只需要实现数据获取功能即可。如图 6.9 所示，等待所有的 map task 结束后，reduce task 开始不断从各个 map task 获取 <K,V> record，并将 record 输出到一个 buffer 中（大小为 spark.reducer.maxSizeInFlight=48MB），下一个操作直接从 buffer 中获取数据即可。

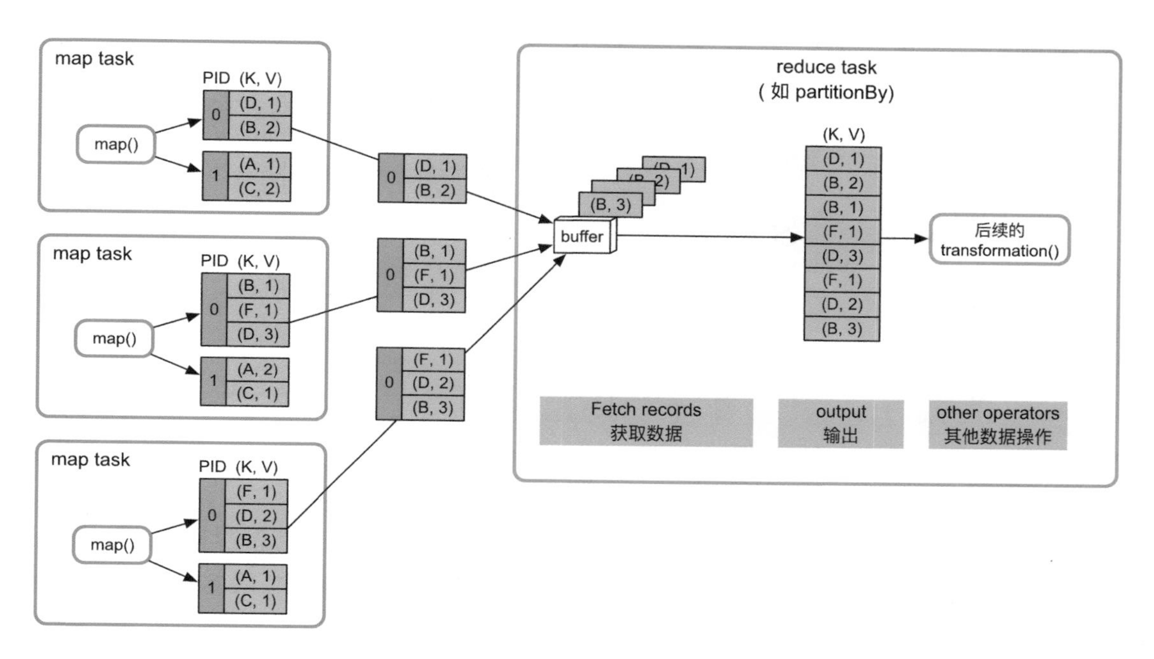

图 6.9　不需要聚合，不需要按 Key 进行排序的 Shuffle Read 流程设计

该 Shuffle 模式的优缺点：优点是逻辑和实现简单，内存消耗很小。缺点是不支持聚合、排序等复杂功能。

该 Shuffle 模式适用的操作：适合既不需要聚合也不需要排序的应用，如 partitionBy() 等。

（2）不需要聚合，需要按 Key 进行排序。

在这种情况下，需要实现数据获取和按 Key 排序的功能。如图 6.10 所示，获取数据后，将 buffer 中的 record 依次输出到一个 Array 结构（PartitionedPairBuffer）中。由于这里采用了本来用于 Shuffle Write 端的 PartitionedPairBuffer 结构，所以还保留了每个 record 的 partitionId。然后，对 Array 中的 record 按照 Key 进行排序，并将排序结果输出或者传递给下一步操作。

当内存无法存下所有的 record 时，PartitionedPairBuffer 将 record 排序后 spill 到磁盘上，最后将内存中和磁盘上的 record 进行全局排序，得到最终排序后的 record。

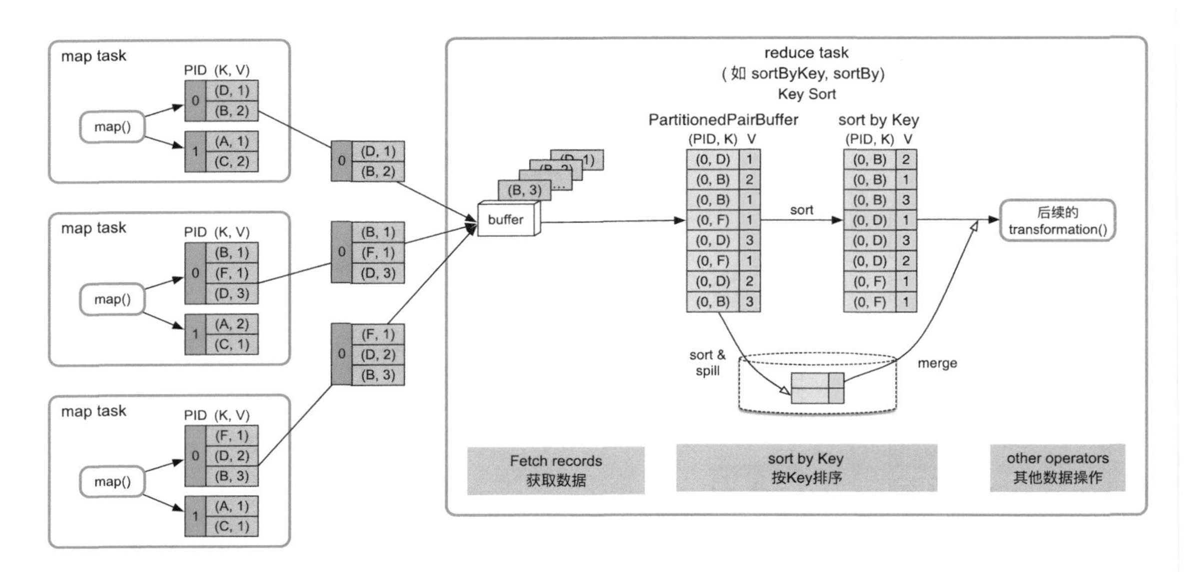

图 6.10 不需要聚合、需要按 Key 进行排序的 Shuffle Read 流程设计

该 Shuffle 模式的优缺点：优点是只需要一个 Array 结构就可以支持按照 Key 进行排序，Array 大小可控，而且具有扩容和 spill 到磁盘上的功能，不受数据规模限制。缺点是排序增加计算时延。

该 Shuffle 模式适用的操作：适合 reduce 端不需要聚合，但需要按 Key 进行排序的操作，如 sortByKey()、sortBy() 等。

（3）需要聚合，不需要或需要按 Key 进行排序。

在这种情况下，需要实现按照 Key 进行聚合，根据需要按 Key 进行排序的功能。如图 6.11 的上图所示，获取 record 后，Spark 建立一个类似 HashMap 的数据结构（ExternalAppendOnlyMap）对 buffer 中的 record 进行聚合，HashMap 中的 Key 是 record 中的 Key，HashMap 中的 Value 是经过相同聚合函数（func()）计算后的结果。在图 6.11 中，聚合函数是 sum() 函数，那么 Value 中存放的是多个 record 对应 Value 相加后的结果。之后，如果需要按照 Key 进行排序，如图 6.11 的下图所示，则建立一个 Array 结构，读取 HashMap 中的 record，并对 record 按 Key 进行排序，排序完成后，将结果输出或者传递给下一步操作。

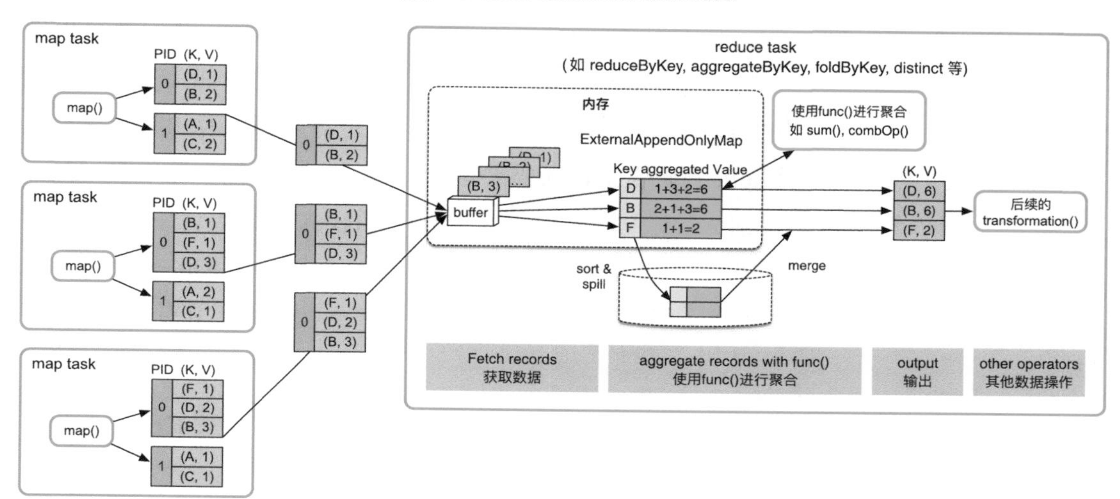

图 6.11 需要聚合，不需要或需要按 Key 进行排序的 Shuffle Read 流程设计

如果 HashMap 存放不下，则会先扩容为两倍大小，如果还存放不下，就将 HashMap 中的 record 排序后 spill 到磁盘上。此时，HashMap 被清空，可以继续对 buffer 中的 record 进行聚合。如果内存再次不够用，那么继续 spill 到磁盘上，此过程可以重复多次。当聚合

完成以后，将此时 HashMap 中的 reocrd 与磁盘上已排序的 record 进行再次聚合，得到最终的 record，输出到分区文件中。

该 Shuffle 模式的优缺点：优点是只需要一个 HashMap 和一个 Array 结构就可以支持 reduce 端的聚合和排序功能，HashMap 具有扩容和 spill 到磁盘上的功能，支持小规模到大规模数据的聚合。边获取数据边聚合，效率较高。缺点是需要在内存中进行聚合，内存消耗较大，如果有数据 spill 到磁盘上，还需要进行再次聚合。另外，经过 HashMap 聚合后的数据仍然需要拷贝到 Array 中进行排序，内存消耗较大。在实现中，Spark 使用的 HashMap 是一个经过特殊优化的 HashMap，命名为 ExternalAppendOnlyMap，可以同时支持聚合和排序操作，相当于 HashMap 和 Array 的合体，其实现细节将在 6.4 节中介绍。

该 Shuffle 模式适用的操作：适合 reduce 端需要聚合、不需要或需要按 Key 进行排序的操作，如 reduceByKey()、aggregateByKey() 等。

Shuffle Read 框架需要执行的 3 个步骤是“数据获取→聚合→排序输出”。如果应用中的数据操作不需要聚合，也不需要排序，那么获取数据后直接输出。对于需要按 Key 进行排序的操作，Spark 使用基于 Array 的方法来对 Key 进行排序。对于需要聚合的操作，Spark 提供了基于 HashMap 的聚合方法，同时可以再次使用 Array 来支持按照 Key 进行排序。总体来讲，Shuffle Read 框架使用的技术和数据结构与 Shuffle Write 过程类似，而且由于不需要分区，过程比 Shuffle Write 更为简单。当然，还有一些可优化的地方，如聚合和排序如何进行统一来减少内存 copy 和磁盘 I/O 等，这部分内容将在 6.4 节中介绍。

6.4 支持高效聚合和排序的数据结构

为了提高聚合和排序性能，Spark 为 Shuffle Write/Read 的聚合和排序过程设计了 3 种数据结构，如表 6.2 所示。这几种数据结构的基本思想是在内存中对 record 进行聚合和排序，如果存放不下，则进行扩容，如果还存放不下，就将数据排序后 spill 到磁盘上，最后将磁盘和内存中的数据进行聚合、排序，得到最终结果。

表 6.2　支持高效聚合和排序的数据结构

数据结构类型	名称	功能
类似 HashMap ＋ Array	PartitionedAppendOnlyMap	用于 map() 端聚合及排序，包含 partitionId
类似 HashMap+Array	ExternalAppendOnlyMap	用于 reduce() 端聚合及排序
类似 Array	PartitionedPairBuffer	仅用于 map() 和 reduce() 端数据排序，包含 partitionId

仔细观察 Shuffle Write/Read 过程，我们会发现 Shuffle 机制中使用的数据结构的两个特征：一是只需要支持 record 的插入和更新操作，不需要支持删除操作，这样我们可以对数据结构进行优化，减少内存消耗；二是只有内存放不下时才需要 spill 到磁盘上，因此数据结构设计以内存为主，磁盘为辅。Spark 中的 PartitionedAppendOnlyMap 和 ExternalAppendOnlyMap 都基于 AppendOnlyMap 实现。因此，我们先介绍 AppendOnlyMap 的原理。

6.4.1　AppendOnlyMap 的原理

AppendOnlyMap 实际上是一个只支持 record 添加和对 Value 进行更新的 HashMap。与 Java HashMap 采用“数组＋链表”实现不同，AppendOnlyMap 只使用数组来存储元素，根据元素的 Hash 值确定存储位置，如果存储元素时发生 Hash 值冲突，则使用二次地址探测法（Quadratic probing）[97] 来解决 Hash 值冲突。

对于每个新来的 <K,V> record，先使用 Hash(K) 计算其存放位置，如果存放位置为空，就把 record 存放到该位置。如果该位置已经被占用，就使用二次探测法来找下一个空闲位置。对于图 6.12 中新来的 <K6,V6> record 来说，第 1 次找到的位置 Hash(K6) 已被 K2 占用。按照二次探测法向后递增 1 个 record 位置，也就是 Hash(K6)+1×2，发现位置已被 K3 占用，然后向后递增 4 个 record 位置（指数递增，Hash(K6)+2×2），发现位置没有被占用，放进去即可。

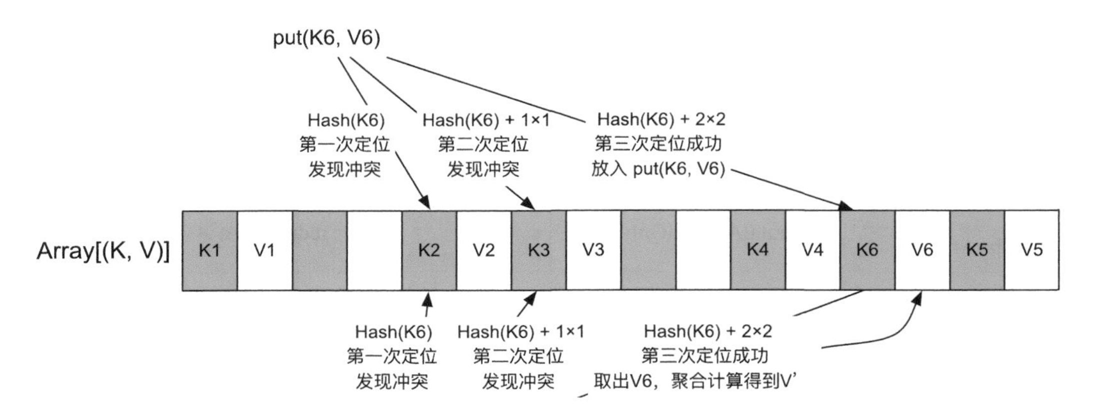

图 6.12　使用数组和二次地址探测法来模拟 HashMap

（蓝色部分存储 Key，白色部分存储 Value）

假设又新来了一个 <K6,V7> record，需要与刚存放进 AppendOnlyMap 中的 <K6,V6> 进行聚合，聚合函数为 func()，那么首先查找 K6 所在的位置，查找过程与刚才的插入过程类似，经过 3 次查找取出 <K6,V6> record 中的 V6，进行 V′= func(V6,V7) 运算，最后将 V′ 写入 V6 的位置。

扩容：AppendOnlyMap 使用数组来实现的问题是，如果插入的 record 太多，则很快会被填满。Spark 的解决方案是，如果 AppendOnlyMap 的利用率达到 70%，那么就扩张一倍，扩张意味着原来的 Hash() 失效，因此对所有 Key 进行 rehash，重新排列每个 Key 的位置。

排序：由于 AppendOnlyMap 采用了数组作为底层存储结构，可以支持快速排序等排序算法。实现方法，如图 6.13 所示，先将数组中所有的 <K,V> record 转移到数组的前端，用 begin 和 end 来标示起始位置，然后调用排序算法对 [begin,end] 中的 record 进行排序。对于需要按 Key 进行排序的操作，如 sortByKey()，可以按照 Key 值进行排序；对于其他操作，只按照 Key 的 Hash 值进行排序即可。

输出：迭代 AppendOnlyMap 数组中的 record，从前到后扫描输出即可。

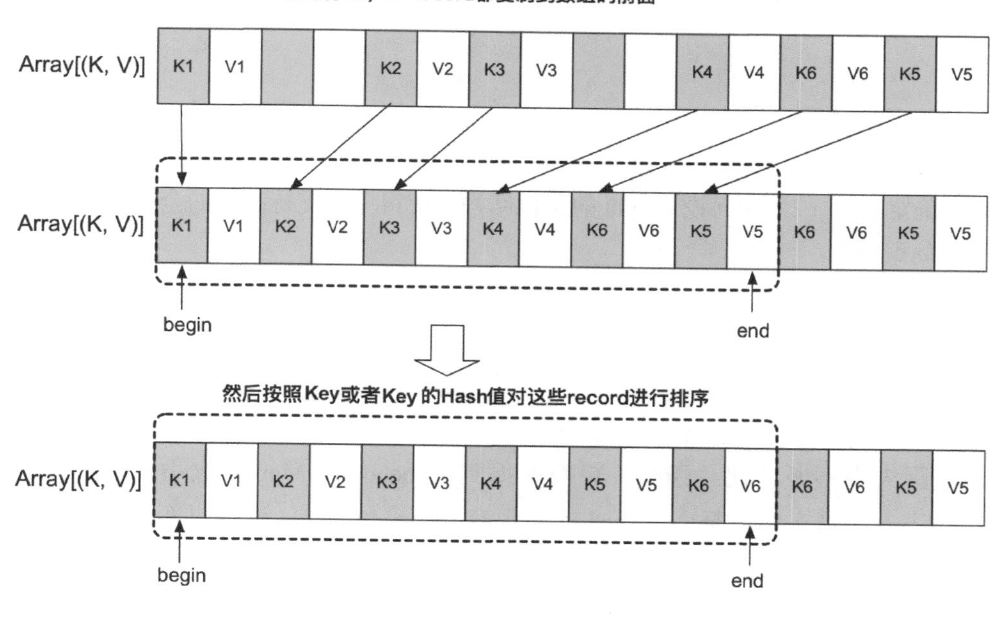

图 6.13　对 AppendOnlyMap 中的元素进行排序输出

6.4.2　ExternalAppendOnlyMap

AppendOnlyMap 的优点是能够将聚合和排序功能很好地结合在一起，缺点是只能使用内存，难以适用于内存空间不足的情况。为了解决这个问题，Spark 基于 AppendOnlyMap 设计实现了基于内存＋磁盘的 ExternalAppendOnlyMap，用于 Shuffle Read 端大规模数据聚合。同时，由于 Shuffle Write 端聚合需要考虑 partitionId，Spark 也设计了带有 partitionId 的 ExternalAppendOnlyMap，名为 PartitionedAppendOnlyHashMap。这两个数据结构功能类似，我们先介绍 ExternalAppendOnlyMap。

ExternalAppendOnlyMap 的工作原理是，先持有一个 AppendOnlyMap 来不断接收和聚合新来的 record，AppendOnlyMap 快被装满时检查一下内存剩余空间是否可以扩展，可直接在内存中扩展，不可对 AppendOnlyMap 中的 record 进行排序，然后将 record 都 spill 到磁盘上。因为 record 不断到来，可能会多次填满 AppendOnlyMap，所以这个 spill 过程可以出现多次，最终形成多个 spill 文件。等 record 都处理完，此时 AppendOnlyMap 中可能还留存一些聚合后的 record，磁盘上也有多个 spill 文件。因为这些数据都经过了部分聚合，还需要进行全局聚合（merge）。因此，ExternalAppendOnlyMap 的最后一步是将内存中 AppendOnlyMap 的数据与磁盘上 spill 文件中的数据进行全局聚合，得到最终结果。

上述过程中涉及 3 个核心问题：（1）如何获知当前 AppendOnlyMap 的大小？因为 AppendOnlyMap 中不断添加和更新 record，其大小是动态变化的，什么时候会超过内存界限是难以确定的。（2）如何设计 spill 的文件结构，使得可以支持高效的全局聚合？（3）怎样进行全局聚合？

（1）AppendOnlyMap 的大小估计。

虽然我们知道 AppendOnlyMap 中持有的数组的长度和大小，但数组里面存放的是 Key 和 Value 的引用，并不是它们的实际对象（object）大小，而且 Value 会不断被更新，实际大小不断变化。因此，想准确得到 AppendOnlyMap 的大小比较困难。一种简单的解决方法是在每次插入 record 或对现有 record 的 Value 进行更新后，都扫描一下 AppendOnlyMap 中存放的 record，计算每个 record 的实际对象大小并相加，但这样会非常耗时。而且一般 AppendOnlyMap 会插入几万甚至几百万个 record，如果每个 record 进入 AppendOnlyMap 都计算一遍，则开销会很大。Spark 设计了一个增量式的高效估算算法，在每个 record 插入或更新时根据历史统计值和当前变化量直接估算当前 AppendOnlyMap 的大小，算法的复杂度是 $O(1)$，开销很小。在 record 插入和聚合过程中会定期对当前 AppendOnlyMap 中的 record 进行抽样，然后精确计算这些 record 的总大小、总个数、更新个数及平均值等，并作为历史统计值。进行抽样是因为 AppendOnlyMap 中的 record 可能有上万个，难以对每个都精确计算。之后，每当有 record 插入或更新时，会根据历史统计值和历史平均的变化值，增量估算 AppendOnlyMap 的总大小，详见 Spark 源码中的 SizeTracker.estimateSize() 方法。抽样也会定期进行，更新统计值以获得更高的精度。

（2）Spill 过程与排序。

当 AppendOnlyMap 达到内存限制时，会将 record 排序后写入磁盘中。排序是为了方便下一步全局聚合（聚合内存和磁盘上的 record）时可以采用更高效的 merge-sort（外部排序＋聚合）。那么，问题是根据什么对 record 进行排序的？自然想到的是根据 record 的 Key 进行排序的，但是这就要求操作定义 Key 的排序方法，如 sortByKey() 等操作定义了按照 Key 进行的排序。大部分操作，如 groupByKey()，并没有定义 Key 的排序方法，也不需要输出结果是按照 Key 进行排序的。在这种情况下，Spark 采用按照 Key 的 Hash 值进行排序的方法，这样既可以进行 merge-sort，又不要求操作定义 Key 排序的方法。然而，这种方法的问题是会出现 Hash 值冲突，也就是不同的 Key 具有相同的 Hash 值。为了解决这个问题，Spark 在 merge-sort 的同时会比较 Key 的 Hash 值是否相等，以及 Key 的实际值是否相等。

解决了 spill 时如何对 record 进行排序的问题后，每当 AppendOnlyMap 超过内存限制，就会将其内部的 record 排序后 spill 到磁盘上，如图 6.14 所示，AppendOnlyMap 被填满了 4 次，也被 spill 到磁盘上 4 次。

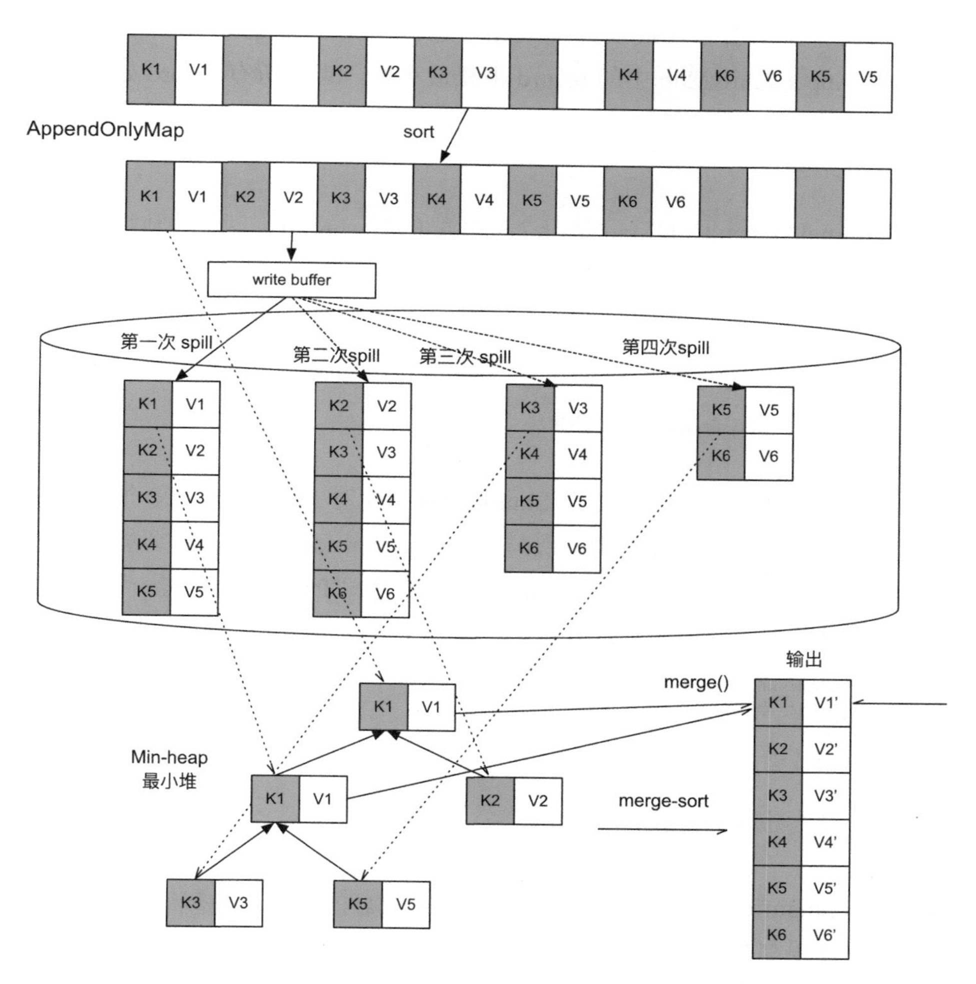

图 6.14　ExternalAppendOnlyMap 中的 record 被 spill 到磁盘上并进行全局聚合

（3）全局聚合（merge-sort）。

前面提到过，由于最终的 spill 文件和内存中的 AppendOnlyMap 都是经过部分聚合后的结果，其中可能存在相同 Key 的 record，因此还需要一个全局聚合阶段将 AppendOnlyMap 中的 record 与 spill 文件中的 record 进行聚合，得到最终聚合后的结果。全局聚合的方法就是建立一个最小堆或最大堆，每次从各个 spill 文件中读取前几个具有相同 Key（或者相同 Key 的 Hash 值）的 record，然后与 AppendOnlyMap 中的 record 进行聚合，并输出聚合后的结果。在图 6.14 中，在全局聚合时，Spark 分别从 4 个 spill 文件中提取第 1 个 <K,V> record，与还留在 AppendOnlyMap 中的第 1 个 record 组成最小堆，然后不断从最小堆中提取具有相同 Key 的 record 进行聚合（merge）。然后，Spark 继续读取 spill 文件及 AppendOnlyMap 中的 record 填充最小堆，直到所有 record 处理完成。由于每个 spill 文件中的 record 是经过排序的，按顺序读取和聚合可以保证能够对每个 record 得到全局聚合的结果。

总结：ExternalAppendOnlyMap 是一个高性能的 HashMap，只支持数据插入和更新，但可以同时利用内存和磁盘对大规模数据进行聚合和排序，满足了 Shuffle Read 阶段数据聚合、排序的需求。

6.4.3 PartitionedAppendOnlyMap

PartitionedAppendOnlyMap 用于在 Shuffle Write 端对 record 进行聚合（combine）。PartitionedAppendOnlyMap 的功能和实现与 ExternalAppendOnlyMap 的功能和实现基本一样，唯一区别是 PartitionedAppendOnlyMap 中的 Key 是“PartitionId + Key”，这样既可以根据 partitionId 进行排序（面向不需要按 Key 进行排序的操作），也可以根据 partitionId+Key 进行排序（面向需要按 Key 进行排序的操作），从而在 Shuffle Write 阶段可以进行聚合、排序和分区。

6.4.4 PartitionedPairBuffer

PartitionedPairBuffer 本质上是一个基于内存＋磁盘的 Array，随着数据添加，不断地扩容，当到达内存限制时，就将 Array 中的数据按照 partitionId 或 partitionId+Key 进行排序，然后 spill 到磁盘上，该过程可以进行多次，最后对内存中和磁盘上的数据进行全局排序，输出或者提供给下一个操作。

6.5 与 Hadoop MapReduce 的 Shuffle 机制对比

至此，我们已经理解了 Spark Shuffle 机制要解决的问题、设计的原则，以及 Shuffle 框架的具体设计和实现。实际上，Spark 的 Shuffle 机制已经进行过多次演变。最早在 0.4 版本中，Shuffle Read 过程还只有基于 Java HashMap 的实现，后面经过不断的性能测试和设计调整，才有了现在完整的 Shuffle 框架、灵活的 Shuffle 策略，以及完善的数据结构支持。那么，最早在 Hadoop MapReduce 中已经有了 Shuffle 的策略和实现，为何不直接照搬过来呢？

回答这个问题前，先介绍一下 Hadoop MapReduce 的 Shuffle 机制是怎么工作的。Hadoop MapReduce 有明显的两个阶段，即 map stage 和 reduce stage。如图 6.15 所示，在 map stage 中，每个 map task 首先执行 map(K,V) 函数，再读取每个 record，并输出新的 <K,V> record。这些 record 首先被输出到一个固定大小的 spill buffer 里（一般为 100MB），spill buffer 如果被填满就将 spill buffer 中的 record 按照 Key 排序后输出到磁盘上。这个过程类似 Spark 将 map task 输出的 record 放到一个排序数组（PartitionedPairBuffer）中，不同的是 Hadoop MapReduce 是严格按照 Key 进行排序的，而 PartitionedPairBuffer 排序更灵活（可以按照 partitionId 进行排序，也可以按照 partitionId+Key 进行排序）。另外，由于 spill buffer 中的 record 只进行排序，不能完成聚合（combine）功能，所以 Hadoop MapReduce 在完成 map()、等待所有的 record 都 spill 到磁盘上后，启动一个专门的聚合阶段（图 6.15 中的 merge phase），使用 combine() 将所有 spill 文件中的 record 进行全局聚合，得到最终聚合结果。注意，这里需要进行多次全局聚合，因为每次只针对某个分区的 spill 文件进行聚合。

在 Shuffle Read 阶段，Hadoop MapReduce 先将每个 map task 输出的相应分区文件通过网络获取，然后放入内存，如果内存放不下，就先对当前内存中的 record 进行聚合和排序，再 spill 到磁盘上，图 6.15 中的 a, b, c, d, …代表从不同 map task 获取的分区文件，每个文件里面包含许多个 record。由于每个分区文件中包含的 record 已经按 Key 进行了排序，聚合时只需要一个最小堆或者最大堆保存当前每个文件中的前几个 record 即可，聚合效率比较高，但需要占用大量内存空间来存储这些分区文件。等获取所有的分区文件时，此时可能存在多个 spill 文件及内存中剩余的分区文件，这时再启动一个专门的 reduce 阶段（图 6.15 中的 reduce phase）来将这些内存和磁盘上的数据进行全局聚合，这个过程与 Spark 的全局聚合过程没有什么区别，最后得到聚合后的结果。

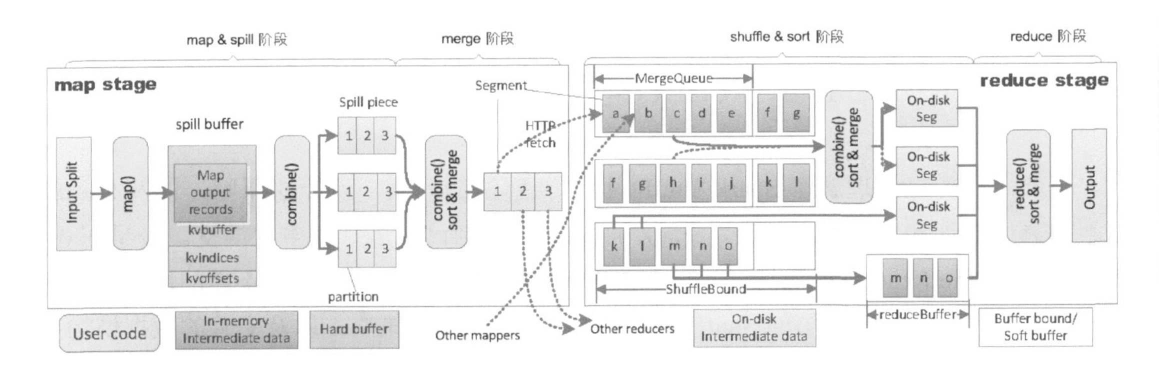

图 6.15 Hadoop MapReduce 的 Shuffle 机制

下面总结一下 Hadoop MapReduce 的 Shuffle 机制的优点和缺点。

优点：① Hadoop MapReduce 的 Shuffle 流程固定，阶段分明，每个阶段读取什么数据、进行什么操作、输出什么数据都是确定性的。这种确定性使得实现起来比较容易。② Hadoop MapReduce 框架的内存消耗也是确定的，map 阶段框架只需要一个大的 spill buffer，reduce 阶段框架只需要一个大的数组（MergeQueue）来存放获取的分区文件中的 record。这样，什么时候将数据 spill 到磁盘上是确定的，也易于实现和内存管理。当然，用户定义的聚合函数，如 combine() 和 reduce() 的内存消耗是不确定的。③ Hadoop MapReduce 对 Key 进行了严格排序，使得可以使用最小堆或最大堆进行聚合，非常高效。而且可以原生支持 sortByKey()。④ Hadoop MapReduce 按 Key 进行排序和 spill 到磁盘上的功能，可以在 Shuffle 大规模数据时仍然保证能够顺利进行。

缺点：① Hadoop MapReduce 强制按 Key 进行排序，大多数应用其实不需要严格地按照 Key 进行排序，如 groupByKey()，排序增加计算量。② Hadoop MapReduce 不能在线聚合，不管是 map() 端还是 reduce() 端，都是先将数据存放到内存或者磁盘上后，再执行聚合操作的，存储这些数据需要消耗大量的内存和磁盘空间。如果能够一边获取 record 一边聚合，那么对于大多数聚合操作，可以有效地减少存储空间，并减少时延。③ Hadoop MapReduce 产生的临时文件过多，如果 map task 个数为 M，reduce task 个数为 N，那么 map 阶段集群会产生 $M \times N$ 个分区文件，当 M 和 N 较大时，总的临时文件个数过多。

克服第 1 个缺点（强制排序）的方法是对操作类型进行分类，如 Spark 提供了按 partitionId 排序、按 Key 排序等多种方式来灵活应对不同操作的排序需求。克服第 2 个缺点（不能在线聚合）的方法是采用 hash-based 聚合，也就是利用 HashMap 的在线聚合特性，将 record 插入 HashMap 时自动完成聚合过程，即 Spark 为什么设计 AppendOnlyMap 等数据结构。克服第 3 个缺点（临时文件问题）的方法是将多个分区文件合并为一个文件，按照 partitionId 的顺序存储，这也是 Spark 为什么要按照 partitionId 进行排序的原因。总的来说，Spark 采用的是 hash+sort-based Shuffle 的方法，融合了 hash-based 和 sort-based Shuffle 的优点，根据不同操作的需求，灵活选择最合适的 Shuffle 方法。

另外，由于 Hadoop MapReduce 采用独立阶段聚合，而 Spark 采用在线聚合的方法，两者的聚合函数还有一个大的区别。MapReduce 的聚合函数 reduce() 接收的是一个 <K,list(V)> record，可以对每个 record 中的 list(V) 进行任意处理，而 Spark 中的聚合函数每当接收到一个 <K,V> record 时，就要立即进行处理，在流程上有一些受限。两者的区别类似下面的处理逻辑。

```
// MapReduce
reduce(K Key, Iterable <V> Values) {
result = process(Key, Values) // 可以接收到所有 Value 后，再决定如何处理
return result
}

// Spark
reduce(K Key, Iterable<V> Values) {
result = null
for (V Value : Values)
   // 每当接收到一个 Value 时，必须立即使用 func() 处理，结果用于下一个 record 的处理
   result = func(result, Value)
return result
}
```

由此可见，在聚合过程中 Spark 需要对每个到来的 record 进行立即处理，而 Hadoop MapReduce 没有这个要求，所以更加灵活。

6.6 本章小结

本章涉及的术语和流程较为复杂，其中既包含了 Spark 当前实现方式的说明，也包含对整个 Shuffle 机制设计的抽象和思考。某些 Shuffle 方式虽然还没有对应的操作使用，但不排除未来会有一些操作被用到。因此，我们还是从更通用的角度对 Shuffle 机制进行总结。实际上，有些 Shuffle 的实现方式可以进行进一步优化来减少内存使用和提高效率，如后面会看到基于序列化的 Shuffle 方式——SerializedShuffle。

第7章

数据缓存机制

本章首先介绍数据缓存的意义，之后介绍Spark中数据缓存机制的设计原理，包括哪些数据需要缓存、应用包含缓存时的逻辑处理流程和物理执行计划、缓存级别、缓存数据写入和读取方法、用户接口的设计、缓存数据的替换与回收方法，最后，与Hadoop MapReduce的缓存机制进行对比。

7.1 数据缓存的意义

在第2章中，我们以GroupByTest为例展示了Spark的数据缓存机制。数据缓存机制主要目的是加速计算。具体地，在应用执行过程中，数据缓存机制对某些需要多次使用（重用）的数据进行缓存。这样，当应用需要再次访问这些数据时，可以直接从缓存中读取，避免再次计算，从而减少应用的执行时间。例如，迭代型应用如果每轮迭代时都需要读取一个固定数据（如训练数据的特征矩阵或输入图）来进行计算，那么可以将这个固定数据进行缓存，加快读取和计算速度。再例如，交互式应用（如交互式SQL）需要不断地对一个固定数据进行查询分析（执行不同的SQL语句），如果对这个固定数据进行缓存，则可以加快查询分析速度。

7.2 数据缓存机制的设计原理

既然数据缓存能够加速计算，那么如何设计一个高效的缓存机制呢？这其中涉及决定哪些数据需要被缓存，包含数据缓存操作的逻辑处理流程和物理执行计划，缓存级别，缓存数据的写入方法，缓存数据的读取方法，用户接口的设计，缓存数据的替换与回收方法等内容。下面我们介绍一下这些内容，然后在后续章节中介绍具体实现。

7.2.1 决定哪些数据需要被缓存

对于用户来说，首先要知道的是哪些数据需要被缓存，我们通过一个简单的例子来回答这个问题。

示例：共享 mappedRDD 的应用程序。

```
// 输入数据
var inputRDD = sc.parallelize(Array[(Int,String)](
    (1,"a"), (2,"b"), (3,"c"), (4,"d"), (5,"e"), (3,"f"), (2,"g"), (1,"h"),
    (2,"i")
), 3)
val mappedRDD = inputRDD.map(r => (r._1 + 1, r._2))
mappedRDD.cache()
val reducedRDD = mappedRDD.reduceByKey((x, y) => x + "_" + y, 2)
reducedRDD.foreach(println)
val groupedRDD = mappedRDD.groupByKey(3).mapValues(V => V.toList)
groupedRDD.foreach(println)
```

该示例的具体逻辑处理流程如图 7.1 所示。示例应用首先对输入数据进行 map() 计算，得到 mappedRDD，然后对 mappedRDD 依次进行两种计算：一种是 reduceByKey+foreach(println)，另一种是 groupByKey+foreach(println)。由于该应用有两个 foreach() 操作，所以会形成两个 job。这两个 job 虽然都是在 mappedRDD 上进行计算的，但由于用户没有对 mappedRDD 进行缓存，Spark 仍然认为这两个 job 都是从 inputRDD 开始计算的。

观察图 7.1 可以发现，生成的两个 job 中 inputRDD => mappedRDD 的计算流程一样，那么理论上第 2 个 job 可以直接从 mappedRDD 开始进行计算。理想中的数据处理流程应该如图 7.2 所示，第 1 个 job 不变，第 2 个 job 变为 mappedRDD: MapPartitionsRDD => ShuffledRDD => groupedRDD: MapPartitionsRDD。为了实现图 7.2 中的流程，用户可以在

程序中声明 mappedRDD 需要被缓存，即在 foreach() 操作之前添加 mappedRDD.cache() 语句，去掉示例中的注释。

需要注意的是，① cache() 操作表示将数据（此处是 mappedRDD）直接写入内存。② cache() 操作是 lazy 操作，不是立即执行的，即执行到 mappedRDD.cache() 时，只标记 mappedRDD 需要被缓存到内存中，此时并不真正执行缓存操作，只有等到 reducedRDD.foreach(println) 生成 job，job 运行时再将 mappedRDD 写入内存。③ cache() 操作只是将数据缓存到内存中，如果用户想将数据缓存到内存和磁盘中，那么可以使用 persist(MEMORY_AND_DISK) 接口，在后续章节中会详细介绍。

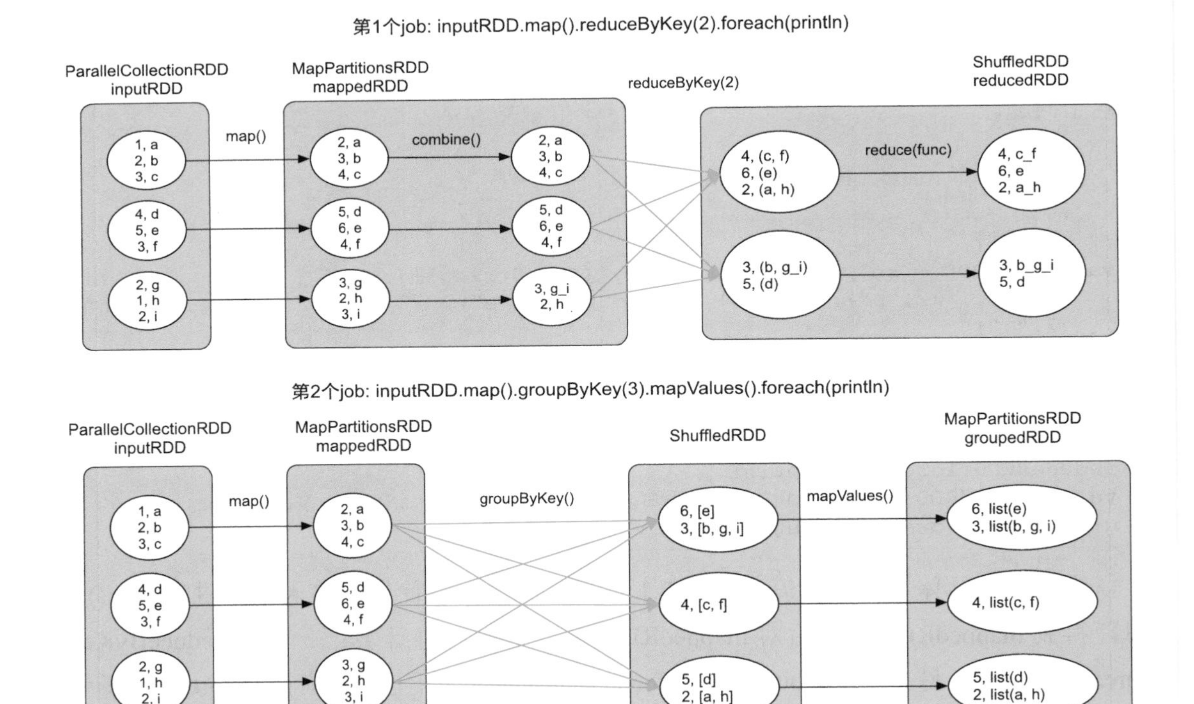

图 7.1 示例程序生成的两个 job，红色箭头表示具有 ShuffleDependency

回到图 7.2 中，对 mappedRDD 进行缓存后可以避免第 2 个 job 再进行 map() 计算，但代价是需要占用空间来存储 mappedRDD。当 mappedRDD 很大时，如包含上亿个 record，存储 mappedRDD 会消耗大量存储空间，这时，需要权衡计算代价和存储代价。在这个例子中，我们发现 map() 操作的计算逻辑很简单，只需要非常少量的计算（仅仅对 Key 加 1）

即可从原始数据 inputRDD 中得到 mappedRDD。也就是说，mappedRDD 的计算代价很低。此时，若 mappedRDD 需要很大存储空间时，那么我们可以不对 mappedRDD 进行缓存，而直接从原始数据中计算得到，因此，是否缓存数据不仅需要考虑数据的计算代价，也需要考虑存储代价。

总的来说，缓存机制实际上是一种空间换时间的方法。具体地，如果数据满足以下 3 条，就可以进行缓存。

（1）会被重复使用的数据。更确切地，会被多个 job 共享使用的数据。被共享使用的次数越多，那么缓存该数据的性价比越高。一般来说，对于迭代型和交互型应用非常适合。

（2）数据不宜过大。过大会占用大量存储空间，导致内存不足，也会降低数据计算时可使用的空间。虽然缓存数据过大时也可以存放到磁盘中，但磁盘的 I/O 代价比较高，有时甚至不如重新计算快。

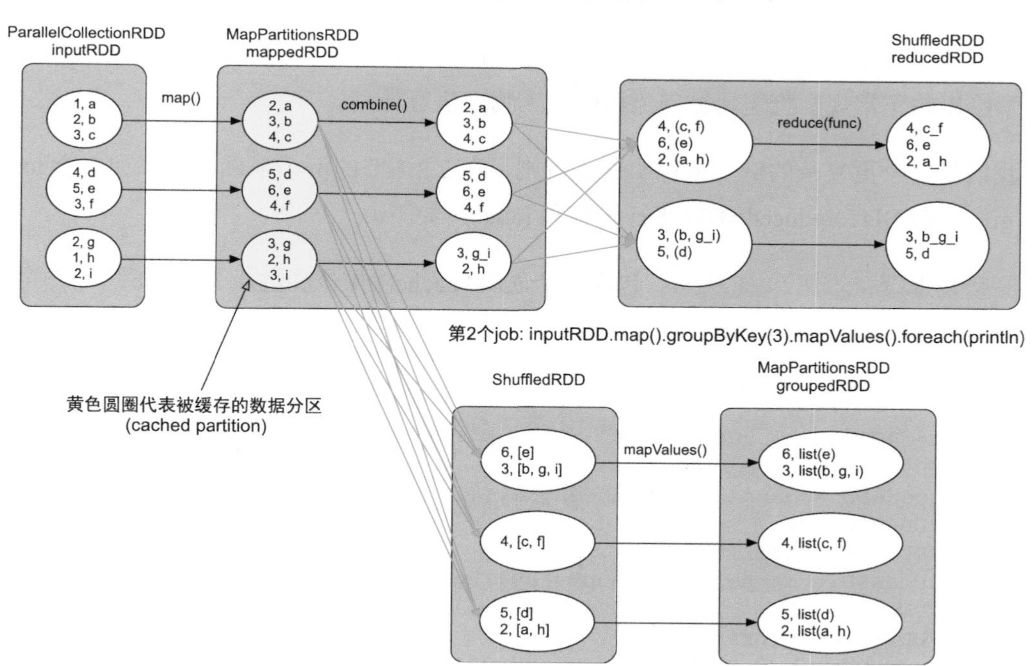

图 7.2 对 mappedRDD 进行缓存后生成的两个 job，黄色圆圈表示被缓存的数据分区

（3）非重复缓存的数据。重复缓存的意思是如果缓存了某个 RDD，那么该 RDD 通

过 OneToOneDependency 连接的 parent RDD 就不需要被缓存了。例如，在图 7.2 中，我们已经对 mappedRDD 进行了缓存，就没有必要再对 inputRDD 进行缓存了，除非有新的 job 需要使用 inputRDD，且该 job 不使用 mappedRDD。

除了 RDD 可以被缓存，广播数据和 task 计算结果数据也可以被缓存，我们会在第 9 章中讨论。另外，面向结构化的数据结构 DataSet、DataFrame 与 RDD 一样也可以被缓存。

7.2.2 包含数据缓存操作的逻辑处理流程和物理执行计划

在 7.2.1 节中以 mappedRDD 为例介绍了数据缓存的意义和场景，那么当应用存在数据缓存时，Spark 生成逻辑处理流程和物理执行计划的规则与第 3 章、第 4 章介绍的规则有什么区别呢？

包含数据缓存操作的应用执行流程生成的规则：Spark 首先假设应用没有数据缓存，按照第 3 章的规则正常生成逻辑处理流程（RDD 之间的数据依赖关系），然后从第 2 个 job 开始，将 cached RDD 之前的 RDD 都去掉，得到削减后的逻辑处理流程。最后，按照第 4 章给出的正常规则将逻辑处理流程转化为物理执行计划。

我们举一个更复杂的例子来说明这些规则，在 7.2.1 节的例子基础上再添加一个 job，并对 groupedRDD、reducedRDD 进行缓存和 join()，如下。

复杂数据缓存示例 CacheTest：包含 3 个 RDD cache() 操作和生成 3 个 job。

```
var inputRDD = sc.parallelize(Array[(Int,String)](
   (1,"a"),(2,"b"),(3,"c"),(4,"d"),(5,"e"),(3,"f"),(2,"g"),(1,"h"),(2,"i")
), 3)
val mappedRDD = inputRDD.map(r => (r._1 + 1, r._2))
mappedRDD.cache()
val reducedRDD = mappedRDD.reduceByKey((x, y) => x + "_" + y, 2)
reducedRDD.cache()                                  // 添加的缓存语句
reducedRDD.foreach(println)
val groupedRDD = mappedRDD.groupByKey().mapValues(V => V.toList)
groupedRDD.cache()                                  // 添加的缓存语句
groupedRDD.foreach(println)
val joinedRDD = reducedRDD.join(groupedRDD)  // 添加 join() 语句
joinedRDD.foreach(println)                          // 添加输出语句
```

根据生成原则，这个复杂的例子会生成 3 个 job：如图 7.3 所示，第 1 个 job 是 inputRDD => mappedRDD => reducedRDD => foreach()。 第 2 个 job 是 mappedRDD => ShuffledRDD => groupedRDD => foreach()。第 3 个 job 是 (reducedRDD, groupedRDD) => CoGroupedRDD & MapPartitionsRDD => foreach()。

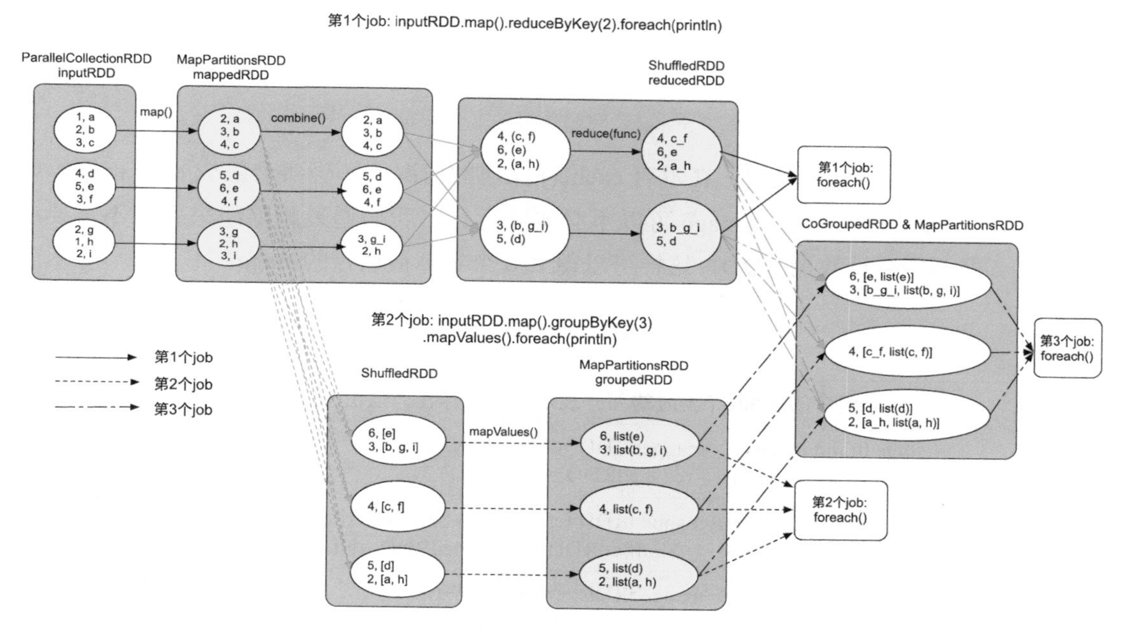

图 7.3 包含 3 个 RDD cached() 操作的复杂应用生成的 3 个 job，黄色圆圈表示被缓存的分区

如果我们查看 job 的 Web UI 界面，则也会发现生成了 3 个 job，如图 7.4 所示。但这 3 个 job 一共生成了 8 个 stage，如图 7.5 所示，其中还有 2 个 stage 被忽略了（skipped）。

- Completed Jobs (3)

Job Id ▾	Description	Submitted	Duration	Stages: Succeeded/Total	Tasks (for all stages): Succeeded/Total
2	foreach at CacheTest2.scala:44 foreach at CacheTest2.scala:44	2019/08/01 16:49:29	0.1 s	2/2 (2 skipped)	5/5 (6 skipped)
1	foreach at CacheTest2.scala:34 foreach at CacheTest2.scala:34	2019/08/01 16:49:29	0.2 s	2/2	6/6
0	foreach at CacheTest2.scala:27 foreach at CacheTest2.scala:27	2019/08/01 16:49:28	0.9 s	2/2	5/5

图 7.4 复杂应用生成的 3 个 job

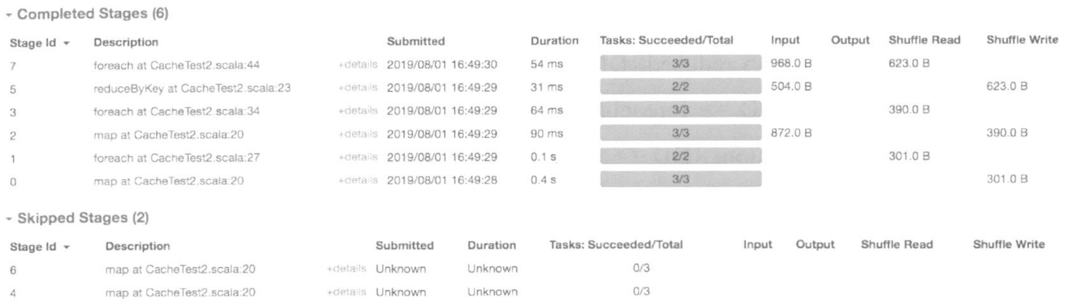

▾ Completed Stages (6)

Stage Id ▾	Description		Submitted	Duration	Tasks: Succeeded/Total	Input	Output	Shuffle Read	Shuffle Write
7	foreach at CacheTest2.scala:44	+details	2019/08/01 16:49:30	54 ms	3/3	968.0 B		623.0 B	
5	reduceByKey at CacheTest2.scala:23	+details	2019/08/01 16:49:29	31 ms	2/2	504.0 B			623.0 B
3	foreach at CacheTest2.scala:34	+details	2019/08/01 16:49:29	64 ms	3/3			390.0 B	
2	map at CacheTest2.scala:20	+details	2019/08/01 16:49:29	90 ms	3/3	872.0 B			390.0 B
1	foreach at CacheTest2.scala:27	+details	2019/08/01 16:49:29	0.1 s	2/2			301.0 B	
0	map at CacheTest2.scala:20	+details	2019/08/01 16:49:28	0.4 s	3/3				301.0 B

▾ Skipped Stages (2)

Stage Id ▾	Description		Submitted	Duration	Tasks: Succeeded/Total	Input	Output	Shuffle Read	Shuffle Write
6	map at CacheTest2.scala:20	+details	Unknown	Unknown	0/3				
4	map at CacheTest2.scala:20	+details	Unknown	Unknown	0/3				

图 7.5　复杂应用生成的 8 个 stage

按照本节给出的生成规则，在没有 cache() 操作的情况下，确实会生成 8 个 stage，如表 7.1 所示。cache() 使得一些 stage 可以不必实际运行，我们通过删除线来删除不需要运行的 stage 及不需要计算的 RDD，这样可以得到 6 个实际被运行的 stage。

表 7.1　复杂应用生成的 8 个 stage

job ID	包含的 stage（画线的部分表示理论上存在，但由于 cache() 而被省略了）
job0	stage 0: inputRDD => mappedRDD => Shuffle Write stage 1: shuffle read => reducedRDD => foreach()
job1	stage 2: ~~inputRDD =>~~ mappedRDD (cached) => Shuffle Write stage 3: Shuffle Read => ShuffledRDD => groupedRDD => foreach()
job2	~~stage 4: inputRDD => mappedRDD => Shuffle Write~~ stage 5: Shuffle Read => reducedRDD (cached) => Shuffle Write ~~stage 6: inputRDD => mappedRDD => Shuffle Write~~ stage 7: ~~Shuffle Read => ShuffledRDD =>~~ [groupedRDD (cached), Shuffle Read reducedRDD (cached)] => CoGroupedRDD => MapPartitionsRDD => foreach()

如果没有对 job0 中的 reducedRDD 进行缓存，那么 job2 要从 mappedRDD 开始计算，也就是要多计算 stage 4 和 stage5 中的 mappedRDD => reducedRDD；如果没有对 job1 中的 groupedRDD 进行缓存，那么 job1 执行完以后，job2 仍然需要再次计算 stage 6 和 stage 7 中的 mappedRDD => ShuffledRDD => groupedRDD。

7.2.3　缓存级别

前面两节中，我们只是说明一些 RDD 可以被缓存，那么这些 RDD 具体被缓存到了哪里？如何存储呢？

为了满足不同的缓存需求，Spark 从 3 个方面考虑了缓存级别（Storage_Level）。

（1）存储位置。可以将数据缓存到内存和磁盘中，内存空间小但读写速度快，磁盘空间大但读写速度慢。

（2）是否序列化存储。如果对数据（record 以 Java objects 形式）进行序列化，则可以减少存储空间，方便网络传输，但是在计算时需要对数据进行反序列化，会增加计算时延。

（3）是否将缓存数据进行备份。将缓存数据复制多份并分配到多个节点，可以应对节点失效带来的缓存数据丢失问题，但需要更多的存储空间。

最终，Spark 将缓存级别分为 12 类，如表 7.2 所示。用户可以使用 rdd.persist(Storage_Level) 对 RDD 按这些缓存级别进行缓存，如 mappedRDD.persist(MEMORY_AND_DISK)。

表 7.2　Spark 中的数据缓存级别

缓存级别	存储位置	序列化存储	内存不足放磁盘
NONE	不存储	×	—
MEMORY_ONLY，e.g., cache()	内存	×	× 重新计算
MEMORY_AND_DISK	内存 + 磁盘	×	√
MEMORY_ONLY_SER	内存	√	×
MEMORY_AND_DISK_SER	内存 + 磁盘	√	√
DISK_ONLY	磁盘	√	—
OFF_HEAP	堆外内存	√	×
MEMORY_ONLY_2	多台机器内存	×	×（双副本）
MEMORY_AND_DISK_2	多台机器内存 + 磁盘	×	√（双副本）
MEMORY_ONLY_SER_2	多台机器内存	√	×（双副本）
MEMORY_AND_DISK_SER_2	多台机器内存 + 磁盘	√	√（双副本）
DISK_ONLY_2	多台机器磁盘	√	—（双副本）

缓存级别针对的是 RDD 中的全部分区，即对 RDD 中每个分区中的数据（record）都进行缓存。

对于 MEMORY_ONLY 级别来说，只使用内存进行缓存，如果某个分区在内存中存放不下，就不对该分区进行缓存。当后续 job 中的 task 计算需要这个分区中的数据时，需要重新计算得到该分区。例如，在图 7.6 中，如果 mappedRDD 中的第 1 个分区没有被缓存，那么需要先执行 task0，算出 mappedRDD 第 1 个分区中的数据，然后才能执行 task1、task2、task3。

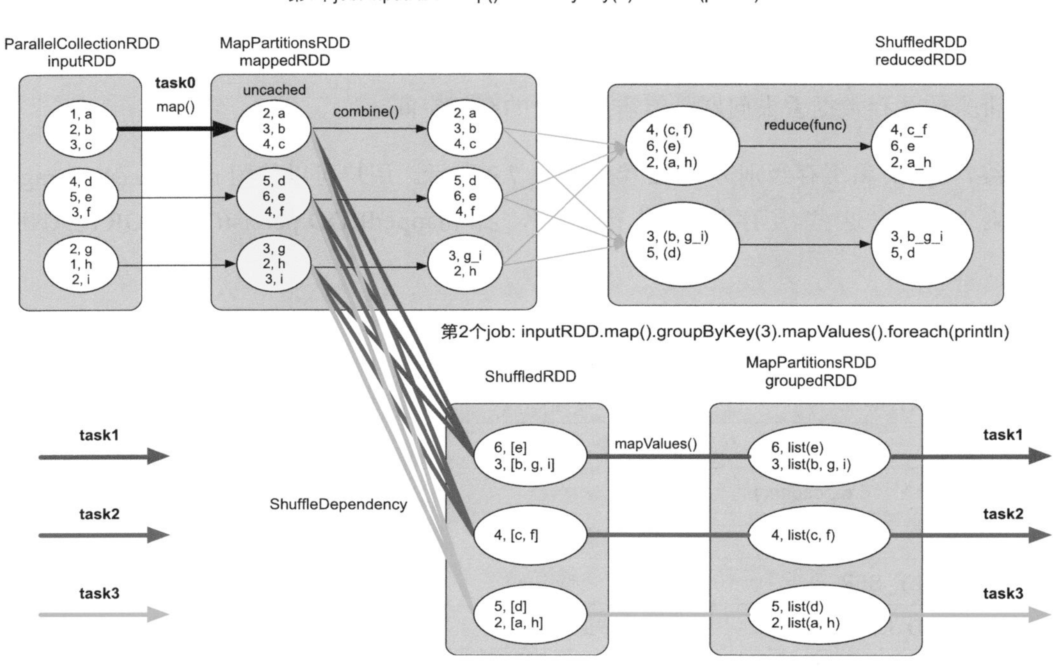

图 7.6　对 mappedRDD 进行部分缓存后生成的计算任务

对于 MEMORY_AND_DISK 缓存级别，如果内存不足时，则会将部分数据存放到磁盘上。而 DISK_ONLY 级别只使用磁盘进行缓存。MEMORY_ONLY_SER 和 MEMORY_AND_DISK_SER 将数据按照序列化方式存储，以减少存储空间，但需要序列化 / 反序列化，会增加计算延时。因为存储到磁盘前需要对数据进行序列化，所以 DISK_ONLY 级别也需要序列化存储。

目前，Spark 需要用户在缓存数据时自己选择缓存级别。不同应用的缓存级别需求不同，用户选择时需要考虑两个问题：①是否有足够内存、磁盘空间进行缓存？没有足够的内存、磁盘空间但又需要进行数据缓存，可以选择 MEMORY_AND_DISK 或者 MEMORY_

AND_DISK_SER 级别缓存数据。②如果数据缓存到磁盘上，那么读取数据的时间是否大于重新计算出该数据的时间？如果是，则可以选择不缓存或者分配更大的内存来进行缓存。

7.2.4　缓存数据的写入方法

前面 7.2.1 节提到过，缓存操作是 lazy 操作，只有等到 action() 操作触发 job 运行时才实际执行缓存操作。更进一步，当需要进行数据缓存时，Spark 既要将数据写入内存或磁盘，也需要执行下一步数据操作，那么如何决定缓存和计算的先后顺序呢？如图 7.7 所示，在 task0 中的 map()、persist()、combine() 的执行顺序又是怎样的呢？

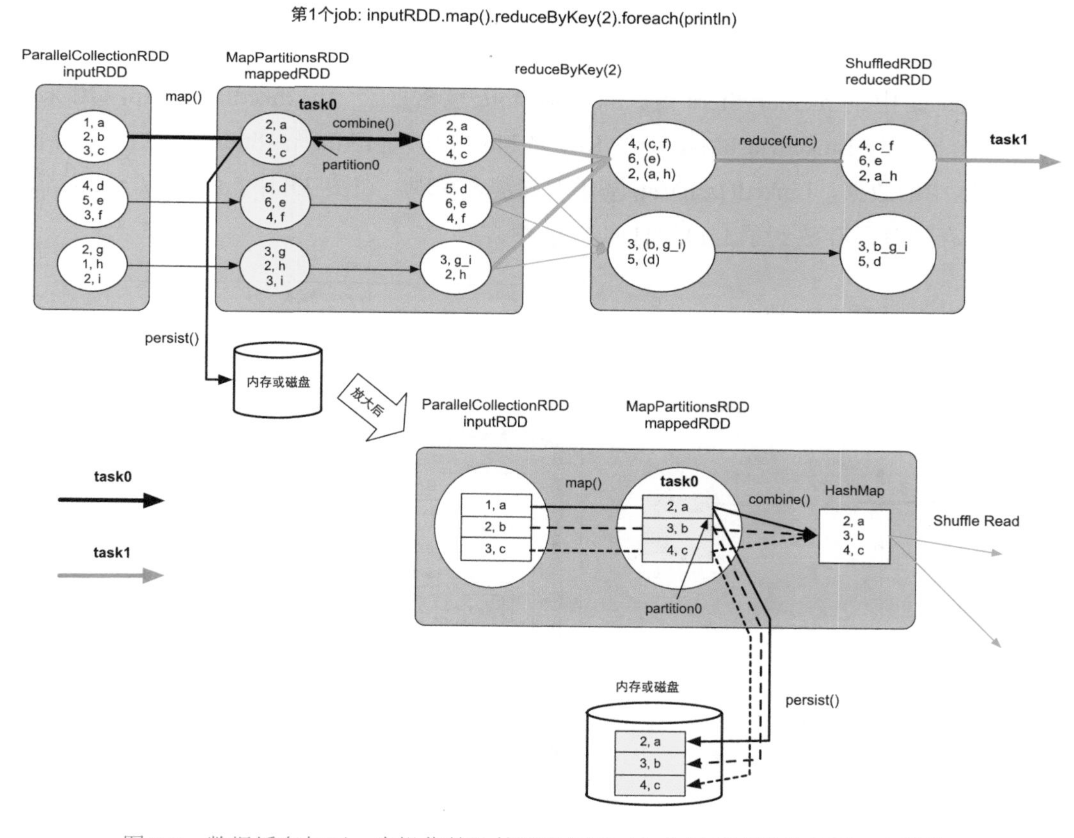

图 7.7　数据缓存与下一步操作的计算顺序问题（先执行缓存再执行下一步操作）

我们将图 7.7 中的上图放大为图 7.8，根据流水线机制，map() 每计算出一个 record，如 (1, a) => (2, a) 后，就将其放入 HashMap 结构中进行 combine() 聚合。聚合后，mappedRDD

中的 (2, a) 就可以被清除了。然后，map() 再读入下一个 record，计算得到 (2, b) => (3, b)，放入 HashMap 进行聚合，清除 mappedRDD 中的 (3, b)。最后以同样操作读入 (3, c) 进行处理。假设先执行 combine()，再执行 persist()，那么当 combine() 执行后，mappedRDD 中的数据就已经被清除，无法再进行 persist()，所以正确的执行顺序是 map() 每计算出 mappedRDD 中的一个 record 后，就执行 persist() 将该 record 写入内存或磁盘，然后再执行下一步操作。

总结：rdd.cache() 只是对 RDD 进行缓存标记的，不是立即执行的，实际在 action() 操作的 job 计算过程中进行缓存。当需要缓存的 RDD 中的 record 被计算出来时，及时进行缓存，再进行下一步操作。

缓存数据写入的实现细节：在实现中，Spark 在每个 Executor 进程中分配一个区域，以进行数据缓存，该区域由 BlockManager 来管理。在图 7.8 中，task0 和 task1 运行在同一个 Executor 进程中。对于 task0，当计算出 mappedRDD 中的 partition0 后，将 partition0 存放到 BlockManager 中的 memoryStore 内。memoryStore 包含了一个 LinkedHashMap，用来存储 RDD 的分区。该 LinkedHashMap 中的 Key 是 blockId，即 rddId+partitionId，如 rdd_1_1，Value 是分区中的数据，LinkedHashMap 基于双向链表实现。在图 7.8 中，task0 和 task1 都将各自需要缓存的分区存放到了 LinkedHashMap 中。

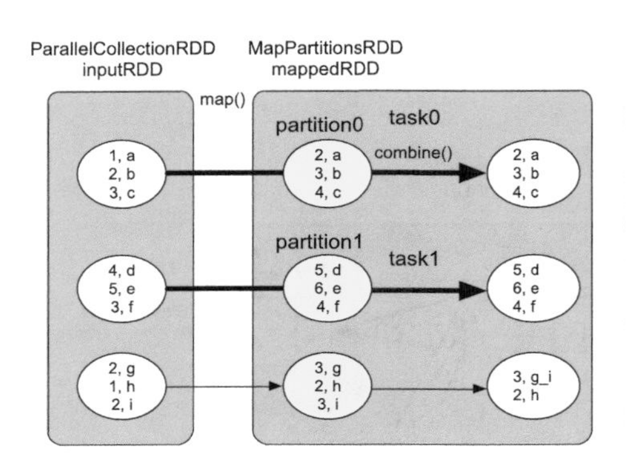

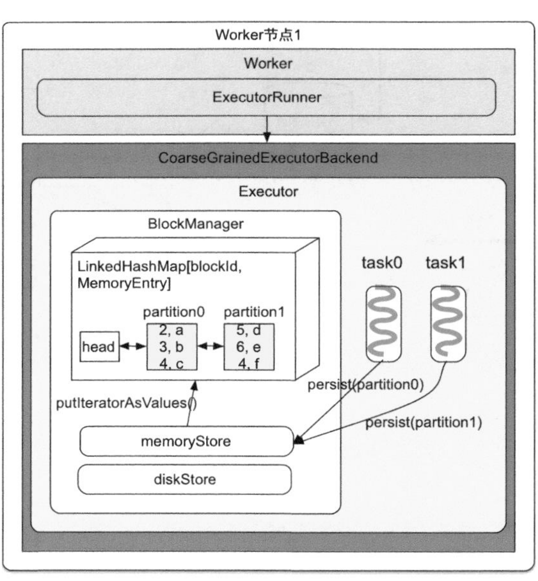

图 7.8 在 task0 和 task1 运行过程中对 partition0 和 partition1 进行缓存

7.2.5 缓存数据的读取方法

7.2.4 节介绍了缓存数据的写入方法，这一节我们讨论如何读取缓存数据。

首先，Spark 如何判断一个 job 是否需要读取缓存数据？当某个 RDD 被缓存后，该 RDD 的分区成为 CachedPartitions。例如，在图 7.2 的例子中，当 mappedRDD: MapPartitionsRDD 被缓存后，mappedRDD 的 3 个分区成为 CachedPartitions。我们可以使用 reducedRDD.toDebugString() 来查看 mappedRDD 的 3 个 CachedPartitions 的存储位置及占用的空间大小。如下所示，mappedRDD 被缓存到了内存中，占用 872.0B 的内存空间。

```
(2) ShuffledRDD[2] at reduceByKey at CacheTest.scala:30 []
 +-(3) MapPartitionsRDD[1] at map at CacheTest.scala:25 []
    |  CachedPartitions: 3; MemorySize: 872.0 B; ExternalBlockStoreSize:
       0.0 B; DiskSize: 0.0 B
    |  ParallelCollectionRDD[0] at parallelize at CacheTest.scala:17 []
```

下一个在 groupedRDD.toDebugString() 中的 job 的计算过程如下：

```
(3) MapPartitionsRDD[4] at mapValues at CacheTest.scala:31 []
 |  ShuffledRDD[3] at groupByKey at CacheTest.scala:31 []
 //（根据行号 25 可知是 mappedRDD）
 +-(3) MapPartitionsRDD[1] at map at CacheTest.scala:25 []
    | CachedPartitions: 3; MemorySize: 872.0 B; ExternalBlockStoreSize:
      0.0 B; DiskSize: 0.0 B
    |  ParallelCollectionRDD[0] at parallelize at CacheTest.scala:17 []
```

这个计算过程说明 mappedRDD: MapPartitionsRDD 中的 3 个 CachedPartitions 在第 2 个 job 计算过程中被读取，那么具体的读取过程是怎样的呢？

7.2.4 节介绍过 RDD 的分区被缓存到 BlockManager 的 memoryStore（也就是 LinkedHashMap）中。如图 7.9 所示，假设 mappedRDD 的 partition0 和 partition1 被 Worker 节点 1 中的 BlockManager 缓存，而 partition2 被 Worker 节点 2 中的 BlockManager 缓存，那么当第 2 个 job 需要读取 mappedRDD 中的分区时，首先去本地的 BlockManager 中查找该分区是否被缓存。在图 7.9 中，第 2 个 job 的 3 个 task 都被分到了 Worker 节点 1 上，其中 task3 和 task4 对应的 CachedPartition 在本地，因此直接通过 Worker 节点 1 的 memoryStore 读取即可。而 task5 对应的 CachedPartition 在 Worker 节点 2 上，需要通过远程访问，也就是通过 getRemote() 读取。远程访问需要对数据进行序列化和反序列化，远程读取时是一条条 record 读取，并得到及时处理的。

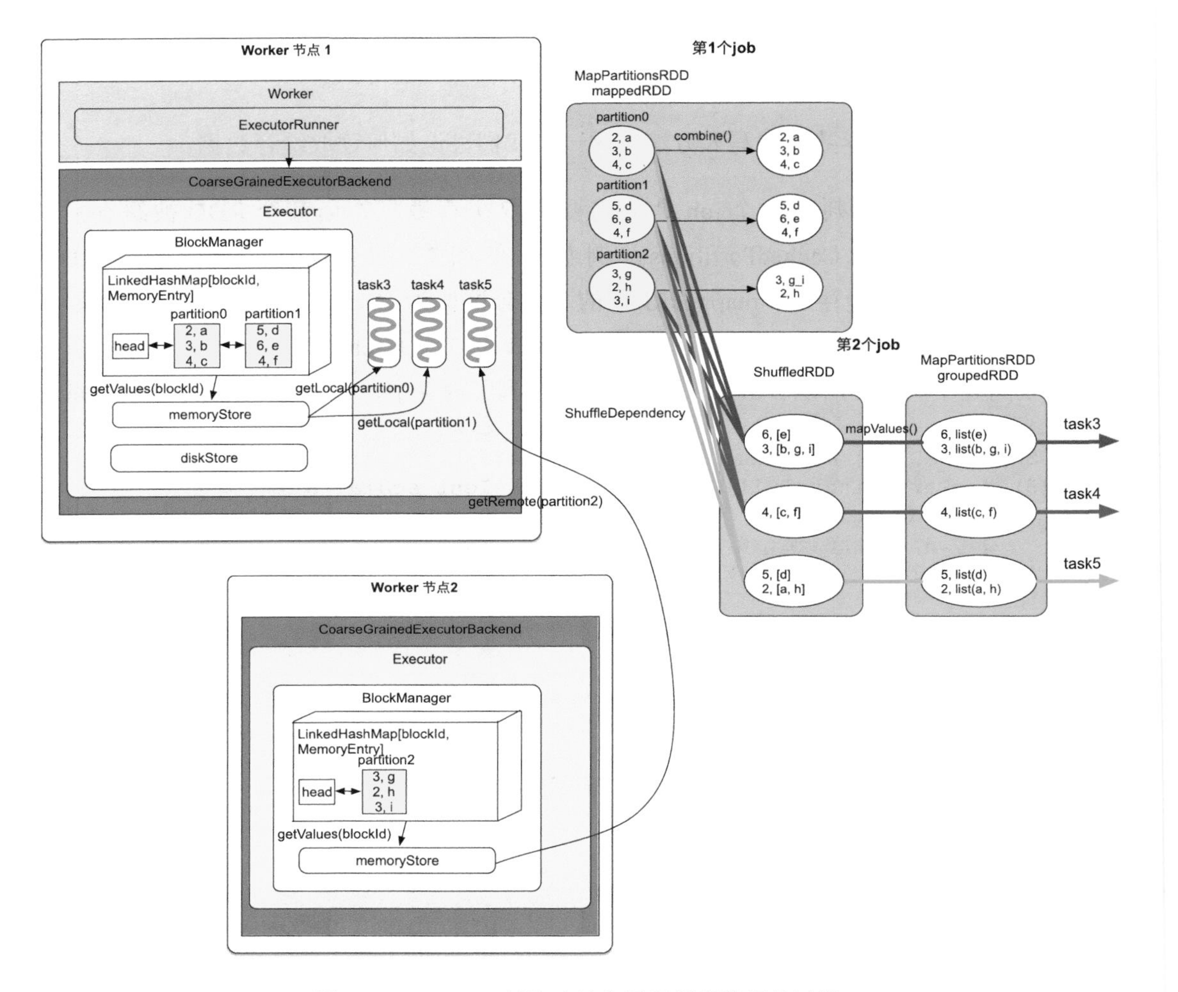

图 7.9 Spark task 读取本地和远程缓存数据的过程

7.2.6 用户接口的设计

前面在 7.2.3 节中提到，Spark 提供了一个通用的缓存操作 rdd.persist(Storage_Level)，可以使用不同类型的缓存级别，如 mappedRDD.persist(MEMORY_AND_DISK)。对于 cache()，实际上等同于 persist(MEMORY_ONLY)。那么，当用户想回收缓存数据时怎么办呢？ Spark 也提供了一个 unpersisit() 操作来回收缓存数据，如 mappedRDD.unpersist()。

需要注意的是，不管 persist() 还是 unpersist() 都只能针对用户可见的 RDD 进行操作。

如图 7.10 所示，在 intersection() 操作中，用户在程序中可见的是蓝色部分的 RDD，即 rdd1、rdd2 和 rdd3，在执行过程中的 MapPartitionsRDD 和 CoGroupedRDD 由 Spark 自动生成，并不能被用户操作。

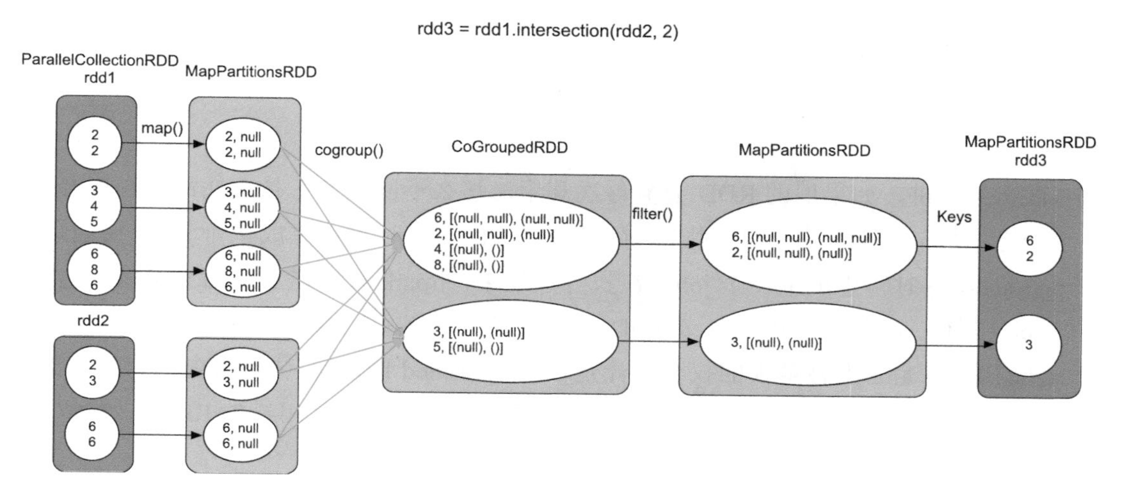

图 7.10　intersection() 的逻辑处理流程示例

7.2.7　缓存数据的替换与回收方法

在 7.2.2 节介绍的复杂例子 CacheTest 中，如图 7.3 所示，我们缓存了 3 个 RDD，mappedRDD、reducedRDD 和 groupedRDD。实际上，当对 reducedRDD 和 groupedRDD 完成缓存后，可以回收 mappedRDD，因为第 3 个 job 只需要使用 reducedRDD 和 groupedRDD。另外，在内存不足时，我们可以进行缓存替换。例如，当需要缓存 reducedRDD 而内存空间不足时，可以及时将 mappedRDD 进行替换，以腾出空间存储 reducedRDD。因此，在内存空间有限的情况下，Spark 需要缓存替换与回收机制。

缓存替换与回收是一个传统问题，如 CPU 中包含一级缓存和二级缓存，内存管理也存在页面置换机制，数据库中也包含缓存。研究人员针对缓存管理问题开发了多种缓存替换算法[98]，如先入先出（FIFO，First Input First Output）替换算法、最近最久未使用（LRU，Least Recently Used）替换算法、最近最常被使用（MRU，Most Recently Used）替换算法等。

1. 自动缓存替换

那么针对 Spark 的缓存数据特点，如何设计和实现其缓存替换与回收策略呢？

缓存替换指的是当需要缓存的 RDD 大于当前可利用的空间时，使用新的 RDD 替换旧的 RDD（可能有多个）。该过程由系统自动完成，对用户来说是无感知的。在 Spark 中，自动缓存替换需要解决以下两个问题。

（1）选择哪些 RDD 进行替换？

直观上来讲，如果旧的 RDD 会被再次利用，那么不应该被替换。然而，当前 Spark 采用动态生成 job 的方式，即在执行到一个 action() 操作时才会生成一个 job，仅当遇到下一个 action() 时再生成下一个 job。在执行过程中，Spark 只知道 cached RDD 是否会被当前 job 用到，而不能预知 cached RDD 是否会被后续的 job 用到，因此，Spark 决定一个 cached RDD 是否要被替换的权衡之计是根据该 cached RDD 的访问历史来判断。目前 Spark 采用 LRU 替换算法，即优先替换掉当前最长时间没有被使用过的 RDD。这种方式有可能替换掉后续还会被使用的 RDD。

（2）需要替换多少个旧的 RDD，才开始存储新的 RDD ？

前面章节讨论过，如果需要缓存某个 RDD，那么 Spark 会在计算该 RDD 过程中对其进行缓存，而且是每计算一个 record 就进行存储，因此，在缓存结束前，Spark 不能预知该 RDD 需要的存储空间，也就无法判断需要替换多少个旧的 RDD。为了解决这个问题，Spark 采用动态替换策略，在当前可用内存空间不足时，每次通过 LRU 替换一个或多个 RDD（具体数目与一个动态的阈值相关），然后开始存储新的 RDD，如果中途存放不下，就暂停，继续使用 LRU 替换一个或多个 RDD，依此类推，直到存放完新的 RDD。当然，如果替换掉所有旧的 RDD 都存不下新的 RDD，那么需要分两种情况处理：如果新的 RDD 的存储级别里包含磁盘，那么可以将新的 RDD 存放到磁盘中；如果新的 RDD 的存储级别只是内存，那么就不存储该 RDD 了。

2. Spark LRU 算法的实现及讨论

LRU 替换策略的确切含义是优先替换掉当前最久未被使用的 RDD。如果查看 Spark 的源码，则会发现好像没有相关的 LRU 算法实现代码。实际上，Spark 直接利用了 7.2.4 节中介绍的 LinkedHashMap 自带的 LRU 功能实现了缓存替换。LinkedHashMap 使用双向链表实现，每当 Spark 插入或读取其中的 RDD 分区数据时，LinkedHashMap 自动调整链表结构，将最近插入或者最近被读取的分区数据放在表头，这样链表尾部的分区数据就是最近最久未被访问的分区数据，替换时直接将链表尾部的分区数据删除。因此，LinkedHashMap 本身就形成了一个 LRU cache。LinkedHashMap 中的 Key 存放 blockId，如 blockId = rdd_0_1 表示 rdd0 的第 2 个分区。Spark 目前采用 LRU 替换策略，但同时也在开发新的策略，具体可见 SPARK-14289 (Support multiple eviction strategies for cached RDD partitions)[99]。

此外，在进行缓存替换时，RDD 的分区数据不能被该 RDD 的其他分区数据替换。例如，Spark 在缓存中存放了 newRDD 的 partition0 和 partition1 后，就没有空间再放入 newRDD 的 partition2 了。此时，Spark 不能删除 newRDD 的 partition0 和 partition1 来缓存 partition2，因为被替换的 RDD 和要缓存的 RDD 是同一个 RDD。

3. 用户主动回收缓存数据

上面我们提到 Spark 难以获取 cached RDD 的生命周期，也就难以精确、智能地进行缓存替换。Spark 为了弥补这个缺点，允许用户自己设置进行回收的 RDD 和回收的时间。方法是使用 unpersist()，不同于 persist() 的延时生效，unpersist() 操作是立即生效的。用户还可以设定 unpersist() 是同步阻塞的还是异步执行的，如 unpersist(blocking = true) 表示同步阻塞，即程序需要等待 unpersist() 结束后再进行下一步操作，这也是 Spark 的默认设定。而 unpersist(blocking = false) 表示异步执行，即边执行 unpersist() 边进行下一步操作。

由于 unpersit() 和 persist() 执行方式的区别，导致如果 unpersist() 语句设置的位置不当，则会造成与用户预期效果不一致的结果。下面例子展示了如果 unpersist() 语句放在不同位置，则会得到不同的执行效果。

示例：不同位置的 unpersist() 语句对应用执行的影响。

```
var inputRDD = sc.parallelize(Array[(Int,String)](
   (1,"a"),(2,"b"),(3,"c"),(4,"d"),(5,"e"),(3,"f"),(2,"g"),(1,"h"),(2,"i")
), 3)
val mappedRDD = inputRDD.map(r => (r._1 + 1, r._2))
mappedRDD.cache()
val reducedRDD = mappedRDD.reduceByKey((x, y) => x + "_" + y, 2)
// 1. mappedRDD.unpersist()
reducedRDD.foreach(println)
val groupedRDD = mappedRDD.groupByKey().mapValues(V => V.toList)
// 2. mappedRDD.unpersist()
groupedRDD.foreach(println)
// 3. mappedRDD.unpersist() 正确
```

（1）将 mappedRDD.unpersist() 直接放在 reducedRDD 之后、foreach 之前：导致的结果是不会对 mappedRDD 进行缓存。由于在 action() 之前既执行了 cache() 又执行了 unpersist()，所以删除了 Spark 刚设置的 mappedRDD 缓存，意味着不对 mappedRDD 进行缓存。该情况生成的 job 信息，如图 7.11 所示，可以看到 WebUI 中的 job 在图中没有以绿色点出现，即没有任何 RDD 被缓存。

（2）将 mappedRDD.unpersist() 放在 groupedRDD 之后、foreach 之前：该情况可以正常对 mappedRDD 进行缓存，但第 2 个 job 无法读到缓存数据。由于在第 1 个 job 中，即 reducedRDD.foreach() 运行前设置了 mappedRDD.cache()，所以 mappedRDD 被正常缓存，如图 7.12 所示，绿色点代表 mappedRDD 被成功缓存。然而，由于在第 2 个 job 中，即 groupedRDD.foreach() 运行前设置了 mappedRDD.unpersist()，该操作立即回收了 mappedRDD，因此在第 2 个 job 执行时不能读取到 cached mappedRDD 数据，需要重新计算 mappedRDD，也没有绿色点出现。

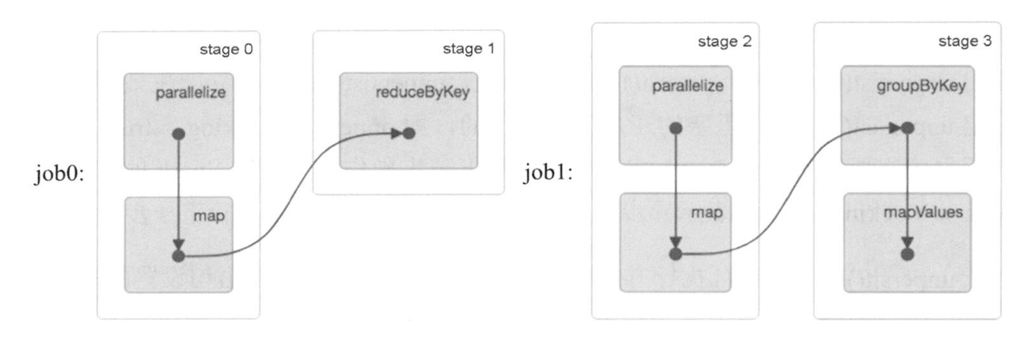

图 7.11　unpersist() 被设置在第一个 foreach 之前，没有进行缓存操作

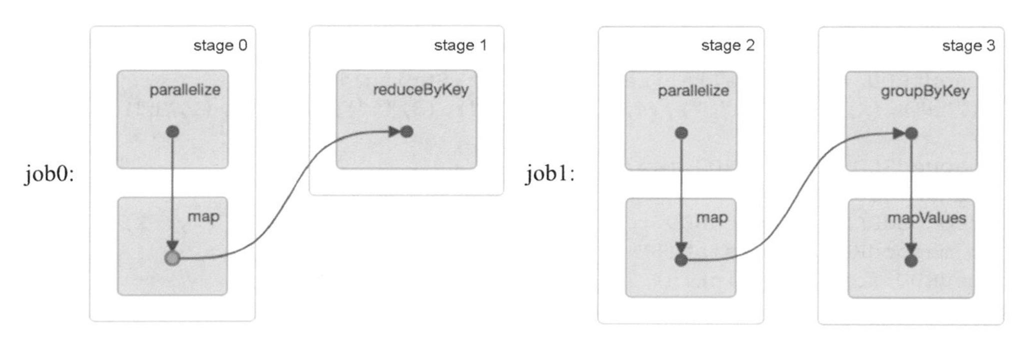

图 7.12　unpersist() 被设置在第二个 foreach 之前，第二个 job 无法读取缓存数据

（3）mappedRDD.unpersist() 被设置在末尾：该情况可以正常缓存和读取数据。由于 unpersist() 被设置在末尾，第 1 个 job 和第 2 个 job 正常执行，mappedRDD 在第 1 个 job 中被缓存，也被第 2 个 job 正常读取。因此，如图 7.13 所示，两个 job 都以绿色点出现。两个 job 都结束后，mappedRDD 被回收。此时如果还有下一个 job 且下一个 job 没有直接或间接使用 mappedRDD，那么当前 mappedRDD.unpersist() 设置的位置是合理的。

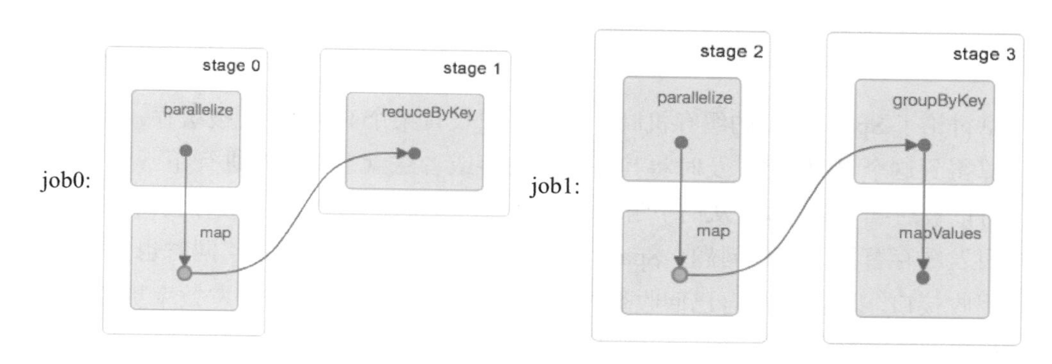

图 7.13 unpersist() 被设置在末尾，两个 job 都可以正常缓存和读取数据

7.3 与 Hadoop MapReduce 的缓存机制进行对比

本章介绍了 Spark 缓存机制设计时面临的问题和解决方法。对比 Hadoop MapReduce，会发现 Spark 的缓存机制是 Spark 的优势之一。Hadoop MapReduce 虽然设计了一个 DistributedCache 缓存机制 [100]，但不是用于存放 job 运行的中间结果的，而是用于缓存 job 运行所需的文件的，如所需的 jar 文件、每个 map task 需要读取的辅助文件（如一部词典）、一些文本文件等。而且 DistributedCache 将缓存文件存放在每个 worker 的本地磁盘上，并不是内存中。Spark job 一般包含多个操作，按照 DAG 图方式执行，也适用于迭代型应用，因此会产生大量中间数据和可复用的数据。Spark 为这些数据设计了基于内存和磁盘的缓存机制，可以更好地加速应用执行。

然而，当前 Spark 的缓存机制也不是完美的，还存在很多缺陷。例如，缓存的 RDD 数据是只读的，不能修改；当前的缓存机制不能根据 RDD 的生命周期进行自动缓存替换等。

另外，当前的缓存机制只能用在每个 Spark 应用内部，即缓存数据只能在 job 之间共享，应用之间不能共享缓存数据。例如，当一个用户提交的 WordCount1 应用计算出了 RDD 后，即使对其进行缓存，也不能用于该用户的另一个 WordCount2 应用。为了解决应用间缓存数据共享问题，Spark 研究者又开发了分布式内存文件系统 Alluxio。感兴趣的读者可以参考《Alluxio：大数据统一存储原理与实践》[101]。

7.4 本章小结

本章讨论了 Spark 独特的缓存机制：如果用户设置某个 RDD 需要被缓存，那么 Spark 会在计算得到这个 RDD 时，及时将其存放到内存或者磁盘上，同时进行下一步操作。缓存数据可以被后续 job 读取，从而节省计算时间。当有多个 RDD 需要缓存且内存不足时，可能会引发缓存替换与回收问题，Spark 设计了相应的自动替换机制，同时也为用户开放了缓存回收接口，允许用户自己回收数据。本章的知识点将有助于开发效率更高的 Spark 应用，也有助于研究人员进一步优化缓存机制。

第8章

错误容忍机制

本章首先介绍错误容忍机制的意义及挑战，其次，介绍错误容忍机制的设计思想，再次，介绍重新计算机制和 checkpoint 机制的设计与实现，最后，讨论 checkpoint 与数据缓存的区别，并进行总结。

8.1 错误容忍机制的意义及挑战

Spark 等大数据处理框架运行在分布式环境下，在使用集群对大数据进行处理时，不可避免会受到软硬件故障的影响，如节点宕机、磁盘损坏、网络阻塞、内存溢出等。同时，用户开发的应用及 Spark 系统本身也可能出现 bug。这些软硬件故障会导致任务执行失败、数据丢失等状况。错误容忍机制就是在应用执行失败时能够自动恢复应用执行，而且执行结果与正常执行时得到的结果一致。

如果 Spark 等大数据处理框架没有错误容忍机制，那么应用出现问题后只能停止运行，或者再次提交运行。然而在企业中，很多 Spark 应用需要执行几个小时甚至几天，重新运行代价太高，而且不能保证不会再次出现问题。因此，错误容忍是分布式软件系统需要解决的一个重要问题。具体地，对于 Spark 等大数据处理框架，错误容忍需要考虑以下两方面的问题。

（1）作业（job）执行失败问题：Spark 在执行 job 时，可能因为软硬件环境、配置、数据等因素的影响，导致job执行失败。如图8.1的右图所示，具体表现有task长时间无响应、内存溢出、I/O 异常、数据丢失等。问题原因多种多样，既包括硬件问题，如节点宕机、网络阻塞、磁盘损坏等；也包括软件问题，如内存资源分配不足、partition 配置过少导致task 处理的数据规模太大、partition 划分不当引起的数据倾斜，以及用户和系统 Bug 等。对于内存溢出问题，Xu 等 [55] 分析了大数据应用内存溢出错误的原因及修复方法。

（2）数据丢失问题：Spark job 在执行过程中，会读取输入数据、生成中间数据、输出结果。由于软硬件故障，如节点宕机，会导致某些输入 / 输出或中间数据丢失。例如，task 的输入数据既可以来自分布式文件系统，也可以通过 Shuffle 获取，如果在 Shuffle 机制中数据丢失怎么办？如果对一些重要数据进行缓存后，缓存数据由于节点宕机等故障丢失怎么办？另外，一个应用经常包含多个 job，当前 job 的输出数据是下一个 job 的输入数据，那么当前 job 的输出数据丢失怎么办？

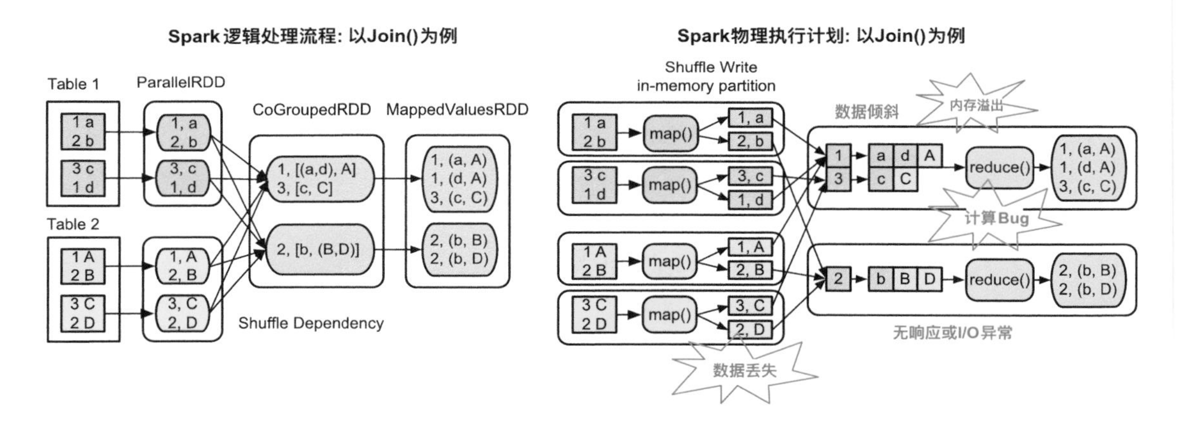

图 8.1　Spark 应用在运行时出现的错误（如 task 长时间无响应、内存溢出、I/O 异常、数据丢失等）

以上问题说明 Spark job 在运行时可能出现各种类型的错误，原因也很复杂。按照一般的错误诊断和修复逻辑，应该在出错时先定位错误找出出错阶段，然后进行错误诊断找出错误原因，最后有针对性地进行错误修复。然而，由于错误种类和原因的多样性，而且有些还与用户的配置、代码和数据相关，Spark 难以对每种错误都进行容忍和修复，所以，设计一个与用户无关、自动化且能覆盖多种错误类型的错误容忍机制，是一个难题。

注意：本章不具体区分故障、错误、异常、失效等几个术语的区别，它们都指代应用不能正常运行时出现的问题。

8.2　错误容忍机制的设计思想

实际上，Spark 并没有很好的方法去解决上一节提到的各种类型错误。既然不能做到对每种错误都进行诊断和修复，那么 Spark 优先解决一类较为简单的错误：由于执行环境改变而引发的应用执行失败，如由于节点宕机、内存竞争、I/O 异常导致的任务执行失败。这类执行任务失败的共同特点是可以通过重新计算来尝试修复的。例如，节点突然宕机后，可以通过重新将计算任务调度到其他节点上，并继续执行。再例如，内存竞争会导致当前没有足够资源执行计算任务，这时可以将计算任务提交到另外一台内存充足的机器上去执行。当然，如果其他节点也是内存不足，那么重新执行也会继续导致出错。

对于数据丢失问题，实际上在数据库中已经有了一些方案，如写日志、数据持久化、复制备份等。Spark 采用的是数据检查点持久化方案，即 checkpoint 机制。

总的来说，Spark 错误容忍机制的核心方法有以下两种。

① 通过重新执行计算任务来容忍错误。当 job 抛出异常不能继续执行时，重新启动计算任务，再次执行。

② 通过采用 checkpoint 机制，对一些重要的输入 / 输出、中间数据进行持久化。这可以在一定程度上解决数据丢失问题，而且能够提高任务重新计算时的效率。

8.3　重新计算机制

上节提到 Spark 使用重新计算的方法来解决软硬件环境异常造成的作业失败问题。这种方法类似于“重启大法”，简单且容易自动化。然而，由于 Spark 应用和执行流程的复杂性，如何设计更精确、更高效的重新计算机制，还需要考虑如下的正确性和性能等问题。

8.3.1 重新计算是否能够得到与之前一样的结果

如果一个 task 正确计算出了结果但在输出时失败，那么再次执行该任务时，还能否得到与之前一致的结果？如果不能得到一致的结果，那么重新计算就没有意义。要保证一致性，需要 task 的输入数据和计算逻辑满足以下 3 个特性。

（1）重新计算时，task 输入数据与之前是一致的。

对于 map task，其输入数据一般来自分布式文件系统或者上一个 job 的输出。由于分布式文件系统上的数据是静态可靠的，所以 task 再次执行时仍然能够读取到相同的数据。同样，如果已经对上一个 job 的输出进行了持久化，那么 task 再次执行时仍然可以获得相同的数据。

对于 reduce task，其输入数据通过 Shuffle 获取，由于在 Shuffle Write 时一般使用确定性的 partition() 函数来对数据进行划分，所以每个 reduce task 获取的数据也是确定性的，如 reduce task 0 只获取 Hash(Key) 为 0 的 record 即可。然而，由于计算延迟和网络延迟，在 Shuffle Read 过程中不能保证接收到的 record 的顺序性，可能先接收到来自 map task 2 的 record，后接收到来自 map task 1 的 record，因此，reduce task 再次运行时的输入数据与之前的数据是部分一致的，即接收到的数据集合与上次 task 一样，只是里面的 record 顺序可能不一样。这时，需要 task 满足下面两个特性才能得到一致的结果。

（2）task 的计算逻辑需要满足确定性（deterministic）。

确定性的意思是如果输入数据是确定的，那么计算得到的结果也是确定的。假设 task 在计算时调用了一个随机函数，这个结果就是不确定的了，会导致 task 重新执行时得到不一致的结果。

（3）task 的计算逻辑需要满足幂等性（idempotent）。

幂等性是指对同样数据进行多次运算，结果都是一致的。在（1）中我们提到 reduce task 通过 Shuffle 获取到的 <K,V> record 是无序的，即使通过对 Key 进行排序，也无法保证相同 Key 的 record 是有序的。那么，task 的处理逻辑需要满足交换律和结合律才能得到一致的结果。例如，reduce task 使用聚合函数 func() 对 <K,list(V1, V2, V3)> record 进行处理，假设处理顺序为 V1 → V2 → V3，那么计算结果为 V′ = func(func(V1, V2), V3)。如果该

task 失效，第 2 次运行时处理顺序为 V3 → V2 → V1，那么计算结果为 v″ = func(func(V3, V2), V1)。只有 func() 满足交换律和结合律，V′ 与 V″ 的结果才是一致的，否则，将会出现不一致的结果。例如，在图 8.2 中，func() 将 list(V) 中的 Value 按照下画线连接，如果 record 的顺序不同，则会得到不同的聚合结果，即使按照 Key 进行排序后，结果也是不同的。Xiao 等 [102] 详细讨论了在 func() 不满足交换律和结合律时，MapReduce 类型的作业会出现多种类型的执行结果的错误。

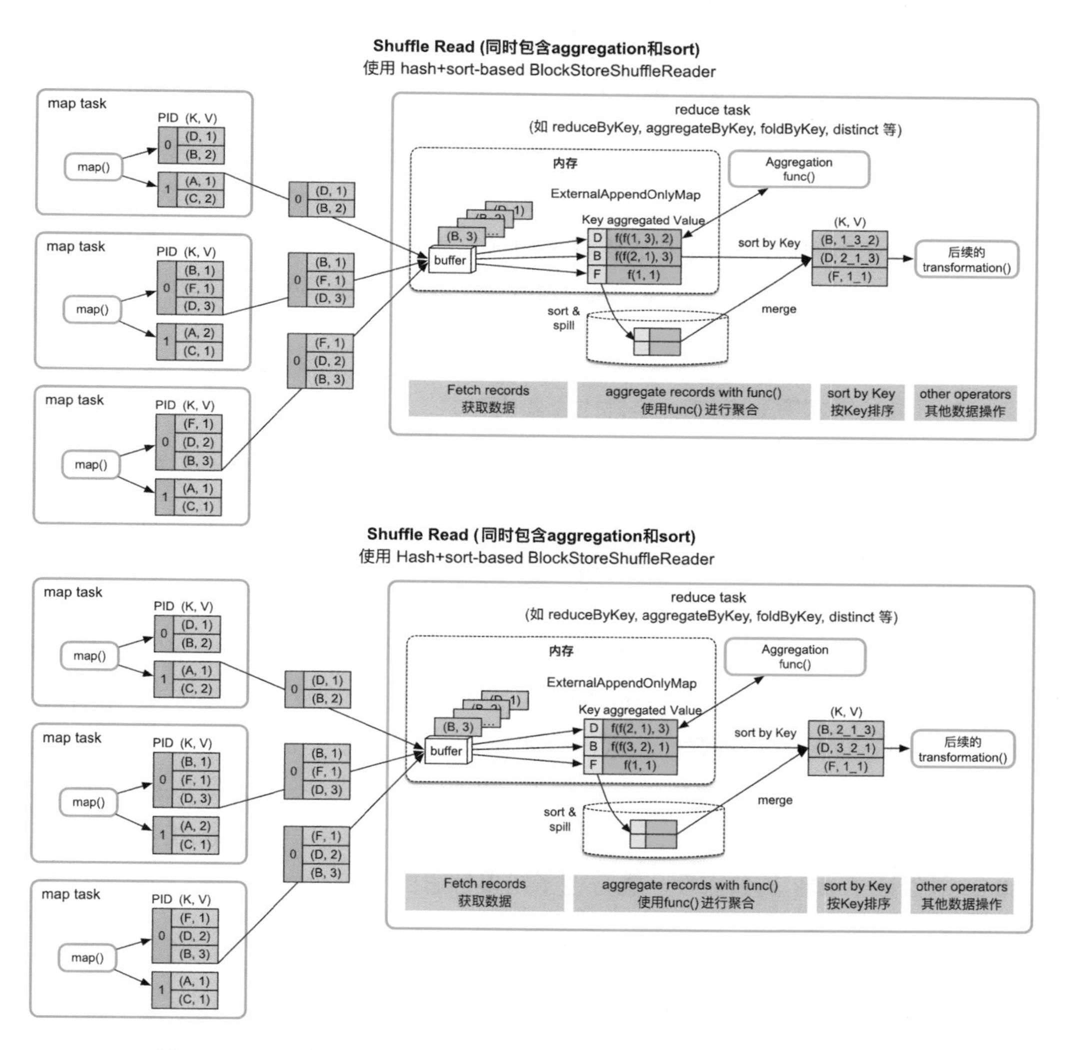

图 8.2 Spark 中 reduce task 在不同的 Shuffle 顺序下得到的不同计算结果

（注意：红色部分与绿色部分的数字顺序有差别。）

总的来说，重新计算机制有效的前提条件：task 重新执行时能够读取与上次一致的数据，并且计算逻辑具有确定性和幂等性。

8.3.2 从哪里开始重新计算

Spark 运行应用时会按照 action() 操作的先后顺序提交 job，每个 job 被分为多个 stage，每个 stage 又包含多个 task，task 是最小的执行单位。根据重新计算思想，当某个 job 中的 task 运行出错时，需要重新执行该 task，那么是否还需要执行其上游 stage 中的 task 呢？另外，根据流水线机制，每个 task 一般会连续计算多个 RDD，那么每个 RDD 都需要重新计算吗？还有，第 7 章提到过缓存数据如果丢失也需要重新计算，那么该从哪里开始计算呢？

要回答上述 3 个问题，本质上是要解决如何对数据和计算追根溯源的问题。我们先以第 4 章给出的复杂应用为例，讨论上面 3 个问题的解决方案，然后再给出一般化的解决方案。

（1）重新执行失效的 task 时，是否还需要执行其上游 stage 中的 task ?

如图 8.3 所示，stage 0 和 stage 1 中的 task 的输入数据来自分布式文件系统上的固定数据。这些 task 在重新计算时，直接读取分布式文件系统上的数据计算即可。而下游 stage 2 中的 task 的输入数据是通过 Shuffle Read 读取上游 stage 输出数据的。如果 stage 2 中的某个 task 执行失败，重新运行时需要再次读取 stage 0 和 stage 1 的输出结果，那么如何能够再次读到同样的数据而且避免对上游的 task 重新计算呢？ Spark 采用了“延时删除策略”，即将上游 stage 的 Shuffle Write 的结果写入本地磁盘，只有在当前 job 完成后，才删除 Shuffle Write 写入磁盘的数据。这样，即使 stage 2 中某个 task 执行失败，但由于上游的 stage 0 和 stage 1 的输出数据还在磁盘上，也可以再次通过 Shuffle Read 读取得到同样的数据，避免再次执行上游 stage 中的 task。所以，Spark 根据 ShuffleDependency 切分出的 stage 既保证了 task 的独立性，也方便了错误容忍的重新计算。

（2）一个 task 一般会连续计算多个 RDD，那么每个 RDD 都需要重新被计算吗？

这个问题的答案取决应用是否存在缓存数据。对于没有缓存数据的情况，每个 RDD 都需要重新被计算。在图 8.3 中，如果 stage 1 中的 task3 执行失败，那么需要重新计算 Data blocks => RDD2 => MapPartitionsRDD => UnionRDD 中相应的分区数据；如果 task5

执行失败，那么需要重新计算 Data blocks => RDD3 => UnionRDD 中相应的分区数据。在 stage 2 中，task7 或 task8 重新计算时需要计算 ShuffledRDD => CoGroupedRDD => MapPartitionsRDD => result: MapPartitionsRDD => Output results。对于有缓存的情况，如在 stage 1 中的 task4，RDD2 中相应的分区数据已经被缓存，那么直接从 RDD2 开始计算即可。同样，在 stage 2 中，CoGroupedRDD 的第 3 个分区数据已经被缓存，task9 直接从 CoGroupedRDD 计算即可。

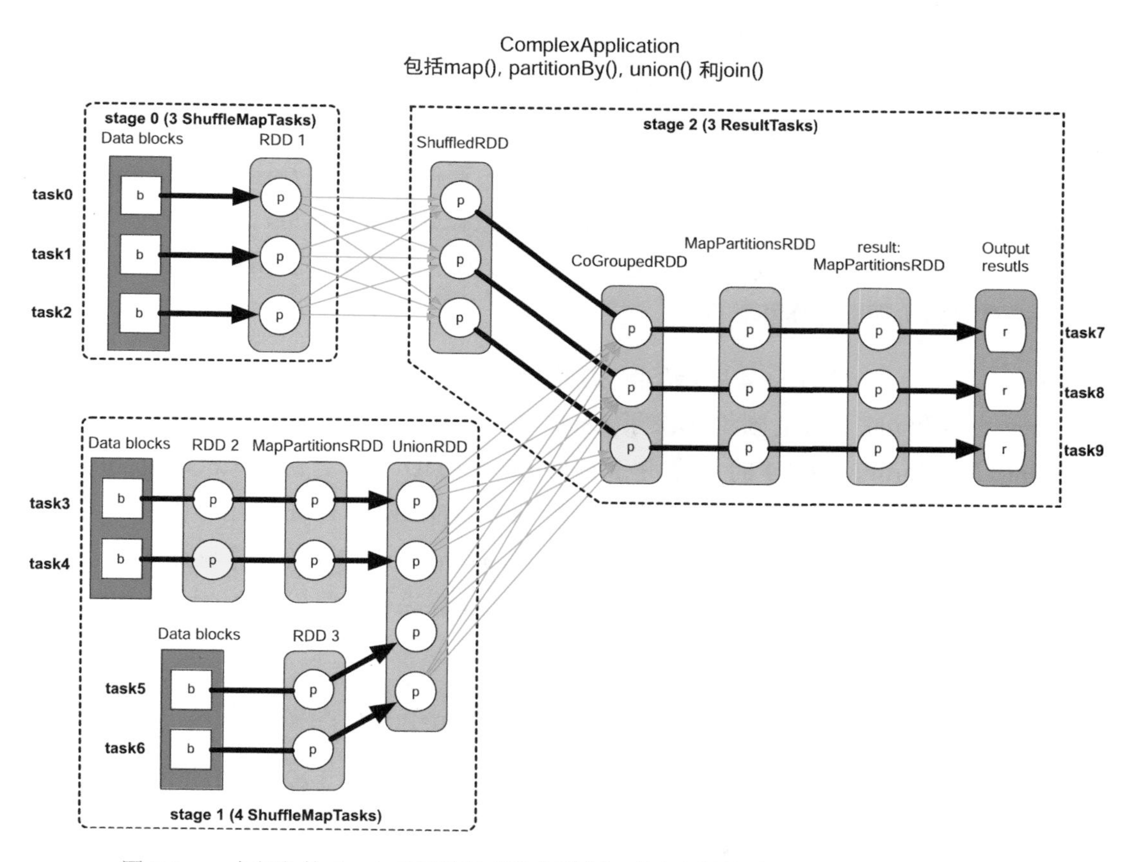

图 8.3 一个复杂的 Spark 应用的物理执行计划（黄色圆圈代表已被缓存的 partition）

（3）缓存数据如果丢失也需要重新计算，那么从哪里开始计算呢？

如图 8.3 所示，如果 RDD2 的第 2 个分区的缓存数据丢失，那么需要再次启动 task4，读取 Data blocks 数据，计算该分区数据。如果 CoGroupedRDD 的第 3 个分区的缓存数据丢失，那么再次启动 task9，通过 Shuffle Read 数据计算 ShuffledRDD => CoGroupedRDD 对应的分区数据。

通过以上举例分析可知，上述 3 个问题的解决方案都不难，然而统一实现起来就会很复杂，需要考虑各种情况和问题：如 task 是否需要 Shuffle Read？ stage 中的计算步骤是什么？计算路径上的数据是否包含缓存数据？缓存数据是如何计算出来的？等等。

为了使用更通用的方法解决上述问题，Spark 采用了一种称为 lineage 的数据溯源方法。这个方法的核心思想是在每个 RDD 中记录其上游数据是什么，以及当前 RDD 是如何通过上游数据（parent RDD）计算得到的。例如，在图 8.3 中，ShuffledRDD 的 parent RDD 是通过 Shuffle Read 得到的 RDD1；CoGroupedRDD 的 parent RDD 是通过 Shuffle Read+ 聚合得到的 ShuffleRDD 和 UnionRDD。这样在错误发生时，可以根据 lineage 追根溯源，找到计算当前 RDD 所需的数据和操作，所以 lineage 更通俗的意思就是计算链（computation chain）。如果计算链上存在缓存数据，那么从缓存数据处截断计算链，即可得到简化后的操作。不管当前 RDD 本身是缓存数据还是非缓存数据，都可以通过 lineage 回溯方法找到计算该缓存数据所需的操作和数据。

lineage 的实现细节：图 8.4 展示了图 8.3 中的 result: MapPartitionsRDD 持有的 lineage，其中 prev 变量和 rdd 变量清晰地记录了 result 与 parent RDD 的关联关系。从图 8.4 中可知，result: MapPartitionsRDD 的上游是 MapPartitionsRDD，再上游是 CoGroupedRDD，而 CoGroupedRDD 的上游包含 ShuffledRDD 和 UnionRDD 两个 RDD，还可以进一步看到 UnionRDD 的 parent RDD。图 8.5 展示了 result: MapPartitionsRDD 的计算函数 *f*()，也就是 result 是如何被计算得到的。这两组信息构成了计算链，解决了数据和计算追根溯源的问题。

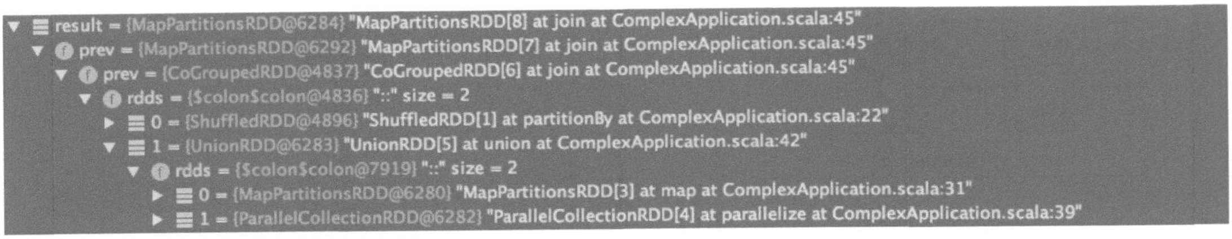

```
▼ ≡ result = {MapPartitionsRDD@6284} "MapPartitionsRDD[8] at join at ComplexApplication.scala:45"
  ▼ f prev = {MapPartitionsRDD@6292} "MapPartitionsRDD[7] at join at ComplexApplication.scala:45"
    ▼ f prev = {CoGroupedRDD@4837} "CoGroupedRDD[6] at join at ComplexApplication.scala:45"
      ▼ f rdds = {$colon$colon@4836} "::" size = 2
        ► ≡ 0 = {ShuffledRDD@4896} "ShuffledRDD[1] at partitionBy at ComplexApplication.scala:22"
        ▼ ≡ 1 = {UnionRDD@6283} "UnionRDD[5] at union at ComplexApplication.scala:42"
          ▼ f rdds = {$colon$colon@7919} "::" size = 2
            ► ≡ 0 = {MapPartitionsRDD@6280} "MapPartitionsRDD[3] at map at ComplexApplication.scala:31"
            ► ≡ 1 = {ParallelCollectionRDD@6282} "ParallelCollectionRDD[4] at parallelize at ComplexApplication.scala:39"
```

图 8.4 计算过程中 RDD 持有的 lineage

总的来说，lineage 就是我们在第 3 章中讲述的数据依赖关系。这个数据依赖关系不仅用来划分 stage，在“正向”计算时得到输出结果，也可以在错误发生时，用来回溯需要重新计算的数据，达到错误容忍的目的。

```
▼ ≡ result = {MapPartitionsRDD@4851} "MapPartitionsRDD[8] at join at ComplexApplication.scala:45"
  ▼ f prev = {MapPartitionsRDD@4849} "MapPartitionsRDD[7] at join at ComplexApplication.scala:45"
    ▶ f prev = {CoGroupedRDD@4837} "CoGroupedRDD[6] at join at ComplexApplication.scala:45"
    ▶ f f = {PairRDDFunctions$$anonfun$mapValues$1$$anonfun$apply$37@6325} "<function3>"
```

图 8.5　计算过程中 RDD 持有的计算函数 $f()$

8.3.3　重新计算机制小结

Spark 采用了最朴素的重新计算机制来解决由于软硬件环境改变引发的错误问题，但是重新计算机制要求 task 的计算逻辑满足确定性、幂等性。虽然 Shuffle Read 的数据不能保证顺序性，但一般应用并不要求结果有序（或者只要求 Key 有序），因此，当前的重新计算机制是可行的。

重新计算需要面对各种各样的情况，Spark 采用了 lineage 来统一对 RDD 的数据和计算依赖关系进行建模，使用回溯方法解决从哪里重新计算，以及计算什么的问题。

8.4　checkpoint 机制的设计与实现

理论上，重新计算机制可以用于解决数据丢失问题。当输入 / 输出或中间数据丢失时，可以重新启动任务计算这些数据，就像缓存数据丢失时可以再重新计算得到一样。然而，重新计算存在一个缺点是，如果某个数据（RDD）的计算链过长，那么重新计算该数据的代价非常高。例如，对于迭代型应用，假设迭代了 100 轮才计算出的中间数据突然丢失了，那么重新计算该数据的代价太高了。因此，为了提高重新计算机制的效率，也为了更好地解决数据丢失问题，Spark 采用了检查点（checkpoint）机制。该机制的核心思想是将计算过程中某些重要数据进行持久化，这样在再次执行时可以从检查点执行，从而减少重新计算的开销。虽然 checkpoint 机制的思想很简单，但与 Spark 重新计算机制结合使用时，还面临多个问题，下面具体介绍这些问题。

8.4.1　哪些数据需要使用 checkpoint 机制

既然 checkpoint 机制的目的是对重要数据持久化以减少重新计算的时间，那么从直观上来说，应该对计算耗时较高的数据进行持久化。具体地，我们通过分析单个 job 和多个

job 的情况来总结哪些数据需要使用 checkpoint 机制。

（1）单个 job 的情况。

以图 8.3 为例，假设没有数据缓存（黄色的 partition 变为白色），我们来分析该 job 的每个 stage 中哪些数据需要使用 checkpoint 机制。在 stage 0 中 RDD1 的计算代价较低，task 直接读取分布式文件系统上的数据块，进一步计算就得到 RDD1，因此不需要对 RDD1 进行 checkpoint。相比 RDD1，stage 1 中的 UnionRDD 的计算代价中等，需要运行更多的 task、经过更多的计算步骤才能得到，如果 UnionRDD 的数据量不大的话，则可以考虑对其进行 checkpoint。在 stage 2 中，对 RDD1 进行 Shuffle Read 直接得到 ShuffledRDD，ShuffledRDD 的计算代价较低，而 CoGroupedRDD 需要对 ShuffleRDD 和上一阶段的 UnionRDD 聚合得到，依赖数据较多，计算较为复杂耗时。所以，建议对 CoGroupedRDD 进行 checkpoint，这样当 task7、task8 或 task9 执行出错再次运行时，可以从 CoGroupedRDD 直接开始计算，不需要进行 Shuffle Read。

这里可能有一个观点：CoGroupedRDD 不需要进行 checkpoint，因为 RDD1 和 UnionRDD 的结果已经 Shuffle Write 到本地磁盘了，重新执行 task7、task8 或 task9 时只需要进行 Shuffle Read ＋计算即可，代价并不高。该观点忽略的一个问题是本地磁盘并不可靠，一旦节点宕机，RDD1 或者 UnionRDD 通过 Shuffle Write 写入磁盘的数据（只有一份）就丢失了，重新计算时需要重新执行 task0 ～ task6，计算代价会很高，因此，对于数据依赖较多、经过复杂计算才能得到的 RDD，可以使用 checkpoint 对其进行持久化。

这里再补充一点：对于图 8.3 中的应用来说，CoGroupedRDD 由 Spark 生成，对用户不可见，因此用户如果想要 Checkpoint CoGroupedRDD 的话，则可以考虑对其可见的 parent RDD 和 child RDD 进行 checkpoint。

（2）多个 job 的情况。

相比单个 job，多个 job 的情况需要考虑 job 之间传递的数据是否需要 checkpoint。在应用中存在多个 job，尤其是在多个 job 串联执行的情况下，每执行完一个 job 后，Spark 会将该 job 中上游 stage 的 Shuffle Write 数据清空，以减少占用的磁盘空间。如图 8.6 所示，一个迭代型应用每轮迭代都可能执行一个 job，每执行完一个 job 都会将该 job 中的 Shuffle Write 数据清空，只留下被缓存的数据，如 cached RDD1、cached RDD2 和 cached RDD3。

当然，由于缓存替换机制，旧的缓存数据（如 cached RDD1）也可能被清除。当不断被清除的缓存数据和清除的 Shuffle Write 数据会导致下游 task 重新计算时，则要从更加上游的地方开始，从而增加了计算量。

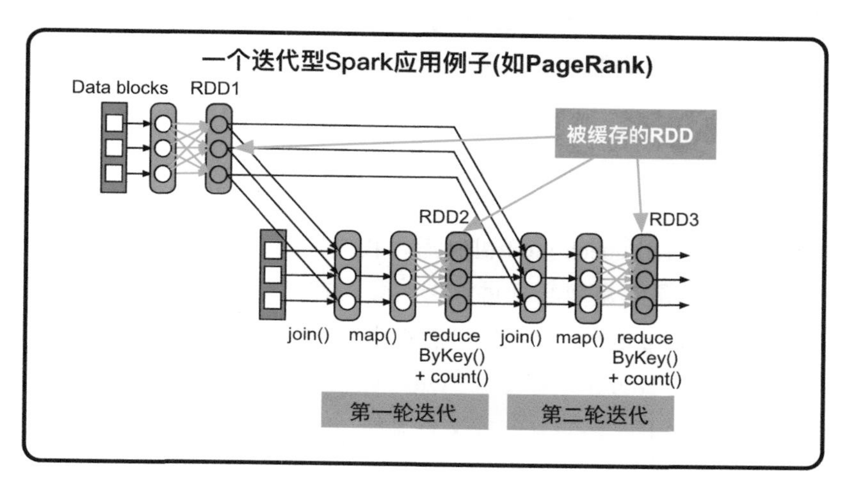

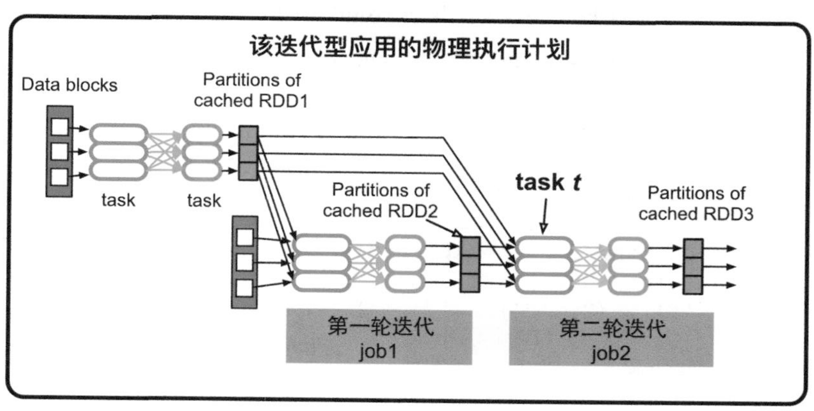

图 8.6 迭代型应用的逻辑处理流程和物理执行计划

在图 8.6 中，假设 task *t* 运行节点和 cached RDD2 中第 1 个分区所在的节点是同一个，那么当该节点宕机时，需要重新执行第 1 轮迭代的 job1 以获得 RDD2，之后再重新执行 task *t*。假设是第 *n* 轮迭代出错，且前面缓存的数据已被替换或者因为节点宕机而丢失，那么需要重新执行第 1 轮到第 *n* 轮迭代，计算代价非常高。所以，对于串联执行的 job，尤其是迭代型 job，需要每隔几个 job（或者每迭代 *m* 轮）就对一些中间数据进行 checkpoint，这样在出错时，可以从最近的 checkpoint 数据恢复执行。

同样在图 8.6 中，cached RDD1 在每轮迭代中都被使用，所以除了对其进行缓存，也最好对其进行 checkpoint，这样不仅可以提高读取效率，也可以避免因为缓存替换或者宕机引起的每轮迭代 RDD1 都需要重新计算的问题。

总的来说，需要被 checkpoint 的 RDD 满足的特征是，RDD 的数据依赖关系比较复杂且重新计算代价较高，如关联的数据过多、计算链过长、被多次重复使用等。

8.4.2 checkpoint 数据的写入及接口

了解哪些数据需要使用 checkpoint 机制后，我们还要解决 checkpoint 数据的存放位置问题。checkpoint 的目的是对重要数据进行持久化，在节点宕机时也能够恢复，因此需要可靠地存储。另外，checkpoint 的数据量可能很大，因此需要大的存储空间。所以，一般采用分布式文件系统，如 HDFS 来存储。当然，如果内存空间足够大，且想加速存储与读取过程，则也可以选择基于内存的分布式文件系统 Alluxio。

在 Spark 中，提供了 sparkConext.setCheckpointDir(directory) 接口来设置 checkpoint 的存储路径。同时，提供 rdd.checkpoint() 来实现 checkpoint。具体用法如下。

示例 1：一个简单的 checkpoint 应用，对中间数据进行 checkpoint。

```
val sc = spark.sparkContext
// 首先设置持久化路径，一般是 HDFS
sc.setCheckpointDir("hdfs://checkpoint")
val data = Array[(Int, Char)]((1, 'a'), (2, 'b'), (3, 'c'), (4, 'd'),
  (5, 'e'), (3, 'f'), (2, 'g'), (1, 'h')
)
// 对输入数据进行一些计算
val pairs = sc.parallelize(data, 3).map(r => (r._1 + 10, r._2))
// 对中间数据 pairs: MapPartitionsRDD 进行 checkpoint
pairs.checkpoint()
// 生成第 1 个 job
pairs.count()
// 在 checkpoint 的数据上进行再次计算
val result = pairs.groupByKey(2)
result.checkpoint()
result.foreach(println)     // 生成第 2 个 job
```

按照第 4 章介绍的物理执行计划生成方法，示例 1 程序生成了两个 job。如图 8.7 所示，第 1 个 job 计算 count() 结果，并将 pairs: MapPartitionsRDD 所有的 partition checkpoint 到

HDFS 中。第 2 个 job 首先从 checkpoint 文件中读取 pairs: RDD，然后进行 groupByKey() 和 foreach() 计算。查看 checkpoint 目录（见图 8.8），则可以发现 pairs 的 3 个 partition 以文件 part-0000* 的形式存放，part-0000* 标号也类似 task 直接将计算结果输出到 HDFS 的文件标号上。需要注意的是，Spark 在 checkpoint 时对 RDD 数据进行了序列化，所以用文本编辑器打开的 part-0000* 文件是乱码。

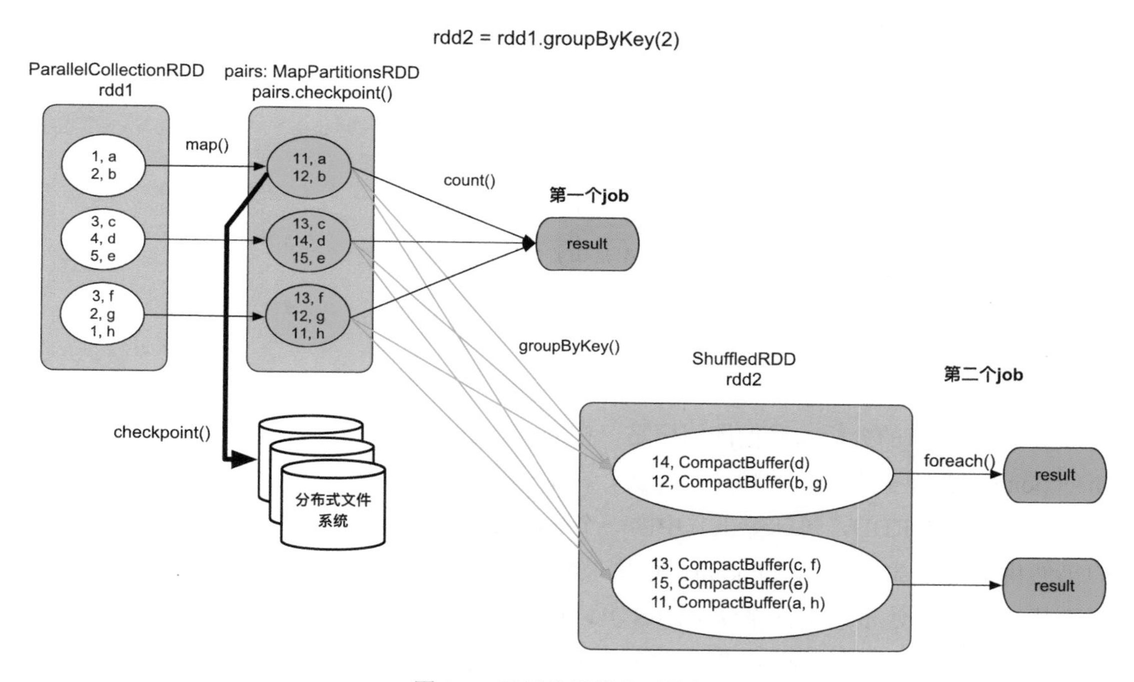

图 8.7 示例的逻辑处理流程

Name	Date Modified	Size	Kind
▼ checkpoint	今天 上午10:09	--	Folder
▼ 9abe59d6-6708-475a-a8c9-2b10f053219b	今天 上午10:08	--	Folder
▼ rdd-1	今天 上午10:08	--	Folder
part-00000	今天 上午10:08	150 bytes	Document
part-00001	今天 上午10:08	164 bytes	Document
part-00002	今天 上午10:08	164 bytes	Document

图 8.8 示例 1 应用在 checkpoint 目录存放的序列化后的 RDD 数据

对于示例 1 应用，根据图 8.7 的物理执行计划，我们认为只会产生两个 job。然而，查看该应用实际生成的 job 信息，则会发现实际生成了 3 个 job，如图 8.9 所示。此处的 job 0 相当于图 8.7 中的第 1 个 job，此处的 job 2 相当于图 8.7 中的第 2 个 job，那么为什么会多一个 job 1 呢？我们接下来通过研究 checkpoint 的时机及计算顺序来回答这个问题。

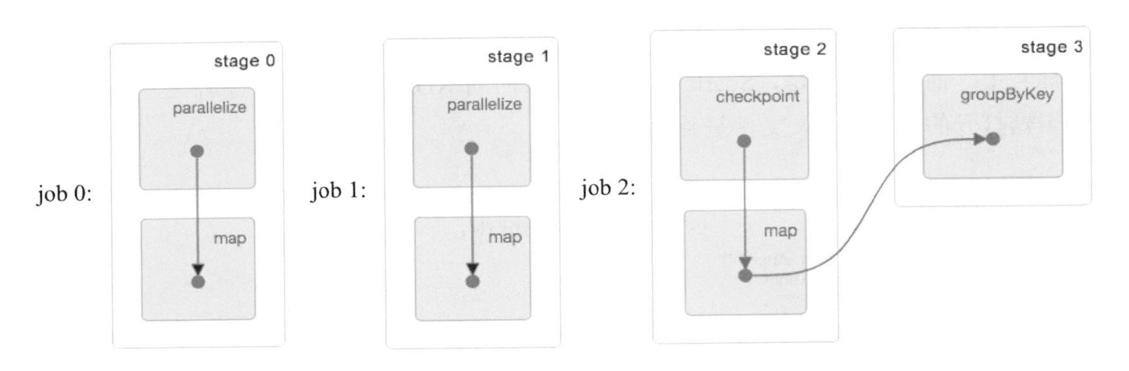

图 8.9　示例 1 应用生成的 3 个 jobs

(job 2 中的 map() 操作是用来读取 checkpoint 数据的)

8.4.3　checkpoint 时机及计算顺序

根据 8.4.2 节的分析，我们的问题是，在 job 运行过程中，什么时候进行 checkpoint？checkpoint 与其他操作计算的顺序是什么？在上一章中，我们介绍了缓存机制的计算顺序，对于需要缓存的 RDD，每计算出其中的一个 record，就将其缓存到内存或磁盘中。假设我们仍然用该方法来进行 checkpoint：如图 8.7 所示，每计算出 pairs: RDD 的一个 record，就将其持久化到分布式文件系统 HDFS 上，所有 record 持久化完毕后执行 count() 操作，count() 从 HDFS 上读取 record 进行计算。该 job 完成后，第 2 个 job 从 HDFS 上读取 pairs 数据进行计算。

该方案是可行的，但是效率很低。首先，checkpoint 将数据持久化到分布式文件系统（如 HDFS）时需要写入磁盘，而且一般需要复制 3 份进行跨节点存储，且写入时延高。同时，后续操作需要从 HDFS 中读取数据，读取代价也很高。如果需要 checkpoint 的 RDD 包含的数据量很大，则将会严重影响 job 的执行时间，造成很高的磁盘 I/O 代价。那么，如何提高 checkpoint 的效率呢？

其实 Spark 也没有好的解决方案，权宜之计是一种比较简单粗暴的方法：用户设置 rdd.checkpoint() 后只标记某个 RDD 需要持久化，计算过程也像正常一样计算，等到当前 job 计算结束时再重新启动该 job 计算一遍，对其中需要 checkpoint 的 RDD 进行持久化。

也就是说，当前 job 结束后会另外启动专门的 job 去完成 checkpoint，需要 checkpoint 的 RDD 会被计算两次。

如图 8.7 所示，用户设置 pairs.checkpoint() 后，Spark 将 pairs: RDD 标记为需要被 checkpoint，然后正常执行第 1 个 job。执行完以后，重新执行该 job，计算 rdd1 => pairs，每计算出 pairs 中的一个 record，就将其持久化写入 HDFS。当所有 record 写入完成后，job 结束，不需要执行后续的 count() 操作。这就是为什么实际执行时会多了一个 job1。第 3 个 job 读取存储在 HDFS 上的 pairs 数据中，并正常执行 groupByKey() 操作。

显然，checkpoint 启动额外 job 来进行持久化会增加计算开销。为了解决这个问题，Spark 推荐用户将需要被 checkpoint 的数据先进行缓存，这样额外启动的任务只需要将缓存数据进行 checkpoint 即可，不需要再重新计算 RDD，可以在一定程度上提高效率。

8.4.4 checkpoint 数据的读取

checkpoint 数据存储在分布式文件系统（HDFS）上，读取方式与从分布式文件系统读取输入数据没什么太大区别，都是启动 task 来读取的，并且每个 task 读取一个分区。只有以下 2 个不同点。

① checkpoint 数据格式为序列化的 RDD，因此需要进行反序列化重新恢复 RDD 中的 record。

② checkpoint 时存放了 RDD 的分区信息，如使用了什么 partitioner。这样，重新读取后不仅恢复了 RDD 数据，也可以恢复其分区方法信息，便于决定后续操作的数据依赖关系。例如，决定之后的 join() 操作应该采用的数据依赖关系是 OneToOneDependency 还是 ShuffleDependency。

8.4.5 checkpoint 数据写入和读取的实现细节

上面几节介绍了 checkpoint 的写入和读取原理，在 checkpoint 的实现中还有几个细节问题需要在这里说明。

在实现中，RDD 需要经过 [Initialized → CheckpointingInProgress → Checkpointed] 这 3 个阶段才能真正被 checkpoint。

（1）Initialized：当应用程序使用 rdd.checkpoint() 设定某个 RDD 需要被 checkpoint 时，Spark 为该 RDD 添加一个 checkpointData 属性，用来管理该 RDD 相关的 checkpoint 信息。如图 8.10 所示，当程序执行到 pairs.checkpoint() 时，对 paris.checkpointData 对象初始化，该对象保存了 pairs 的 checkpoint 的路径及 Initialized 状态。

```
▼ checkpointData = {Some@4995} "Some(org.apache.spark.rdd.ReliableRDDCheckpointData@233f52f8)"
  ▼ x = {ReliableRDDCheckpointData@5006}
    ▶ rdd = {MapPartitionsRDD@4969} "MapPartitionsRDD[1] at map at CheckpointTest.scala:21"
    ▶ evidence$1 = {ClassTag$$anon$1@4991} "scala.Tuple2"
    ▶ cpDir = "file:/Users/xulijie/Documents/data/checkpoint2/50e10be5-237d-497f-b917-a9cf26c01044/rdd-1"
      log_ = null
    ▶ rdd = {MapPartitionsRDD@4969} "MapPartitionsRDD[1] at map at CheckpointTest.scala:21"
    ▶ cpState = {Enumeration$Val@5008} "Initialized"
    ▶ cpRDD = {None$@4988} "None"
```

图 8.10　初始化 pairs:RDD 的 checkpoint 状态为 Initialized

（2）CheckpointingInProgress：当前 job 结束后，会调用该 job 最后一个 RDD（finalRDD）的 doCheckpoint() 方法。该方法根据 finalRDD 的 computing chain 回溯扫描，遇到需要被 checkpoint 的 RDD 就将其标记为 CheckpointingInProgress。在图 8.11 中，将 pairs. checkpointData 的 cpState 标记为 CheckpointingInProgress。之后，Spark 会调用 runjob() 再次提交一个 job 完成 checkpoint。

```
▼ oo checkpointData = {Some@4995} "Some(org.apache.spark.rdd.ReliableRDDCheckpointData@233f52f8)"
  ▼ x = {ReliableRDDCheckpointData@5006}
    ▶ rdd = {MapPartitionsRDD@4969} "MapPartitionsRDD[1] at map at CheckpointTest.scala:21"
    ▶ evidence$1 = {ClassTag$$anon$1@4991} "scala.Tuple2"
    ▶ cpDir = "file:/Users/xulijie/Documents/data/checkpoint2/50e10be5-237d-497f-b917-a9cf26c01044/rdd-1"
      log_ = null
    ▶ rdd = {MapPartitionsRDD@4969} "MapPartitionsRDD[1] at map at CheckpointTest.scala:21"
    ▶ cpState = {Enumeration$Val@5825} "CheckpointingInProgress"
    ▶ cpRDD = {None$@4988} "None"
```

图 8.11　将 pairs: RDD 的 checkpoint 状态设置为 CheckpointingInProgress

（3）Checkpointed：再次提交的 job 对 RDD 完成 checkpoint 后，Spark 会建立一个 newRDD，类型为 ReliableCheckpointRDD，用来表示被 checkpoint 到磁盘上的 RDD。如图 8.12 所示，newRDD 实际就是 Checkpoined pairs: RDD，保留了 pairs: RDD 的分区信息。但与 pairs: RDD 不同的是，newRDD 将 lineage 截断 (dependencies_ = null)，不再保留 pairs 依赖的数据和计算，原因是 pairs: RDD 已被持久化到可靠的分布式文件系统，不需要再保留 pairs: RDD 是如何计算得到的。注意，newRDD 的分区类型为 CheckpoinedRDDPartition，表示该分区已经被持久化。

```
▼ ≡ newRDD = {ReliableCheckpointRDD@5925} "ReliableCheckpointRDD[2] at count at CheckpointTest.scala:24"
  ▶ checkpointPath = "file:/Users/xulijie/Documents/data/checkpoint2/50e10be5-237d-497f-b917-a9cf26c01044/rdd-1"
  ▶ hadoopConf = {Configuration@5932} "Configuration: core-default.xml, core-site.xml, mapred-default.xml, mapred-site.xml, yarn-default.xml, yarn-
  ▶ cpath = {Path@5933} "file:/Users/xulijie/Documents/data/checkpoint2/50e10be5-237d-497f-b917-a9cf26c01044/rdd-1"
  ▶ fs = {LocalFileSystem@5900}
  ▶ broadcastedConf = {TorrentBroadcast@5934} "Broadcast(3)"
  ▶ getCheckpointFile = {Some@5935} "Some(file:/Users/xulijie/Documents/data/checkpoint2/50e10be5-237d-497f-b917-a9cf26c01044/rdd-1)"
  ▶ partitioner = {None$@4988} "None"
  ▶ _sc = {SparkContext@4967}
    deps = {Nil$@5936} "Nil$" size = 0
  ▶ 1 = {ClassTag$$anon$1@4991} "scala.Tuple2"
  ▶ RDD.partitioner = {None$@4988} "None"
    id = 2
    name = null
    dependencies_ = null
  ▼ partitions_ = {Partition[3]@5958}
    ▶ ≡ 0 = {CheckpointRDDPartition@5966}
    ▶ ≡ 1 = {CheckpointRDDPartition@5967}
    ▶ ≡ 2 = {CheckpointRDDPartition@5968}
```

图 8.12　checkpoint 过程中生成的 newRDD，表示 Checkpointed RDD

生成newRDD后，Spark需要将pairs和newRDD进行关联。当后续job需要读取pairs时，可以去读取newRDD。如图8.13所示，Spark将newRDD赋值给pairs.checkPointRDD.cpRDD。同时，将pairs的数据依赖关系也清空（本来使用OneToOneDependency依赖inputRDD），因为访问pairs即访问newRDD，而newRDD不需要依赖任何RDD。这个步骤完成后，将pairs.checkPointRDD.cpState的状态设置为Checkpointed。至此，checkpoint的写入过程结束。

```
▼ ≡ pairs = {MapPartitionsRDD@4969} "MapPartitionsRDD[1] at map at CheckpointTest.scala:21"
    prev = null
  ▶ f = {RDD$$anonfun$map$1$$anonfun$apply$5@4986} "<function3>"
    isFromBarrier = false
    isOrderSensitive = false
  ▶ evidence$2 = {ClassTag$$anon$1@4987} "scala.Tuple2"
  ▶ partitioner = {None$@4988} "None"
    isBarrier_ = false
    bitmap$trans$0 = true
  ▶ _sc = {SparkContext@4967}
    deps = null
  ▶ 1 = {ClassTag$$anon$1@4991} "scala.Tuple2"
  ▶ RDD.partitioner = {None$@4988} "None"
    id = 1
    name = null
    dependencies_ = null
    partitions_ = null
  ▶ storageLevel = {StorageLevel@4992} "StorageLevel(1 replicas)"
  ▶ creationSite = {CallSite@4993} "CallSite(map at CheckpointTest.scala:21,org.apache.spark.rdd.RDD.map(RDD.scala:370)\ncheckpoint.CheckpointTest... View
  ▶ scope = {Some@4994} "Some({"id":"1","name":"map"})"
  ▼ checkpointData = {Some@4995} "Some(org.apache.spark.rdd.ReliableRDDCheckpointData@233f52f8)"
    ▼ x = {ReliableRDDCheckpointData@5006}
      ▶ rdd = {MapPartitionsRDD@4969} "MapPartitionsRDD[1] at map at CheckpointTest.scala:21"
      ▶ evidence$1 = {ClassTag$$anon$1@4991} "scala.Tuple2"
      ▶ cpDir = "file:/Users/xulijie/Documents/data/checkpoint2/50e10be5-237d-497f-b917-a9cf26c01044/rdd-1"
      ▶ log_ = {Log4jLoggerAdapter@6014} "org.slf4j.impl.Log4jLoggerAdapter(org.apache.spark.rdd.ReliableRDDCheckpointData)"
      ▶ rdd = {MapPartitionsRDD@4969} "MapPartitionsRDD[1] at map at CheckpointTest.scala:21"
      ▶ cpState = {Enumeration$Val@6015} "Checkpointed"
      ▼ cpRDD = {Some@6016} "Some(ReliableCheckpointRDD[2] at count at CheckpointTest.scala:24)"
        ▼ x = {ReliableCheckpointRDD@5925} "ReliableCheckpointRDD[2] at count at CheckpointTest.scala:24"
          ▶ checkpointPath = "file:/Users/xulijie/Documents/data/checkpoint2/50e10be5-237d-497f-b917-a9cf26c01044/rdd-1"
```

图 8.13　将 newRDD 作为 pairs 的一个属性，读取 pairs 即读取 newRDD

下面我们通过 val result = pairs.groupByKey() 的计算链来看一下 Checkpointed RDD 的读取过程。如下所示，job 读取 pairs: MapPartitionsRDD 时，会读取 newRDD: ReliableCheckpointRDD。

```
(2) ShuffledRDD[3] at groupByKey at CheckpointTest.scala:33 []
+-(3) MapPartitionsRDD[1] at map at CheckpointTest.scala:21 []
   |  ReliableCheckpointRDD[2] at count at CheckpointTest.scala:24 []
```

总的来说，checkpoint 的写入过程不仅对 RDD 进行持久化，而且会切断该 RDD 的 lineage，将该 RDD 与持久化到磁盘上的 Checkpointed RDD 进行关联。这样，读取该 RDD 时，即读取 Checkpointed RDD。

8.4.6 checkpoint 语句位置的影响

了解了 checkpoint 的设计和实现原理后，我们继续讨论一些复杂的 checkpoint 语句使用情况。在 8.4.2 节中，我们只 checkpoint 了一个 RDD，而且放在了 count() 之前。我们讨论一下如果在一个应用中 checkpoint 多个 RDD、checkpoint 语句放置在 action() 语句之后，以及在一个 job 中对 pairs 和 result 两个 RDD 进行 checkpoint 则会发生什么状况呢？

（1）checkpoint 多个 RDD。

假设我们去掉示例程序 Example1 中的注释，在 foreach() 语句之前添加 result.checkpoint() 语句，那么会 checkpoint paris 和 result 这两个 RDD 吗？

如图 8.14 所示，我们添加语句后重新运行示例程序 Example1，会发现在 checkpoint 文件夹下确实生成了 rdd-1 和 rdd-3 两个 RDD 文件，分别代表 Checpointed pairs 和 result。另外，rdd-3 还包含了一个分区信息文件 _partitioner，里面标注了 result 使用的划分方法为 Hash 划分。这样，读取 rdd-3 时既可以还原 result RDD 的数据也可以还原其分区信息，就像是在运行过程中动态计算出来的。

checkpoint 两个 RDD 对计算流程有什么影响？根据前面 checkpoint 的设计原理分析，我们猜想对 result: RDD 进行 checkpoint 会多增加一个 job。如图 8.15 所示，实际执行时确实比示例程序 Example1（见图 8.9）多了一个 job 3。job 3 计算得到 result: RDD，并对其进行 checkpoint。然而，我们发现 job 3 中的 stage 4 被忽略了，stage 4 被忽略的原因与当前 Spark 实现细节有关。job 2 完成后没有删除 stage 2 和 Shuffle Write 到本地磁盘上的数据，而是等到 job 3（重新执行 job 2 的逻辑来进行 checkpoint）完成后再删除，这样 job 3 可以直接读取 stage 2 的输出数据进行 groupByKey() 计算，不需要运行 stage 4。而对于一般的 job 来说，job 完成后需要删除其上游 stage 和 Shuffle Write 到磁盘上的数据。

Name	Date Modified	Size	Kind
checkpoint	今天 上午10:19	--	Folder
c6d1cd5d-f977-460f-a486-2a43437c9f52	今天 上午10:19	--	Folder
rdd-1	今天 上午10:19	--	Folder
part-00000	今天 上午10:19	150 bytes	Document
part-00001	今天 上午10:19	164 bytes	Document
part-00002	今天 上午10:19	164 bytes	Document
rdd-3	今天 上午10:19	--	Folder
_partitioner	今天 上午10:19	147 bytes	Document
part-00000	今天 上午10:19	596 bytes	Document
part-00001	今天 上午10:19	644 bytes	Document

图 8.14 checkpoint 两个 RDD 后的写入文件信息

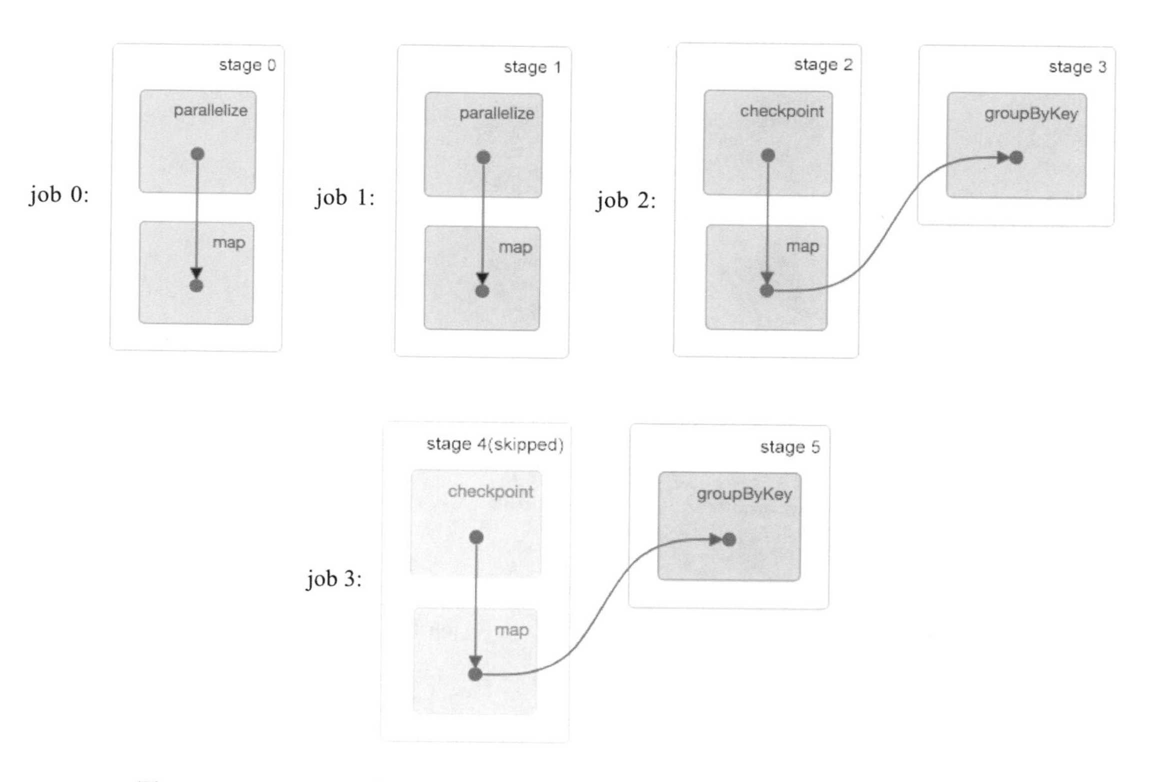

图 8.15 checkpoint 两个 RDD 后生成的 4 个 job，其中 job 1 和 job 3 用于 checkpoint

（2）checkpoint 语句放置在 action() 语句之后。

如果把 checkpoint 语句都放在 action() 语句之后，还会进行 checkpoint 操作吗？如下面的 Example2 示例程序所示，我们将 checkpoint 放在 count() 和 foreach() 之后，再次运行发现：pairs 和 result 两个 RDD 都没有被 checkpoint。生成的 job 如图 8.16 所示，没有用于被 checkpoint 的 job。没有对 result RDD 进行 checkpoint 的原因可能是，checkpoint 语句只是标识某个 RDD 需要进行 checkpoint，需要在运行 action job 的过程中完成标识，然后再启动真正的 job 进行实际的 checkpoint。当 action job 已经运行完成，就不会将对应 RDD 进行标识，自然也就不会 checkpoint。然而，这个思路并不能解释 pairs: RDD 为什么没有被 checkpoint？虽然我们将 checkpoint 语句放在 count() 之后，但是其在 foreach() 之前，所以理应对 pairs 进行 checkpoint。还有，当我们去掉 pairs.count() 语句后，pairs 是可以被 checkpoint 的，如图 8.17 所示，因此，Example2 中 pairs: RDD 没有被 checkpoint 的原因是系统 Bug。

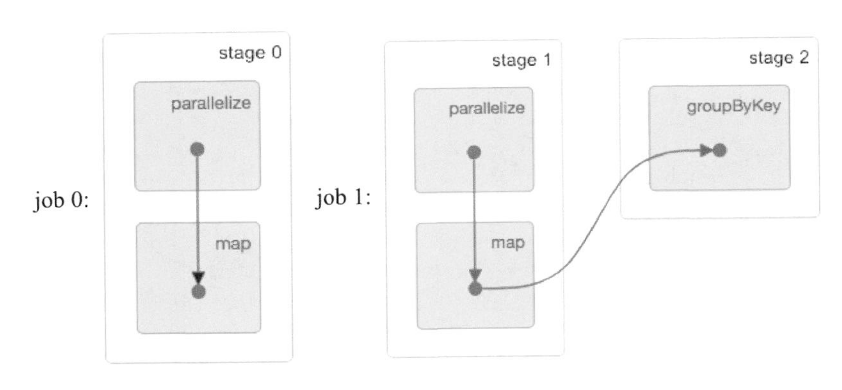

图 8.16　checkpoint 语句放到 action 之后生成的 job，没有生成用于 checkpoint 的 job

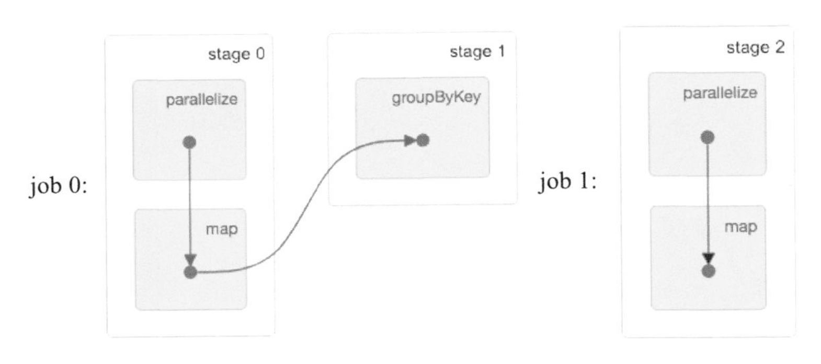

图 8.17　去掉 pairs.count() 语句后生成的 job，生成了用于 checkpoint pairs 的 job 1

示例 2：将 checkpoint 语句放在 count() 语句之后。

```
val sc = spark.sparkContext
// 设置持久化路径，一般是 HDFS
sc.setCheckpointDir("/Users/xulijie/Documents/data/checkpoint")
val data = Array[(Int, Char)]((1, 'a'), (2, 'b'), (3, 'c'), (4, 'd'),
  (5, 'e'), (3, 'f'), (2, 'g'), (1, 'h')
)
val pairs = sc.parallelize(data, 3).map(r => (r._1 + 10, r._2))
pairs.count()              // 第 1 个 job
pairs.checkpoint()         // 对 pairs: MapPartitionsRDD 进行 checkpoint
val result = pairs.groupByKey(2)
result.foreach(println)  // 第 2 个 job
result.checkpoint()
```

（3）在一个 job 中对多个 RDD 进行 checkpoint。

在示例 1 中，我们实现了在两个 job 中分别 checkpoint 一个 RDD 的情况，那么在一个 job 中 checkpoint 多个 RDD 会发生什么情况呢？

我们构造了示例 3，在一个 job 中同时对 pairs 和 result 进行 checkpoint。

直观上理解，pairs 和 result 都应该被 checkpoint，然而运行后发现只有 result: rdd-2 被 checkpoint 了，如图 8.18 所示。通过查看执行 job，如图 8.19 所示，发现只有针对 result: RDD 的 checkpoint job。这个原因是，根据 8.4.5 节的介绍，目前 checkpoint 的实现机制是从后往前扫描的，先碰到 result: RDD，对其进行 checkpoint，同时将其上游依赖关系（lineage）设置为空，表示重新运行时从这里读取数据即可，不需要再回溯到 parent RDD。这个机制导致 pairs 在从后往前的 checkpoint 搜索过程中不能被访问到，因此没有被 checkpoint。Spark 系统开发人员意识到了这个问题，也在源码中将这个问题列为下一步（TODO）工作，拟采用的解决方法是从前往后扫描，先对 parent RDD 进行 checkpoint，然后再对 child RDD 进行 checkpoint(checkpoint parents first because our lineage will be truncated after we checkpoint ourselves)。

示例 3：在一个 job 中对 pairs 和 result 两个 RDD 进行 checkpoint。

```
val sc = spark.sparkContext
sc.setCheckpointDir("/Users/xulijie/Documents/data/checkpoint3")
val data = Array[(Int, Char)]((1, 'a'), (2, 'b'), (3, 'c'), (4, 'd'),
  (5, 'e'), (3, 'f'), (2, 'g'), (1, 'h')
)
val pairs = sc.parallelize(data, 3).map(r => (r._1 + 10, r._2))
```

```
pairs.checkpoint()
val result = pairs.groupByKey(2)
result.checkpoint()
result.foreach(println) // 只有一个 job
```

Name	Date Modified	Size	Kind
checkpoint3	今天 上午11:18	--	Folder
0b0edbdd-c06e-4048-8a34-52951caee2d8	今天 上午11:18	--	Folder
rdd-2	今天 上午11:18	--	Folder
_partitioner	今天 上午11:18	147 bytes	Document
part-00000	今天 上午11:18	596 bytes	Document
part-00001	今天 上午11:18	644 bytes	Document

图 8.18　在同一个 job 中对两个 RDD 都进行 checkpoint 时，只有 result 被持久化

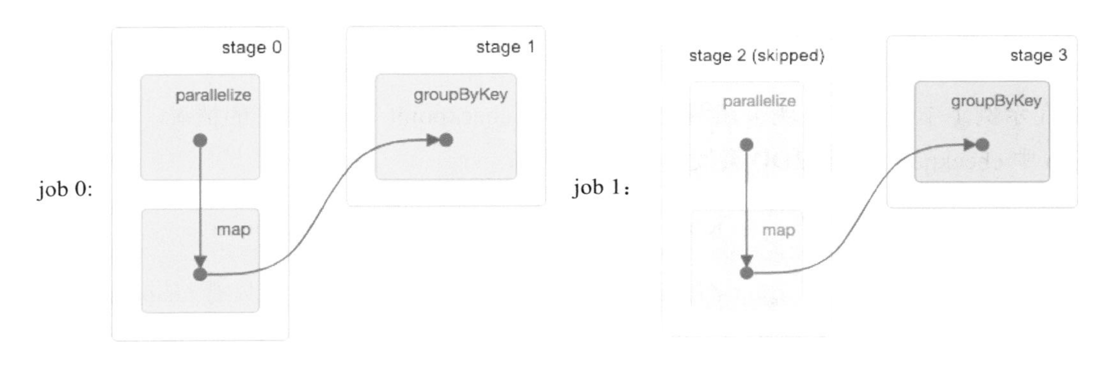

图 8.19　在同一个 job 中对两个 RDD 都进行 checkpoint 时，只有 result 被持久化

注意：本小节的例子和描述较为晦涩，读者可以自行调整示例代码中的语句顺序，结合 Web UI 观察在不同情况下 checkpoint 和 action() 对 job 执行的影响。

8.4.7　cache + checkpoint

前面介绍过，Spark 建议用户在 checkpoint RDD 的同时对其进行缓存，那么在这种情况下生成的 job 与只进行缓存有什么异同呢？缓存和 checkpoint 的顺序是怎样的呢？下面我们通过两个例子来说明。

示例 4：对 pairs: RDD 既进行缓存也进行 checkpoint。

```
val sc = spark.sparkContext
```

```
sc.setCheckpointDir("/Users/xulijie/Documents/data/checkpoint3")
val data = Array[(Int, Char)]((1, 'a'), (2, 'b'), (3, 'c'), (4, 'd'),
  (5, 'e'), (3, 'f'), (2, 'g'), (1, 'h')
)
val pairs = sc.parallelize(data, 3).map(r => (r._1 + 10, r._2))
pairs.cache()
pairs.checkpoint()
paris.count()
val result = pairs.groupByKey(2)
result.foreach(println)
```

如图 8.20 所示，示例 4 应用生成 3 个 job，第 1 个由 count() 生成的 job 在运行时对 pairs: RDD 进行缓存，然后启动第 2 个 job 读取 cached pairs: RDD，并对 pairs 进行 checkpoint。最后启动第 3 个 job，其中 stage 2 读取 pairs 缓存数据并进行 Shuffle Write，stage 3 进行 groupByKey() 操作，输出结果。也就是说，应用先对 pairs 进行缓存，然后再 checkpoint，读取时读取缓存数据而非 checkpoint 数据。

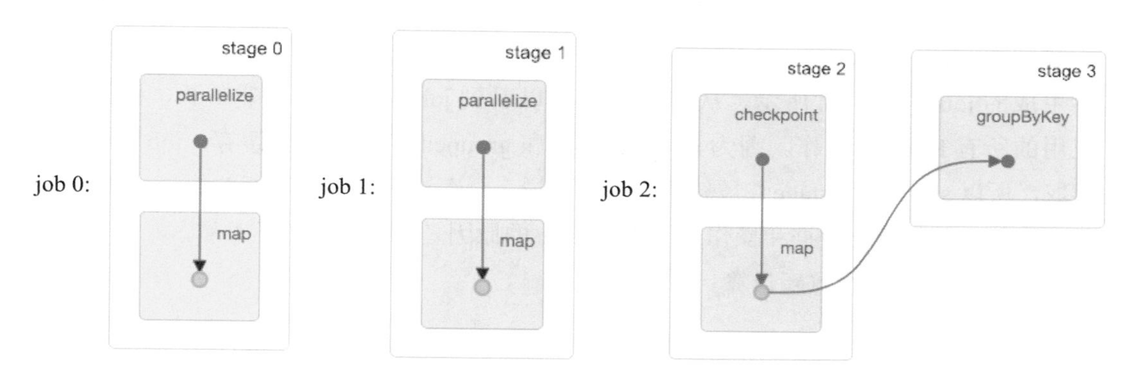

图 8.20 同时对 pairs: RDD 进行缓存和 checkpoint 生成的 3 个 job

result RDD 的 lineage 如下所示，该 lineage 进一步说明读取 pairs: MapPartitionsRDD 时优先读取缓存数据（CachedPartitions）。CachedPartitions 之下的 ReliableCheckpointRDD 表示 MapPartitionsRDD 依赖 ReliableCheckpointRDD，但 MapPartitionsRDD 已经被缓存，不必从 ReliableCheckpointRDD 中读取数据。

```
(2) ShuffledRDD[3] at groupByKey at CheckpointTest.scala:34 []
 +-(3) MapPartitionsRDD[1] at map at CheckpointTest.scala:21 []
  | CachedPartitions: 3; MemorySize: 344.0 B; ExternalBlockStoreSize:
    0.0 B; DiskSize: 0.0 B
  |  ReliableCheckpointRDD[2] at count at CheckpointTest.scala:25 []
```

我们在 8.4.6 节缓存的例子上进行修改，添加 checkpoint 语句，模拟同时对两个 RDD 既进行缓存也进行 checkpoint 的复杂情况，程序如示例 5 所示。

示例 5：对两个 RDD 既进行缓存又进行 checkpoint。

```
var inputRDD = sc.parallelize(Array[(Int,String)](
    (1,"a"),(2,"b"),(3,"c"),(4,"d"),(5,"e"),(3,"f"),(2,"g"),(1,"h"),(2,"i")
), 3)
val mappedRDD = inputRDD.map(r => (r._1 + 1, r._2))
mappedRDD.cache()
val reducedRDD = mappedRDD.reduceByKey((x, y) => x + "_" + y, 2)
reducedRDD.cache()
reducedRDD.checkpoint() // 添加的 checkpoint() 语句
reducedRDD.foreach(println)
val groupedRDD = mappedRDD.groupByKey().mapValues(V => V.toList)
groupedRDD.cache()
groupedRDD.checkpoint() // 添加的 checkpoint() 语句
groupedRDD.foreach(println)
val joinedRDD = reducedRDD.join(groupedRDD)
joinedRDD.foreach(println)
```

如果去掉 checkpoint 语句，示例 5 应用会生成 3 个 job，逻辑处理流程如图 8.21 所示，实际生成的 job 如图 8.22 所示。从图 8.22 中可以看到 job 2 的 lineage 非常长，包括了整个应用的所有 RDD 及操作。因为 reducedRDD 和 groupedRDD 已经被缓存，job 2 可以直接读取，所以 stage 4 和 stage 6 被忽略。总的来说，缓存语句并不能切断 lineage，RDD 还是保存了其上游依赖的数据和操作。保留 lineage 的原因是缓存数据并不可靠，一旦丢失，还需要根据 lineage 进行重新计算。

添加 checkpoint 语句，重新运行会生成 5 个 job。如图 8.23 所示，job 0 正常计算，并对 mappedRDD 和 reducedRDD 进行缓存，如绿色圆圈所示。由于 reducedRDD 被设置为需要被 checkpoint，需要启动 job 1 对 reducedRDD 进行 checkpoint。此时，stage 2 被忽略，原因是当前 Spark 实现 checkpoint 的方式问题，与图 8.15 中的例子一样。之后，启动 job 2 读取被缓存的 mappedRDD，正常计算得到 groupedRDD，并对其进行缓存。由于 groupedRDD 也需要被 checkpoint，因此启动 job 3 对 groupedRDD 进行 checkpoint，stage 6 被忽略的原因和 stage 2 一样。最后，启动 job 4，读取被缓存的 reducedRDD 和 groupedRDD 进行 join() 操作，得到最后的结果。

对比 job 4 和图 8.22 中的 job 2 可以发现：checkpoint 切断了 lineage，使得 job 4 不需要再保存整个应用的数据依赖图。checkpoint 可以这样做的原因是 RDD 被持久化到了可靠的分布式文件系统上，该RDD不需要通过再次计算得到，也就没有必要保存其lineage了。这一点对于迭代型应用很重要，迭代型应用的 lineage 会很长，及时进行 checkpoint 可以减少 job 复杂程度，降低再次运行时的计算开销。如果单纯是为了降低 job lineage 的复杂程度而不是为了持久化，Spark 还提供了 localCheckpoint() 方法，功能上等价于“数据缓存”加上“checkpoint 切断 lineage”的功能。

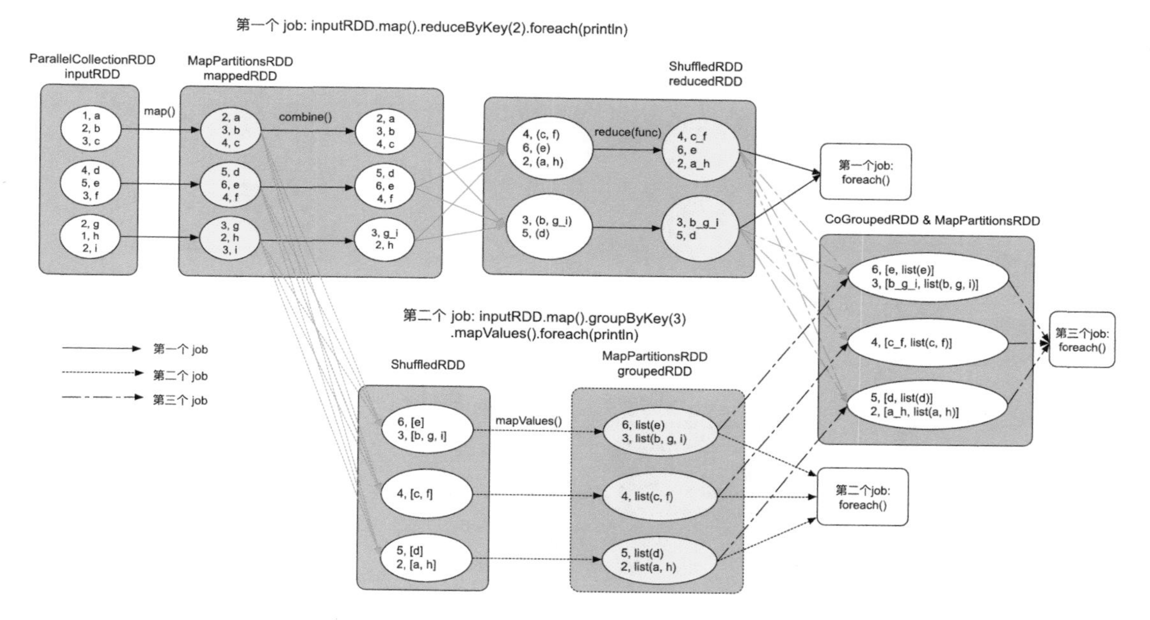

图 8.21 只包含 cahce() 的逻辑处理流程

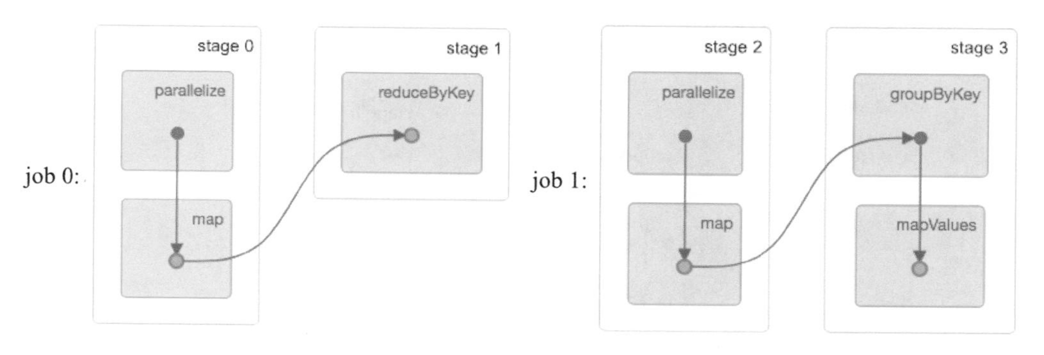

图 8.22 只包含 cache() 而不包含 checkpoint 语句时生成的 3 个 job

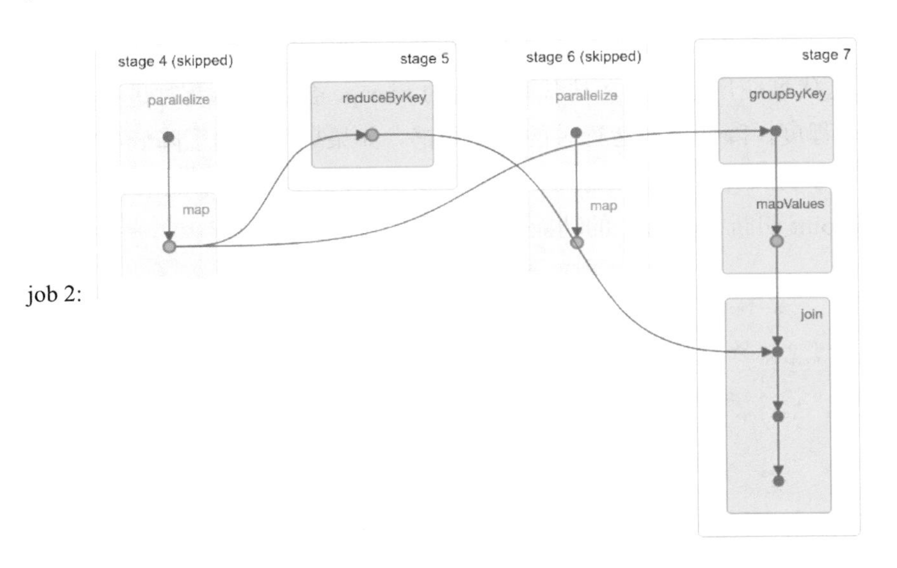

图 8.22 只包含 cache() 而不包含 checkpoint 语句时生成的 3 个 job（续）

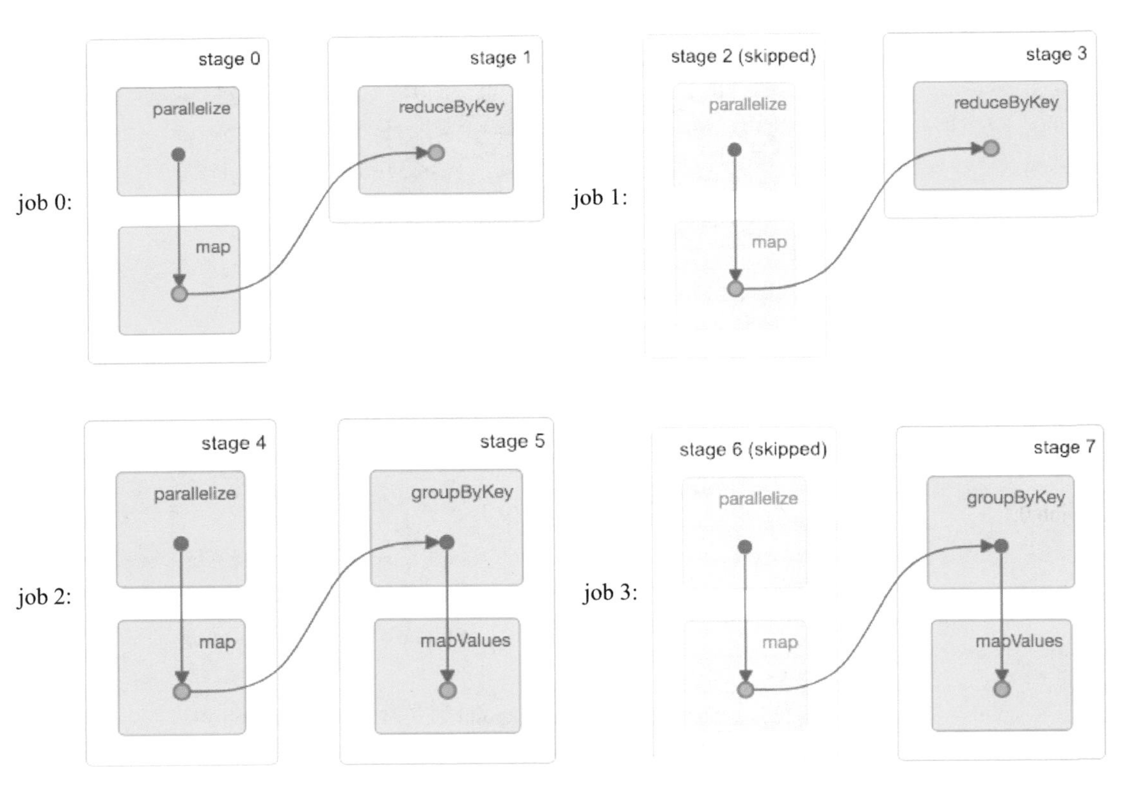

图 8.23 示例 5 应用同时存在缓存数据和 checkpoint 时生成的 job

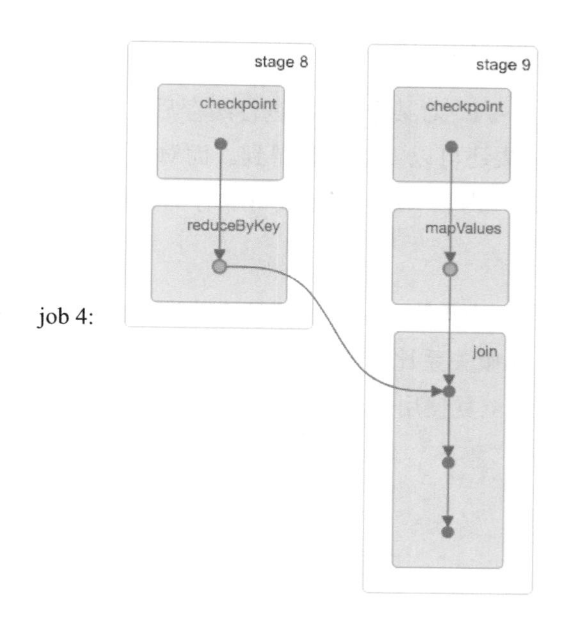

图 8.23 示例 5 应用同时存在缓存数据和 checkpoint 时生成的 job（续）

总的来说，本节的两个例子说明对某个 RDD 进行缓存和 checkpoint 时，先对其进行缓存，然后再次启动 job 对其进行 checkpoint。

8.5 checkpoint 与数据缓存的区别

数据缓存和 checkpoint 的用法、存储与读取过程确实很相似，但也有不少区别，下面总结说明一下。

（1）目的不同。数据缓存的目的是加速计算，即加速后续运行的 job。而 checkpoint 的目的是在 job 运行失败后能够快速恢复，也就是说加速当前需要重新运行的 job。

（2）存储性质和位置不同。数据缓存是为了读写速度快，因此主要使用内存，偶尔使用磁盘作为存储空间。而 checkpoint 是为了能够可靠读写，因此主要使用分布式文件系统作为存储空间。

（3）写入速度和规则不同。数据缓存速度较快，对 job 的执行时间影响较小，因此可以在 job 运行时进行缓存。而 checkpoint 写入速度慢，为了减少对当前 job 的时延影响，会额外启动专门的 job 进行持久化。

（4）对 lineage 的影响不同。对某个 RDD 进行缓存后，对该 RDD 的 lineage 没有影响，这样如果缓存后的 RDD 丢失还可以重新计算得到。而对某个 RDD 进行 checkpoint 以后，会切断该 RDD 的 lineage，因为该 RDD 已经被可靠存储，所以不需要再保留该 RDD 是如何计算得到的。

（5）应用场景不同。数据缓存适用于会被多次读取、占用空间不是非常大的 RDD，而 checkpoint 适用于数据依赖关系比较复杂、重新计算代价较高的 RDD，如关联的数据过多、计算链过长、被多次重复使用等。

8.6 本章小结

本章介绍了 Spark 应用在执行过程中可能面临的作业执行失败、数据丢失等可靠性问题。为了解决这些问题，Spark 采用了简单但能够自动化的错误容忍机制——重新计算机制，该机制主要针对节点宕机、磁盘损坏等由于执行环境改变引发的作业执行失败问题。虽然重新计算机制思想简单，但是要求 task 具有确定性、幂等性，而且在设计和实现时需要考虑从哪里开始重新计算、对哪些 RDD 进行重新计算等计算粒度问题。为了解决数据和操作追根溯源的问题，Spark 采用了 lineage 机制，也就是为每个 RDD 保存其数据依赖关系和关联操作，这样可以为每个 RDD 构建计算链，便于重新计算。

为了更好地解决数据丢失问题，也为了加速重新计算机制，Spark 采用了 checkpoint 机制，将计算过程中重要的数据持久化到可靠存储，如分布式文件系统。这样，当失败的作业重新执行时，会从 Checkpointed RDD 开始读取，避免重新计算该 RDD。然而，checkpoint 机制与重新计算机制结合时，还需要确定 checkpoint 的时机及计算顺序。Spark 采用启动额外 job 执行 checkpoint 的方式解决了该问题，但该方式会增加应用的 job 数量。checkpoint 还有一个优点是可以截断计算链，减少 job 的复杂性。

数据缓存和 checkpoint 机制在迭代型应用中被广泛使用。数据缓存更关注如何加速计算，而 checkpoint 机制更关注在 job 失效时如何快速恢复，因此两者的数据存储位置、存储时间，以及对 job 生成的影响有所不同。

第9章

内存管理机制

本章首先分析大数据框架内存管理机制问题及挑战，再分析应用内存消耗来源及影响因素，然后，详细探讨 Spark 框架内存管理模型和 Spark 框架执行内存消耗与管理，最后，讨论数据缓存空间管理，并进行总结和优化。

9.1 内存管理机制问题及挑战

大数据处理框架如 MapReduce、Spark 等，需要在内存中处理大量数据，内存消耗要比一般的软件系统高。由于内存空间有限，如何高效地管理和使用内存成为重要问题。除了在内存中处理大量数据，Spark 还在内存中缓存大量数据来避免重复计算，所以 Spark 内存管理机制面临更多挑战，下面具体分析这些挑战。

（1）内存消耗来源多种多样，难以统一管理。Spark 在运行时内存消耗主要包括 3 个方面：第 1 个方面是框架本身在处理数据时需要消耗内存，如 Spark 在 Shuffle Write/Read 过程中使用类似 HashMap 和 Array 的数据结构对数据进行聚合和排序。第 2 个方面是数据缓存，如将需要重复使用的数据缓存到内存中避免重复计算。第 3 个方面是用户代码消耗的内存，如用户可以在 reduceByKey(func)、mapPartitions(func) 的 func 中自己定义数据结构，暂存中间处理结果。由于内存空间有限，如何对这些缓存数据和计算过程中的数据进行统一管理呢，如何平衡数据计算与缓存的内存消耗呢等这些解决内存空间不足的问题都具有挑战性。

（2）内存消耗动态变化、难以预估，为内存分配和回收带来困难。Spark 运行时的内存消耗与多种因素相关，如 Shuffle 机制中的内存用量与 Shuffle 数据量、分区个数、用户自定义的聚合函数等相关，并且难以预估。用户代码的内存用量与 func 的计算逻辑、输入数据量有关，也难以预估。而且这些内存消耗来源产生的内存对象的生命周期不同，如何分配大小合适的内存空间，何时对这些对象进行回收的问题也具有挑战性。

（3）task 之间共享内存，导致内存竞争。在 Hadoop MapReduce 中，框架为每个 task 启动一个单独的 JVM 运行，task 之间没有内存竞争。在 Spark 中，多个 task 以线程方式运行在同一个 Executor JVM 中，task 之间还存在内存共享和内存竞争，如何平衡内存共享和内存竞争的问题也具有挑战性。

为了应对这些问题，Spark 不断改进内存管理机制，最终目的是构建一个高效、可靠的内存管理机制。接下来，我们首先分析内存消耗的来源及影响因素，然后详细介绍 Spark 框架内存管理模型，最后总结讨论 Spark 内存管理机制的优化。

9.2 应用内存消耗来源及影响因素

为了方便后续讨论，我们首先定义内存消耗是什么？在 Hadoop MapReduce 中，map/reduce task 以 JVM 进程方式运行，因此 Hadoop MapReduce 应用内存消耗指的是 map/reduce task 进程的内存消耗。对于 Spark 应用来说，其 task（名为 ShuffleMapTask 或 ResultTask）以线程方式运行在 Executor JVM 中。因此，Spark 应用内存消耗在微观上指的是 task 线程的内存消耗，在宏观上指的是 Executor JVM 的内存消耗。由于 Exectuor JVM 中可以同时运行多个 task，存在内存竞争，为了简化分析，我们主要关注单个 task 的内存消耗，必要时再分析 Executor JVM 的内存消耗。

如图 9.1 所示，单个 task 的内存消耗来源主要包含 3 个方面：用户代码（User code）、框架执行（如 Shuffle Write/Read 中间数据）和数据存储（如 cached RDD）。下面，我们对这些内存消耗来源进行深入分析。

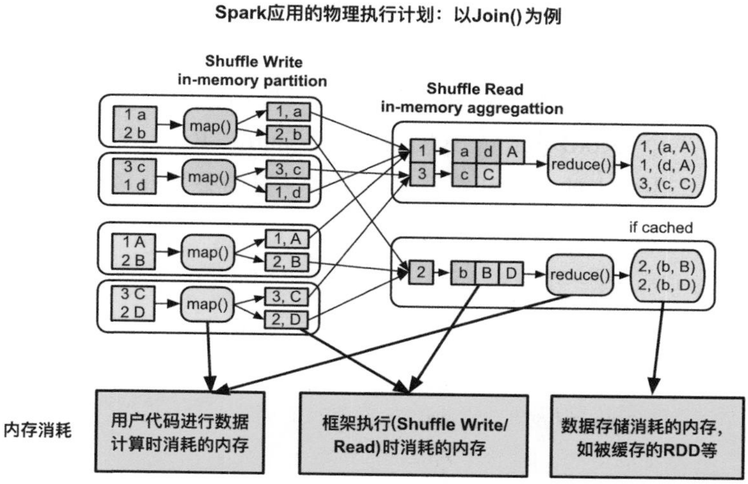

图 9.1　Spark 应用内存消耗来源

9.2.1　内存消耗来源 1：用户代码

在 Spark 中，用户代码指的是用户采用的数据操作和其中的 func，如 map(func)，reduceByKey(func) 等。这些操作的内存使用模式大致有两种：一种是每读入一条数据，立即调用 func 进行处理并输出结果，产生的中间计算结果并不进行存储，如在 filter(record => record > 10) 计算过程中，读入的 record 如果大于 10 就输出，否则直接丢弃，内存消耗可以忽略不计。另一种是对中间计算结果进行一定程度的存储，如下面的 GroupByTest 代码（在第 2 章中介绍过）所示，用户在 flatMap() 操作中定义了名为 arr1 的数组，并在该数组存放了中间计算结果，这些中间计算结果会造成内存消耗。

用户代码造成内存消耗的 GroupByTest 示例如下所示。

```
val pairs1 = spark.sparkContext.parallelize(0 until numMappers,
             numMappers).flatMap { p =>
  val ranGen = new Random
  val arr1 = new Array[(Int, Array[Byte])](numKVPairs) // 占用内存空间
  for (i <- 0 until numKVPairs) {
    val byteArr = new Array[Byte](valSize)
    ranGen.nextBytes(byteArr)
    arr1(i) = (ranGen.nextInt(Int.MaxValue), byteArr)
  }
  arr1
}.cache()
```

用户代码内存消耗影响因素：影响因素包括数据操作的输入数据大小，以及 func 的空间复杂度。输入数据大小决定用户代码会产生多少中间计算结果，空间复杂度决定有多少中间计算结果会被保存在内存中。Spark 在运行时可以获得数据操作的输入数据信息，如 map() 读入了多少个 record，groupByKey() 通过 Shuffle Read 读取了多少个 record 等。至于这些 record 会产生多大的中间计算结果，中间计算结果又有多少会被存放在内存中由用户代码的空间复杂度决定，难以预先估计。

9.2.2 内存消耗来源 2：Shuffle 机制中产生的中间数据

除了执行用户定义的数据操作，Spark 还需要执行 Shuffle Write/Read 阶段，将上游 stage 中的数据传递给下游 stage。根据第 6 章内容，在 Shuffle Write/Read 过程中，Spark 需要对数据进行分区、聚合、排序等操作，而这些操作需要在内存中存储和处理大量中间数据。Shuffle 机制具体包括 Shuffle Write 和 Shuffle Read 这两个阶段，这两个阶段的内存消耗如下。

- Shuffle Write 阶段：如图 9.2 所示，该阶段首先对 map task 输出的 Output records 进行分区，以便后续分配给不同的 reduce task，在这个过程中只需要计算每个 record 的 partitionId，因此内存消耗可以忽略不计。然后，如果需要进行 combine() 聚合，那么 Spark 会将 record 存放到类似 HashMap 的数据结构中进行聚合，这个过程中 HashMap 会占用大量内存空间。最后，Spark 会按照 partitionId 或者 Key 对 record 进行排序，这个过程中可能会使用数组保存 record，也会消耗一定的内存空间。

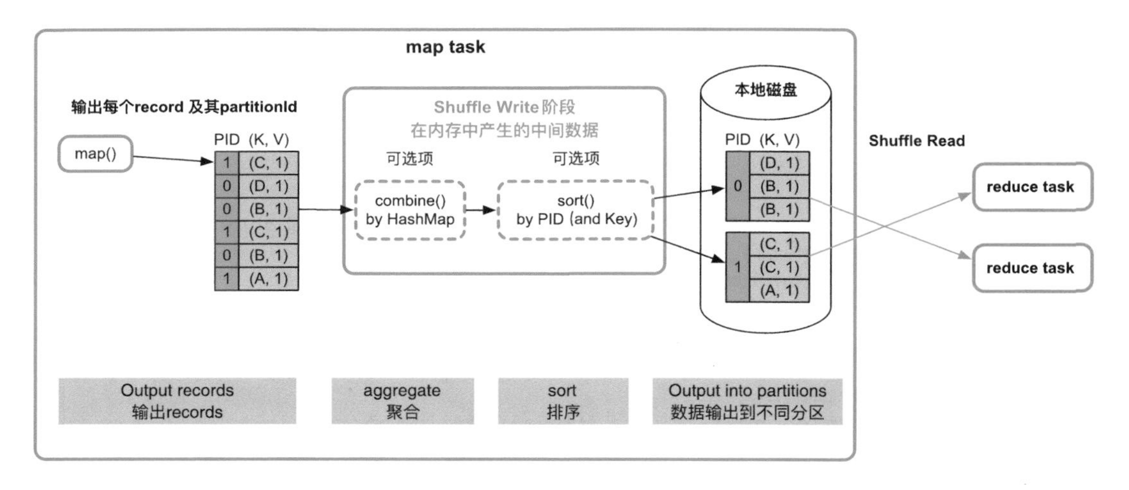

图 9.2 Shuffle Write 过程中的分区（partition）、聚合（aggregate）和排序（sort）过程

- Shuffle Read 阶段：该阶段将来自不同 map task 的分区数据进行聚合、排序，得到结果后进行下一步计算。如图 9.3 所示，首先分配一个缓冲区（buffer）暂存从不同 map task 获取的 record，这个 buffer 需要消耗一些内存。然后，如果需要对数据进行聚合，那么 Spark 将采用类似 HashMap 的数据结构对这些 record 进行聚合，会占用大量内存空间。最后，如果需要对 Key 进行排序，那么可能会建立数组来进行排序，需要消耗一定的内存空间。

Shuffle 机制中内存消耗影响因素：首先，Shuffle 方式影响内存消耗，根据第 6 章的介绍，不同类型的操作会使用不同类型的 Shuffle 方式，如 sortByKey() 不需要聚合（Aggregate）过程，而 reduceByKey(func) 需要。其次，Shuffle Write/Read 的数据量影响中间数据大小，进而影响内存消耗。最后，用户定义的聚合函数的空间复杂度影响中间计算结果大小，进而影响内存消耗。

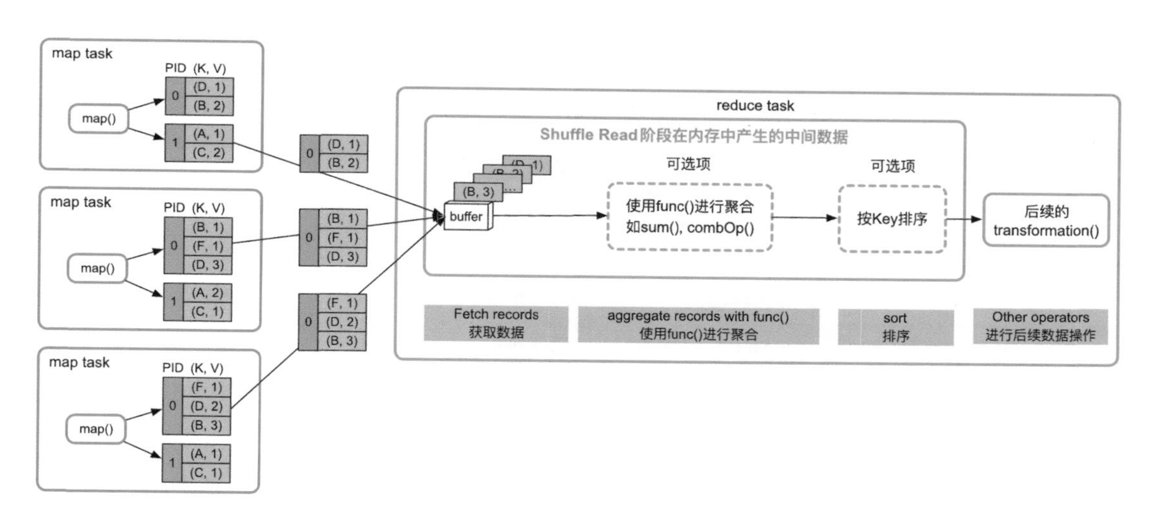

图 9.3 Shuffle Read 过程中数据获取（Fetch records）、聚合（aggregate）和排序（sort）过程

这些内存消耗也难以在 task 运行前进行估计，因此 Spark 采用动态监测的方法，在 Shuffle 机制中动态监测 HashMap 等数据结构大小，动态调整数据结构长度，并在内存不足时将数据 spill 到磁盘中。

9.2.3 内存消耗来源 3：缓存数据

在第 7 章中介绍过，一些复杂应用，特别是迭代型应用会生成多个 job，当前 job

在运行中产生的数据可能被后续 job 重用。因此，Spark 会将一些重用数据缓存到内存中，提升应用性能。回顾第 7 章中的例子，如图 9.4 所示，mappedRDD、reducedRDD 和 groupedRDD 都被缓存到内存中以减少下一个 job 的计算开销。例如，在 PageRank 应用中，可以将输入图进行缓存，这样在每轮迭代时可以直接从缓存的输入图中进行计算。在机器学习应用中，将训练数据进行缓存，也提高迭代读取和训练效率。

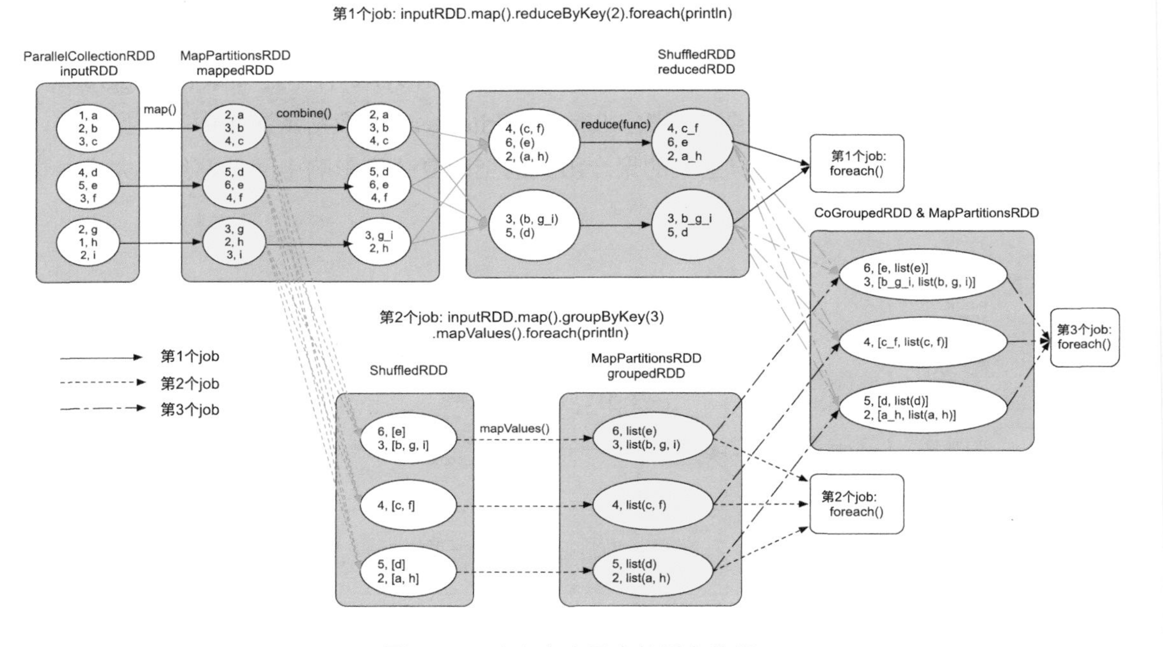

图 9.4　一个复杂应用中的缓存数据

缓存数据的内存消耗影响因素：需要缓存的 RDD 的大小、缓存级别、是否序列化等。当某个 RDD 需要缓存时，Spark 需要在计算该 RDD 的过程中将其 record 写入内存或磁盘。Spark 无法提前预测缓存数据大小，只能在写入过程中动态监控当前缓存数据的大小。另外，缓存数据还存在替换和回收机制，因此缓存数据在运行过程中大小也是动态变化的。

9.3　Spark 框架内存管理模型

分析了内存消耗来源后，我们接下来讨论在 Spark 中如何对内存空间进行管理，以平衡各种来源的内存消耗。与 Hadoop MapReduce 不同，Spark 中的 task 是 Executor JVM 中的一个线程，多个 task 共享 Executor JVM 的进程空间，因此 Spark 内存管理不仅要平衡各种来源的内存消耗，也要解决 task 的内存共享与竞争。下面，我们详细讨论 Spark 解决这些问题的方法及其内存管理模型。

9.3.1　静态内存管理模型

由于内存消耗包含 3 种来源且内存空间是连续的，所以，一个简单的解决方法是将内存空间划分为 3 个分区，每个分区负责存储 3 种内存消耗来源中的一种，并根据经验确定三者的空间比例。

Spark 早期版本（Spark 1.6 之前的版本）采用了这个方法，用静态内存管理模型（StaticMemoryManger）将内存空间划分为如下 3 个分区。

（1）数据缓存空间（Storage memory）：约占 60% 的内存空间，用于存储 RDD 缓存数据、广播数据（如第 5 章中的参数 *w*）、task 的一些计算结果等。

（2）框架执行空间（Execution memory）：约占 20% 的内存空间，用于存储 Shuffle 机制中的中间数据。

（3）用户代码空间（User memory）：约占 20% 的内存空间，用于存储用户代码的中间计算结果、Spark 框架本身产生的内部对象，以及 Executor JVM 自身的一些内存对象等。

这种静态划分方式的优点是各个分区的角色分明、实现简单，缺点是分区之间存在“硬”界限，难以平衡三者的内存消耗。例如，GroupBy()、join() 等应用需要较大的框架执行空间，用于存放 Shuffle 机制中的中间数据，并不需要太多的数据缓存空间。再例如，某个应用不需要缓存数据，但用户代码空间复杂度很高，因此需要较大的用户代码空间。然而，当前的静态内存管理模型只为用户代码分配了 20% 的用户代码内存空间，容易出现诸如内存不足、内存溢出之类的错误。为了缓解这个问题，Spark 允许用户自己设定三者的空间比例，但对于普通用户来说很难确定一个合适的比例，而且内存用量在运行过程中不断变化，并不存在一个最优的静态比例，也就容易造成内存资源浪费、内存溢出等问题。

9.3.2 统一内存管理模型

为了能够平衡用户代码、Shuffle 机制中的中间数据，以及数据缓存的内存空间需求，最理想的方法是为三者分配一定的内存配额，并且在运行时根据三者的实际内存用量，动态调整配额比例。然而，在 9.2 节中介绍过，Shuffle 机制中的中间数据、缓存数据的内存消耗可以被监控，但用户代码的内存消耗很难被监控和估计。所以，优化后的内存管理主要是根据监控得到的内存用量信息，来动态调节用于 Shuffle 机制和用于缓存数据内存空间的。另外，当三者的内存消耗量超过实际内存大小时怎么办？因此，除了内存动态调整还需要进行一定的内存配额限制。一个解决方案是为每个内存消耗来源设定一个上下界，其内存配额在上下界范围内动态可调。

根据以上思想，Spark 从 1.6 版本开始，设计实现了更高效的统一内存管理模型（UnifiedMemoryManager），仍然将内存划分为 3 个分区：数据缓存空间、框架执行空间和用户代码空间，与静态内存管理模型不同的是，统一内存管理模型使用“软”界限来调整分区的占用比例。

在这 3 个分区中，数据缓存空间和框架执行空间组成（共享）了一个大的空间，称为 Framework memory。Framework memory 大小固定，且为数据缓存空间和框架执行空间设置了初始比例，但这个比例可以在应用执行过程中动态调整，如框架执行空间不足时可以借用数据存储空间来“Shuffle”中间数据。同时，两者之间比例也有上下界，使得一方不能完全“侵占”另一方的空间，从而避免因为某一方空间占满导致后续的数据缓存操作或 Shuffle 操作无法执行。对于用户代码空间，Spark 将其设定为固定大小，原因是难以在运行时获取用户代码的真实内存消耗，也就难以动态设定用户代码空间的比例。

另外，当框架执行空间不足时，会将 Shuffle 数据 spill 到磁盘上；当数据缓存空间不足时，Spark 会进行缓存替换、移除缓存数据等操作。最后，为了限制每个 task 的内存使用，也会对每个 task 的内存使用进行限额。下面将详细介绍 Spark 统一内存管理模型。

如图 9.5 所示，Spark 统一内存管理模型将 Executor JVM 的内存空间划分如下。该内存管理模型可以使用 Executor JVM 的堆内内存和堆外内存。

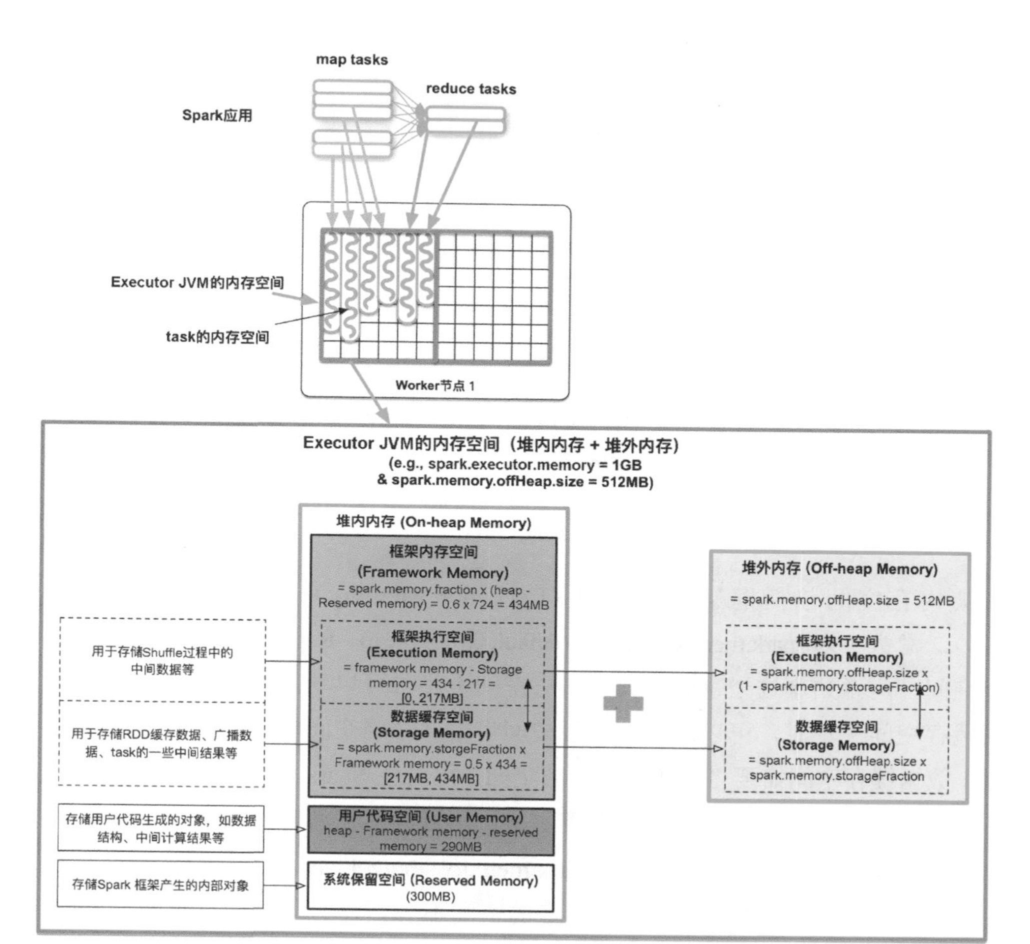

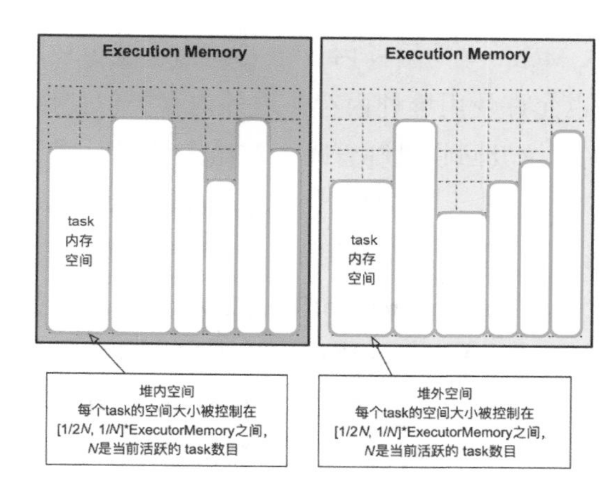

图 9.5　Spark 统一内存管理模型对 Executor JVM 内存空间划分与使用

Executor JVM 的整个内存空间划分为以下 3 个部分。

（1）系统保留内存（Reserved Memory）。

系统保留内存使用较小的空间存储 Spark 框架产生的内部对象（如 Spark Executor 对象，TaskMemoryManager 对象等 Spark 内部对象），系统保留内存大小通过 spark.testing.ReservedMemory 默认设置为 300MB。

（2）用户代码空间（User Memory）。

用户代码空间被用于存储用户代码生成的对象，如 map() 中用户自定义的数据结构。用户代码空间默认约为 40% 的内存空间。

（3）框架内存空间（Framework Memory）。

框架内存空间包括框架执行空间（Execution Memory）和数据缓存空间（Storage Memory）。总大小为 spark.memory.fraction (default 0.6) × (heap – Reserved memory)，约等于 60% 的内存空间。两者共享这个空间，其中一方空间不足时可以动态向另一方借用。具体地，当数据缓存空间不足时，可以向框架执行空间借用其空闲空间，后续当框架执行需要更多空间时，数据缓存空间需要“归还”借用的空间，这时候 Spark 可能将部分缓存数据移除内存来归还空间。同样，当框架执行空间不足时，可以向数据缓存空间借用空间，但至少要保证数据缓存空间具有约 50% 左右（spark.memory.storageFraction (default 0.5) × Framework memory 大小）的空间。在框架执行时借走的空间不会归还给数据缓存空间，原因是难以代码实现。

Framework Memory 的堆外内存空间：为了减少垃圾回收（GC）开销，Spark 的统一内存管理机制也允许使用堆外内存。堆外内存类似使用 C/C++ 语言分配的 malloc 空间，该空间不受 JVM 垃圾回收机制管理，在结束使用时需要手动释放空间。因为堆外内存主要存储序列化对象数据，而用户代码处理的是普通 Java 对象，因此堆外内存只用于框架执行空间和数据缓存空间，而不用于用户代码空间。如图 9.5 所示，如果用户定义了堆外内存，其大小通过 spark.memory.offHeap.size 设置，那么 Spark 仍然会按照堆内内存使用的 spark.memory.storageFraction 比例将堆外内存分为框架执行空间和数据缓存空间，而且堆外内存的管理方式和功能与堆内内存的 Framework Memory 一样。在运行应用时，Spark 会根据应用的 Shuffle 方式及用户设定的数据缓存级别来决定使用堆内内存还是堆外内存，如后面介绍的 SerializedShuffle 方式可以利用堆外内存来进行 Shuffle Write，再如用户使用 rdd.persist(OFF_HEAP) 后可以将 rdd 存储到堆外内存。

虽然 Spark 内存模型可以限制框架使用的空间大小，但无法控制用户代码的内存消耗量。用户代码运行时的实际内存消耗量可能超过用户代码空间的界限，侵占框架使用的空间，此时如果框架也使用了大量内存空间，则可能造成内存溢出。

了解了内存分区模型之后，我们进一步研究每个分区空间内具体的内存使用和回收机制，以及 task 之间竞争情况，其中由于系统保存内存与计算无关，不在讨论之内，所以我们主要讨论框架执行空间、数据缓存空间和用户代码空间。

9.4 Spark 框架执行内存消耗与管理

1. 内存共享与竞争

由于 Executor 中存在多个 task，因此框架执行空间实际上是由多个 task（ShuffleMapTask 或 ResultTask）共享的。在运行过程中，Executor 中活跃的 task 数目在 [0, #ExectuorCores] 内变化，#ExectuorCores 表示为每个 Executor 分配的 CPU 个数。为了公平性，每个 task 可使用的内存空间被均分，也就是空间大小被控制在 [1/2N, 1/N]×ExecutorMemory 内，N 是当前活跃的 task 数目。在图 9.6 中，假设一个 Executor 中最初有 4 个活跃 task，且只使用堆内内存，那么每个 task 最多可以占用 1/4 的 On-heap Execution Memory，当其中 2 个 task 完成而又新加入 4 个 task 后，活跃 task 变为 6 个，那么后加入的每个 task 最多使用 1/6 的 On-heap Execution Memory。这个策略也适用于堆外内存中的 Executition Memory。

2. 内存使用

前面提到过，框架执行空间主要用于 Shuffle 阶段，Shuffle 阶段的主要工作是对上游 stage 的输出数据进行划分，并将其传递到下游 stage 进行聚合等进一步处理。在这个过程中需要对数据进行 partition、sort、merge、fetch、aggregate 等操作，执行这些操作需要 buffer、HashMap 之类的数据结构。由于中间数据量很大，这些数据结构会消耗大量内存。当框架执行内存不足时，Spark 会像 MapReduce 一样将部分数据 spill 到磁盘中，然后通过排序等方式来 merge 内存和磁盘上的数据，并用于下一步数据操作。

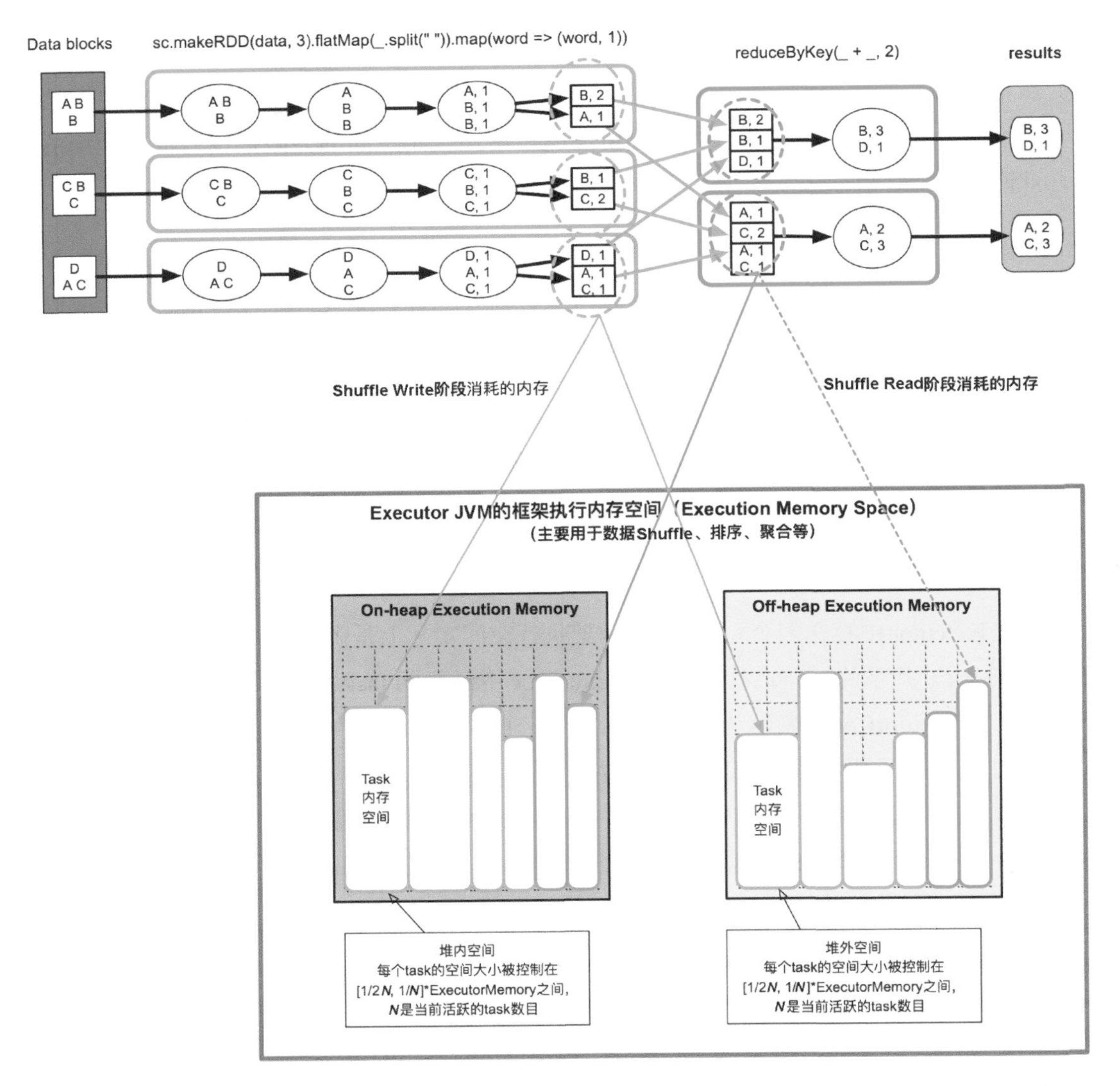

图 9.6　框架执行内存空间（Execution Memory），包括堆内空间和堆外空间，由多个 task 共享

我们在第 6 章（Shuffle 机制）中研究过 Shuffle Write 和 Shuffle Read 的过程，但是没有讨论其内存消耗。下面我们详细分析 Shuffle Write/Read 过程中内存消耗变化及消耗位置（堆内还是堆外）。这部分的内容会与第 6 章有一些重复，重复是为了完整地展示和分析内存消耗，同时这部分也会探讨第 6 章中没有涉及的、内存效率更高的 Shuffle 方式。

9.4.1　Shuffle Write 阶段内存消耗及管理

在第 6 章中，我们根据 Spark 应用是否需要 map() 端聚合（combine），是否需要按 Key 进行排序，将 Shuffle Write 方式分为 4 种，如表 9.1 所示。

（1）无 map() 端聚合、无排序且 partition 个数不超过 200 的情况：采用基于 buffer 的 BypassMergeSortShuffle-Writer 方式。

（2）无 map() 端聚合、无排序且 partition 个数大于 200 的情况：采用 Serialized ShuffleWriter。

（3）无 map() 端聚合但需要排序的情况：采用基于数组的 SortShuffleWriter(KeyOrdering=true) 方式。

（4）有 map() 端聚合的情况：采用基于 HashMap 的 SortShuffleWriter(mapSideCombine = true) 方式。

表 9.1　不同的 Shuffle Write 方式及特点

Map() 端聚合	按 Key 排序	#Partition	类别	Shuffle Write 实现类	内存消耗
No	No	≤ 200	Unserialized	BypassMerge SortShuffleWriter	Fixed buffers (on-heap)
No	No	>200 & <16,777,216	Serialized	SerializedShuffle Writer	PointerArray + Data pages (On-heap or off-heap)
No	Yes	Unlimited	Unserialized	SortShuffleWriter (KeyOrdering = true)	Array (on-heap)
Yes	Yes/No	Unlimited	Unserialized	SortShuffleWriter (mapSideCombine = true)	HashMap (on-heap)

第 1、2、4 这三种方式都是利用堆内内存来聚合、排序 record 对象的，属于 Unserialized Shuffle 方式。这种方式处理的 record 对象是普通 Java 对象，有较大的内存消耗，也会造成较大的 JVM 垃圾回收开销。Spark 为了提高 Shuffle 效率，在 2.0 版本中引入了 Serialized Shuffle 方式，核心思想是直接在内存中操作序列化后的 record 对象（二进

制数据），降低内存消耗和 GC 开销，同时也可以利用堆外内存。然而，由于 Serialized Shuffle 方式处理的是序列化后的数据，也有一些适用性上的不足，如在 Shuffle Write 中，只用于无 map() 端聚合且无排序的情况。如表 9.1 所示，Serialized Shuffle 方式被命名为 SerializedShuffleWriter。下面我们详细讨论这 4 种 Shuffle 方式的内存消耗。

（1）不需要 map() 端聚合，不需要按 Key 进行排序，且分区个数较小（≤ 200）。

在这种情况下，Shuffle Write 只需要实现数据分区功能即可。Spark 采用的 shuffle 方式为 buffer-based Shuffle，具体实现为 BypassMergeSortShuffleWriter。如图 9.7 所示，map() 依次输出 <K,V> record，并根据 record 的 partitionId，将其输出到不同的 buffer 中，每当 buffer 填满就将 record 溢写到磁盘上的分区文件中。分配 buffer 的原因是 map() 输出 record 的速度很快，需要进行缓冲来减少磁盘 I/O。

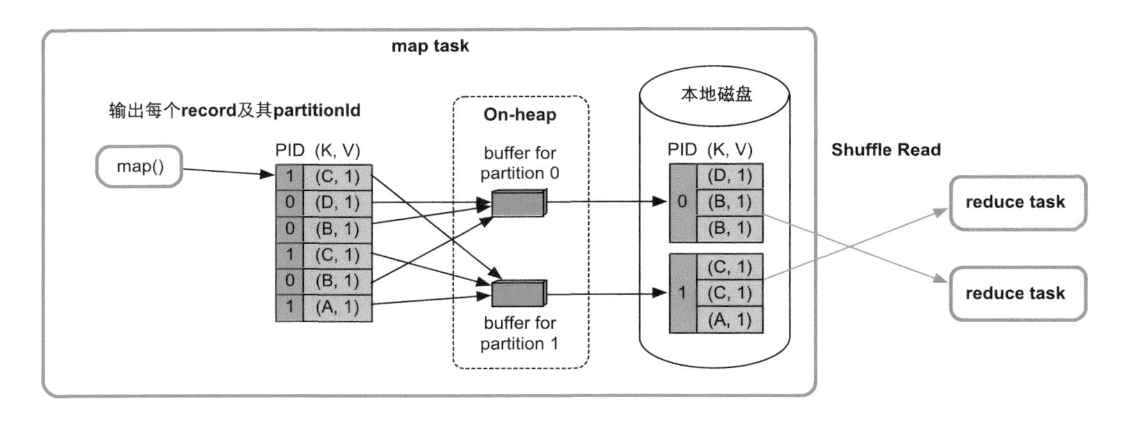

图 9.7 不需要 map() 端聚合、不需要按 Key 进行排序的 Shuffle Write 流程（BypassMergeSortShuffleWriter）

内存消耗：整个 Shuffle Write 过程中只有 buffer 消耗内存，buffer 被分配在堆内内存（On-heap）中，buffer 的个数与分区个数相等，并且生命周期直至 Shuffle Write 结束。因此，每个 task 的内存消耗为 BufferSize（默认 32KB）× partition number。如果 partition 个数较多，task 数目也较多，那么总的内存消耗会很大。所以，该 Shuffle 方式只适用于分区个数较小（如小于 200）的情况。

（2）不需要 map() 端聚合，不需要按 Key 进行排序，且分区个数较大（>200）。

BypassMergeSortShuffleWriter 的缺点是，在分区个数太多时 buffer 内存消耗过大，那

么有没有办法降低内存消耗呢？有，可以采用基于数组排序的方法，核心思想是分配一个大的数组，将 map() 输出的 <K,V> record 不断放进数组，然后将数组里的 record 按照 partitionId 排序，最后输出即可。这样可行，然而普通的 record 对象是 Java 对象，占用空间较大，需要大的数组，而太大的数组容易造成内存不足。另外，大量 record 对象存放到内存中也会造成频繁 GC。前面提到过，为了提升内存利用率，Spark 设计了 Serialized Shuffle 方式（SerializedShuffleWriter），将 record 对象序列化后再存放到可分页存储的数组中，序列化可以减少存储开销，分页可以利用不连续的空间。

更具体地，使用 Serialized Shuffle 的优点包括：

- 序列化后的 record 占用的内存空间小。
- 不需要连续的内存空间。如图 9.8 所示，Serialized Shuffle 将存储 record 的数组进行分页，分页可以利用内存碎片，不需要连续的内存空间，而普通数组需要连续的内存空间。
- 排序效率高。对序列化后的 record 按 partitionId 进行排序时，排序的不是 record 本身，而是 record 序列化后字节数组的指针（元数据）。由于直接基于二进制数据进行操作，所以在这里面没有序列化和反序列化的过程，内存和 GC 开销降低。
- 可以使用 cache-efficient sort 等优化技术，提高排序性能。
- 可以使用堆外内存，分页也可以方便统一管理堆内内存和堆外内存。

使用 Serialized Shuffle 需要满足 4 个条件：

- 不需要 map() 端聚合，也不需要按 Key 进行排序。
- 使用的序列化类（serializer）支持序列化 Value 的位置互换功能（relocation of serialized Value），目前 KryoSerializer 和 Spark SQL 的 custom serializers 都支持该功能。
- 分区个数小于 16 777 216。
- 单个 Serialized record 小于 128MB。

实现方式：前面介绍过 Serliazed Shuffle 采用了分页技术，像操作系统一样将内存空间划分为 Page，每个 Page 大小在 1MB ～ 64MB，既可以在堆内内存上分配，也可以在堆外内存上分配。Page 由 Executor 中的 TaskMemoryManager 对象来管理，TaskMemoryManager 包含一个 PageTable，可以最多寻址 8192 个 Page。

如图 9.8 所示，对于 map() 输出的每个 <K,V> record，Spark 将其序列化后写入某个

Page 中，再将该 record 的索引，包括 partitionId、所在的 PageNum，以及在该 Page 中的 Offset 放到 PointerArray 中，然后通过排序 partitionId 来对 record 进行排序。

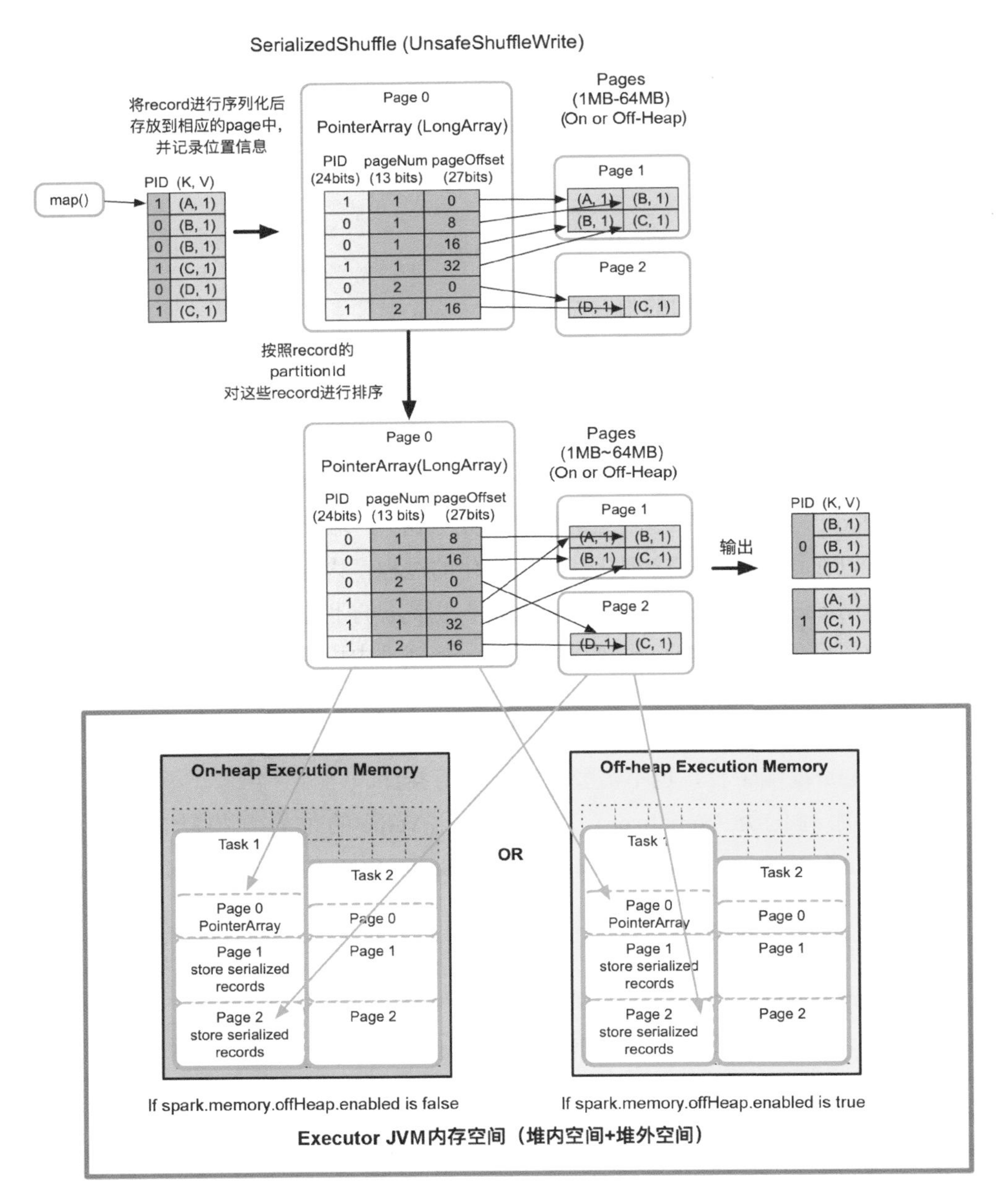

图 9.8　不需要聚合、不需要排序的序列化 Shuffle Write 流程（SerializedShuffleWriter）

当 Page 总大小达到了 task 的内存限制时，如 Task 1 中的 Page 0 + Page 1 + Page 2 大小超过 Task 1 的内存界限，将这些 Page 中的 record 按照 partitionId 进行排序，并 spill 到磁盘上。这样，在 Shuffle Write 过程中可能会形成多个 spill 文件。最后，task 将这些 spill 文件归并即可。

更具体的实现细节：首先将新来的 <K,V> record，序列化写入一个 1MB 的缓冲区（serBuffer），然后将 serBuffer 中序列化的 record 放到 ShuffleExternalSorter 的 Page 中进行排序。插入和排序方法是，首先分配一个 LongArray 来保存 record 的指针，指针为 64 位，前 24 位存储 record 的 partitionId，中间 13 位存储 record 所在的 Page Num，后 27 位存储 record 在该 Page 中的偏移量。也就是说 LongArray 最多可以管理 $2^{(13+27)}$ = 8192 × 128MB = 1TB 的内存。随着 record 不断地插入 Page 中，如果 LongArray 不够用或 Page 不够用，则会通过 allocatePage() 向 TaskMemoryManager 申请，如果申请不到，就启动 spill() 程序，将中间结果 spill 到磁盘上，最后再由 UnsafeShuffleWriter 进行统一的 merge。Page 由 TaskMemoryManager 管理和分配，可以存放在堆内内存或者堆外内存。

内存消耗：PointerArray、存储 record 的 Page、sort 算法所需的额外空间，总大小不超过 task 的内存限制。需要注意的是，单个数据结构（如 PointerArray、serialized record）不能同时使用堆内内存和堆外内存，因此 Serialized Shuffle 使用堆外内存最大的问题是，在 Shuffle Write 时不能同时利用堆内内存和堆外内存，可能会造成更多的 spill 次数。

（3）不需要 map() 端 combine，但需要排序。

在这种情况下需要按照 partitionId + Key 进行排序。如图 9.9 所示，Spark 采用了基于数组的排序方法，名为 SortShuffleWriter(KeyOrdering=true)。具体方法是建立一个 Array（图 9.9 中的 PartitionedPairBuffer）来存放 map() 输出的 record，并对 Array 中元素的 Key 进行精心设计，将每个 <K,V> record 转化为 <(PID,K),V> record 存储，然后按照 PID + Key 对 record 进行排序，最后将所有 record 写入一个文件中，通过建立索引来标示每个分区。

如果 Array 存放不下，就会先扩容，如果还存放不下，就将 Array 中的元素排序后 spill 到磁盘上，等待 map() 输出完以后，再将 Array 中的元素与磁盘上已排序的 record 进行全局排序，得到最终有序的 record，并写入文件中。

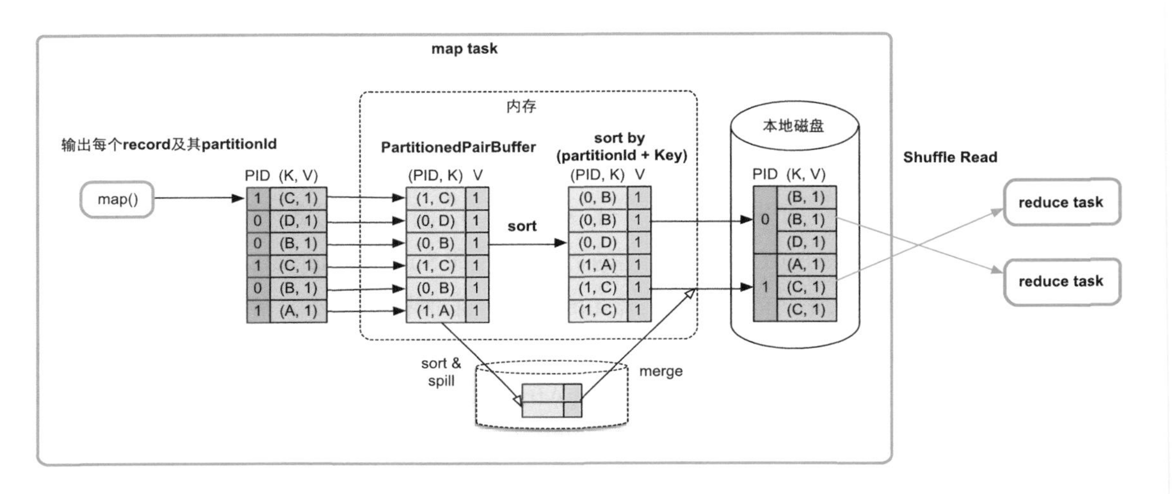

图 9.9　不需要 map() 端 combine，需要排序的 Shuffle Write 流程
SortShuffleWriter（KeyOrdering=true）

内存消耗：最大的内存消耗是存储 record 的数组 PartitionedPairBuffer，占用堆内内存，具有扩容能力，但大小不超过 task 的内存限制。

（4）需要 map() 端聚合，需要或者不需要按 Key 进行排序。

在这种情况下，如图 9.10 的上图所示，Spark 采用基于 HashMap 的聚合方法，具体实现方法是建立一个类似 HashMap 的数据结构 PartitionedAppendOnlyMap 对 map() 输出的 record 进行聚合，HashMap 中的 Key 是“partitionId+Key”，HashMap 中的 Value 是经过相同 combine() 的聚合结果。如果不需要按 Key 进行排序，则只根据 partitionId 进行排序，如图 9.10 中的上图所示；如果需要按 Key 进行排序，那么根据 partitionId+Key 进行排序，如图 9.10 中的下图所示。最后，将排序后的 record 写入一个分区文件中。

内存消耗：HashMap 在堆内分配，需要消耗大量内存。如果 HashMap 存放不下，则会先扩容为两倍大小，如果还存放不下，就将 HashMap 中的 record 排序后 spill 到磁盘上。放入堆内 HashMap 或 buffer 中的 record 大小，如果超过 task 的内存限制，那么会 spill 到磁盘上。该 Shuffle 方式的优点是通用性强、对分区个数也无限制，缺点是内存消耗高（record 是普通 Java 对象）、不能使用堆外内存。

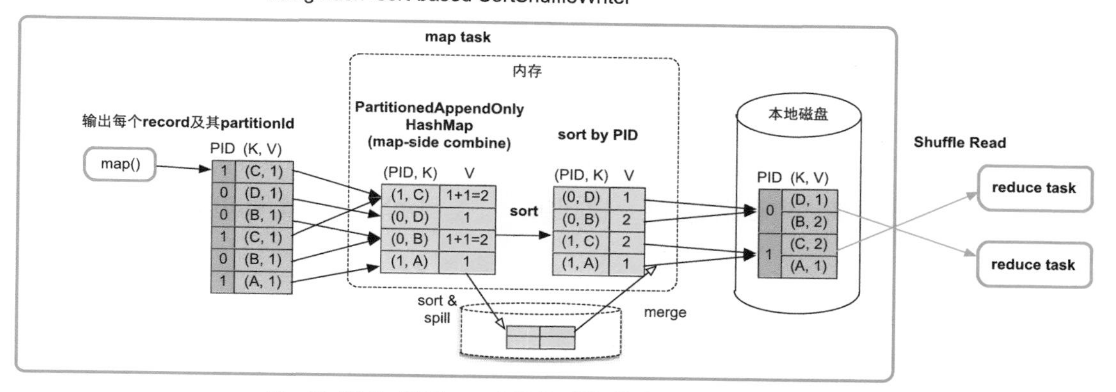

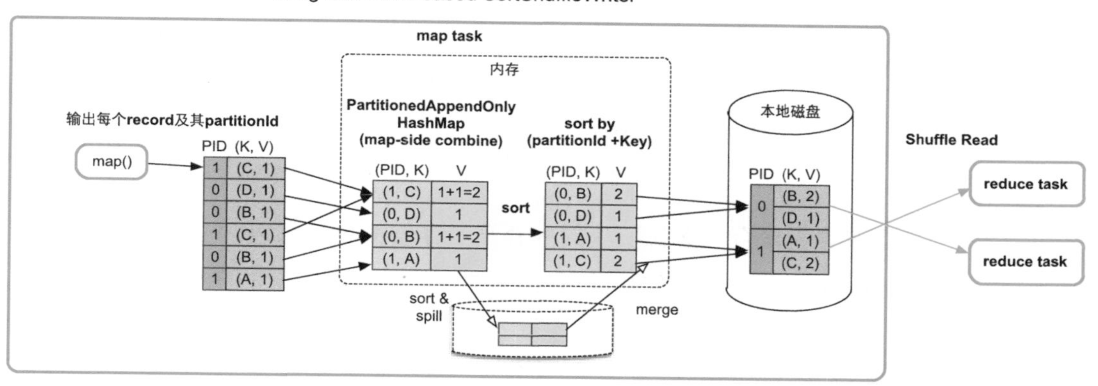

图 9.10　需要 map() 端聚合，需要或不需要排序的 Shuffle Write 流程

SortShuffleWriter (mapSideCombine = true)

9.4.2　Shuffle Read 阶段内存消耗及管理

在 Shuffle Read 阶段，数据操作需要跨节点数据获取、聚合和排序 3 个功能，每个数据操作需要其中的部分功能。Spark 为了支持所有的情况，设计了一个通用的 Shuffle Read 框架，框架的计算顺序为“数据获取→聚合→排序”。

在第 6 章中，我们根据 Shuffle Read 端是否需要聚合（Aggregate），是否需要按 Key 进行排序，将 Shuffle Read 方式分为 3 种，如表 9.2 所示。

（1）无聚合且无排序的情况：采用基于 buffer 获取数据并直接处理的方式，适用的典型操作如 partitionBy()。

（2）无聚合但需要排序的情况：采用基于数组排序的方式，适用的典型操作如 sortByKey()。

（3）有聚合的情况：采用基于 HashMap 聚合的方式，适用的典型操作如 reduceByKey()。这 3 种方式都是利用堆内内存来完成数据处理的，属于 UnSerialized Shuffle 方式。

表 9.2　不同的 Shuffle Read 方式及特点

reduce 端聚合	按 Key 排序	Shuffle Read 实现类	内存消耗	典型操作
No	No	BlockStoreShuffleReader (aggregate=false, Keysort=false)	Small buffer (on-heap)	partitionBy()
No	Yes	BlockStoreShuffleReader (aggregate=false, Keysort=yes)	Array (on-heap)	sortByKey()
Yes	No	BlockStoreShuffleReader (aggregate=yes, Keysort=false)	HashMap (on-heap)	reduceByKey()

由于第一种情况“无聚合且无排序”的内存消耗非常简单，只包含一个大小为 spark.reducer.maxSizeInFlight = 48MB 的缓冲区，我们主要讨论后两种情况的内存消耗。

（1）无聚合但需要排序的情况。

这种情况只需要实现数据获取和按 Key 进行排序的功能。Spark 采用了基于数组的排序方式，如图 9.11 所示，下游的 task 不断获取上游 task 输出的 record，经过缓冲后，将 record 依次输出到一个 Array 结构（PartitionedPairBuffer）中。然后，对 Array 中的 record 按照 Key 进行排序，并将排序结果输出或者传递给下一步操作。

当内存无法存下所有的 record 时，PartitionedPairBuffer 会将 record 排序后 spill 到磁盘上，最后将内存中和磁盘上的 record 进行归并排序，得到最终排序后的 record。

内存消耗：由于 Shuffle Read 端获取的是各个上游 task 的输出数据，因此需要较大的 Array（PartitionedPairBuffer）来存储和排序这些数据。Array 大小可控，具有扩容和 spill 到磁盘上的功能，并在堆内分配。

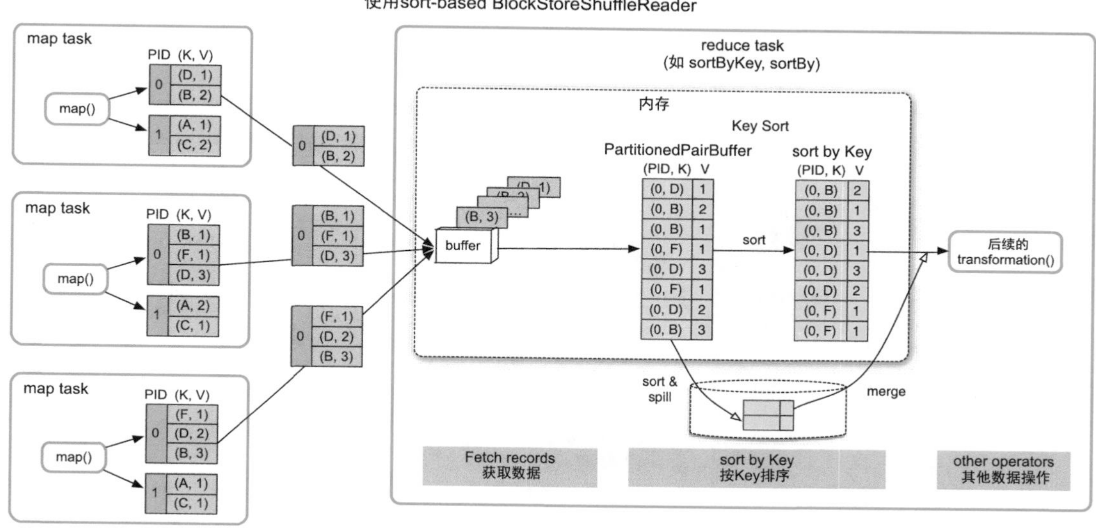

图 9.11　无聚合但需要排序的 Shuffle Read 流程

（2）有聚合的情况。

在这种情况下，需要实现数据聚合功能，同时提供按 Key 进行排序的功能。Spark 采用基于 HashMap 的聚合方法和基于数组的排序方法。如图 9.12 的上图所示，获取 record 后，Spark 建立一个类似 HashMap 的数据结构（ExternalAppendOnlyMap）对 buffer 中的 record 进行聚合，HashMap 中的 Key 是 record 中的 Key，HashMap 中的 Value 是具有相同 Key 的 record 经过聚合函数（func）计算后的结果。由于 ExternalAppendOnlyMap 底层实现是基于数组来存放 <K,V> record 的，因此，如果需要排序，如图 9.12 的下图所示，则可以直接对数组中的 record 按 Key 进行排序，排序完成后，将结果输出或者传递给下一步操作。

如果 HashMap 存放不下，则会先扩容为两倍大小，如果还存放不下，就将 HashMap 中的 record 排序后 spill 到磁盘上，最后将磁盘文件和内存中的 record 进行全局 merge。

内存消耗：由于 Shuffle Read 端获取的是各个上游 task 的输出数据，用于数据聚合的 HashMap 结构会消耗大量内存，而且只能使用堆内内存。当然，HashMap 的内存消耗量也与 record 中不同 Key 的个数及聚合函数的复杂度相关。HashMap 具有扩容和 spill 到磁盘上的功能，支持小规模到大规模数据的聚合。

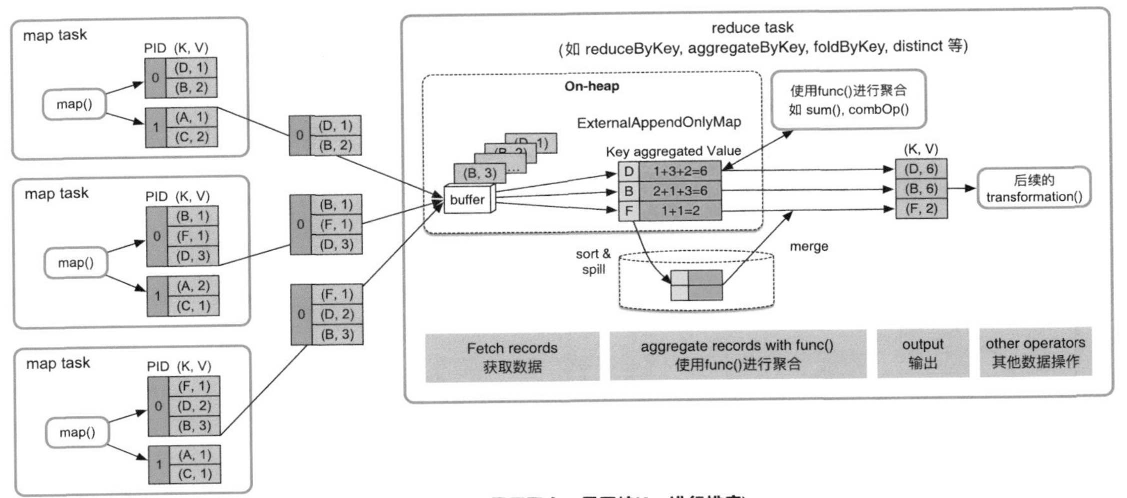

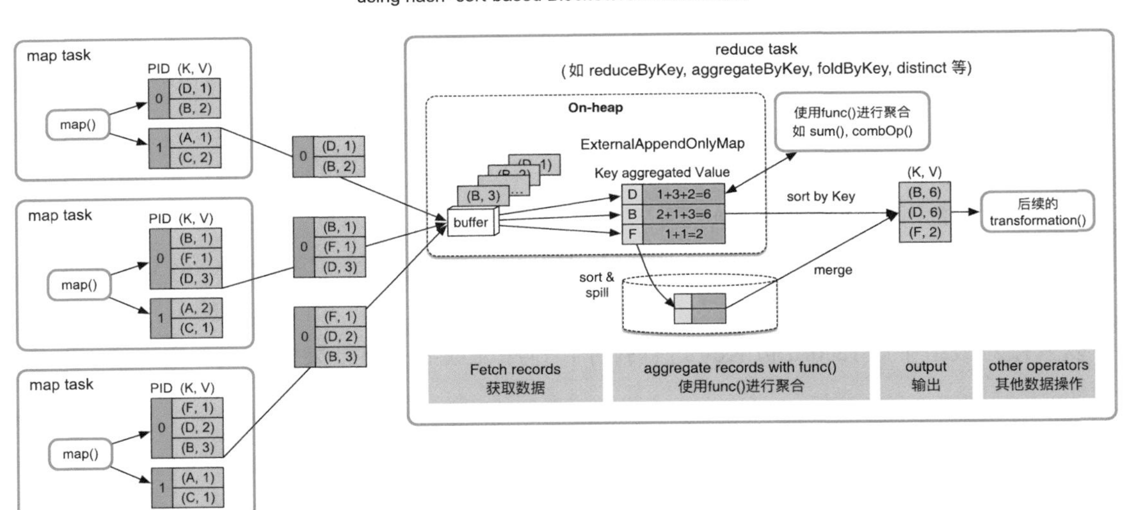

图 9.12　需要聚合，不需要或需要按 Key 进行排序的 Shuffle Read 流程

至此，我们讨论了 Shuffle Write/Read 阶段的内存消耗，以及在内存不足时的应对方法。下面先讨论数据缓存空间的管理方法。

9.5 数据缓存空间管理

如图 9.13 所示，数据缓存空间主要用于存放 3 种数据：RDD 缓存数据（RDD partition）、广播数据（Broadcast data），以及 task 的计算结果（TaskResult）。另外，还有几种临时空间，如用于反序列化（展开 iterator 为 Array[]）的临时空间、用于存放 Netty 网络数据传输的临时空间等。

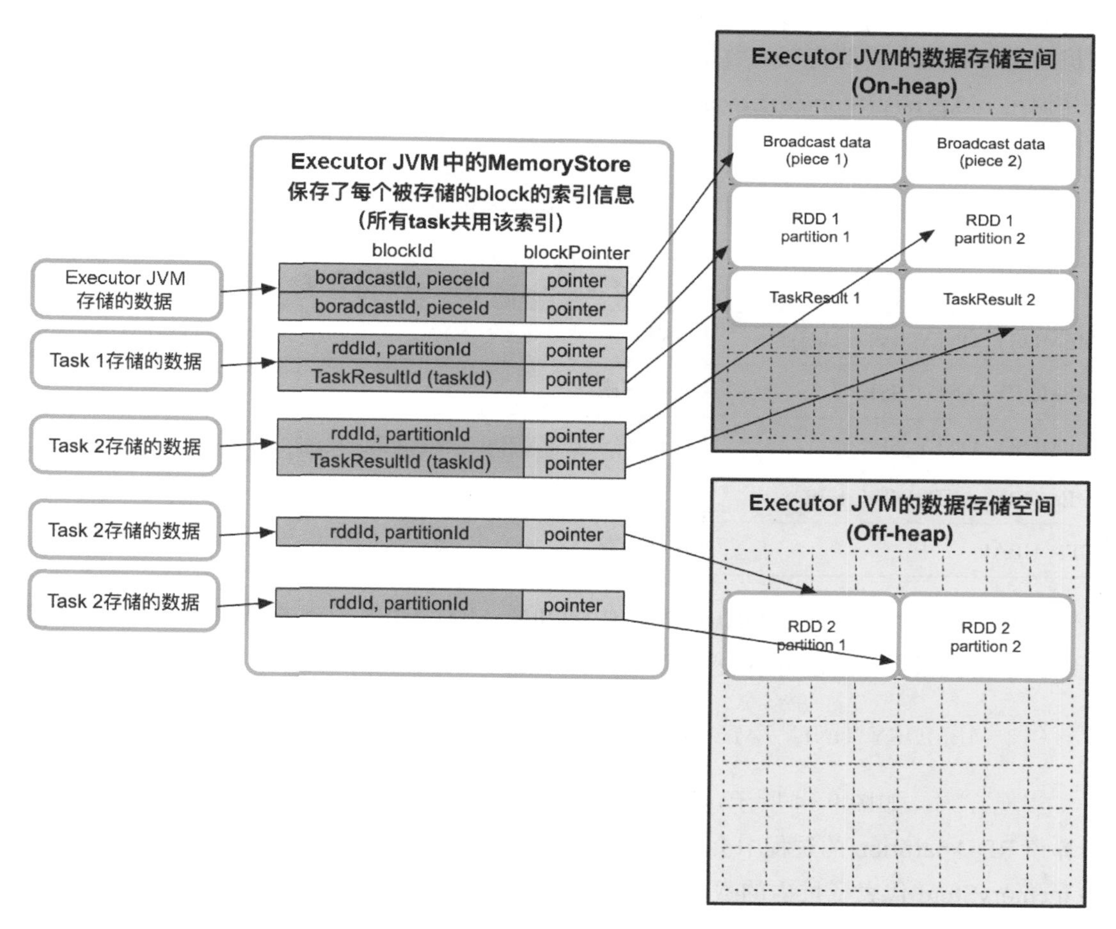

图 9.13 Storage Memory 模型及可以缓存的数据

与框架执行内存空间一样，数据缓存空间也可以同时存放在堆内和堆外，而且由 task 共享。不同的是，每个 task 的存储空间并没有被限制为 1/*N*。在缓存时如果发现数据缓存空间不够，且不能从框架执行内存空间借用空间时，就只能采取缓存替换或者直接丢掉数据的方式，缓存替换方式在第 7 章中已经详细介绍，这里主要讨论缓存数据的内存消耗问题。

下面具体介绍 3 种缓存数据的存储与管理。

9.5.1 RDD 缓存数据

数据缓存空间最主要存储的是 RDD 缓存数据。在第 5 章中介绍过一些应用，如迭代型机器学习应用，需要将训练数据及在迭代时需要多次用到的数据缓存到内存中，缓存方法是调用 rdd.persist(Storage_Level)。不同的 Storage_Level 代表不同的存储模式，Spark 中的数据缓存级别如表 9.3 所示。

表 9.3 Spark 中的数据缓存级别

缓存级别	存储位置	序列化存储	内存不足放磁盘
MEMORY_ONLY，如 cache()	内存	×	× 重新计算
MEMORY_AND_DISK	内存 + 磁盘	×	√
MEMORY_ONLY_SER	内存	√	×
MEMORY_AND_DISK_SER	内存 + 磁盘	√	√
OFF_HEAP	堆外内存	√	×

另外，还有 MEMORY_ONLY_2、MEMORY_AND_DISK_2 等模式，可以将缓存数据复制到多台机器上。下面分析表 9.3 中几种方式的实现及内存消耗。

（1）MEMORY_ONLY / MEMROY_AND_DISK 模式。

实现方式：如图 9.14 所示，蓝色的 MapPartitionsRDD 是需要被缓存的数据，task 在计算该 RDD partition 的过程中会将该 partition 缓存到 Executor 的 memoryStore 中，可以认为 memoryStore 代表了堆内的数据缓存空间。在第 7 章中介绍过，memoryStore 持有一个链表（LinkedHashMap）来存储和管理缓存的 RDD partition。如图 9.14 所示，在链表中，Key 的形式是（rddId=*m*, partitionId=*n*），表示其 Value 存储的数据来自 RDD *m* 的第 *n* 个分区；Value 是该 partition 的引用，引用指向一个名为 DeserializedMemoryEntry 的对象。该对象

包含一个 Vector，里面存放了 partition 中的 record。由于缓存级别没有被设置为序列化存储，这些 record 以普通 Java 对象的方式存放在 Vector 中。需要注意的是，一个 Executor 中可能同时运行多个 task，因此，链表被多个 task 共用，即数据缓存空间由多个 task 共享。

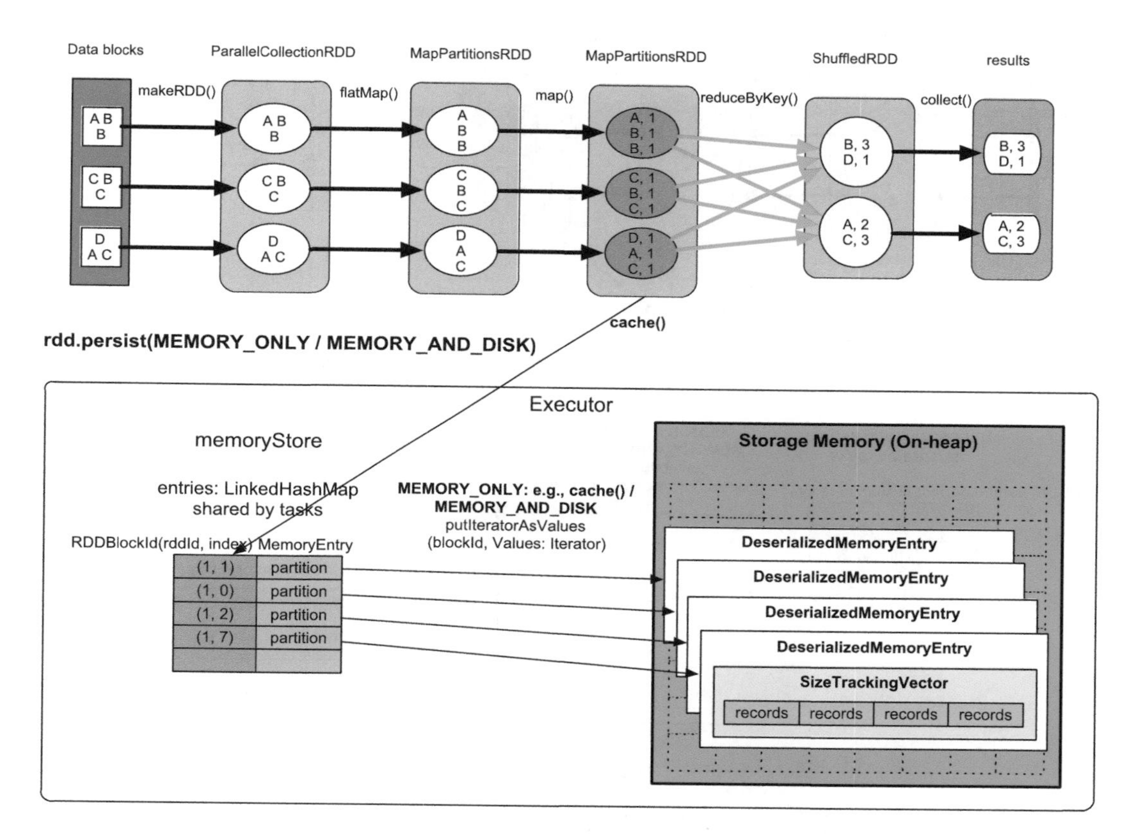

图 9.14 MEMORY_ONLY 和 MEMORY_AND_DISK 缓存模式的内存使用情况

内存消耗：数据缓存空间的内存消耗由存放到其中的 RDD record 大小决定，即等于所有 task 缓存的 RDD partition 的 record 总大小。

（2）MEMORY_ONLY_SER / MEMORY_AND_DISK_SER 模式。

实现方式：与 MEMORY_ONLY 的实现方式基本相同，唯一不同是，这里的 partition 中的 record 以序列化的方式存储在一个 ChunkedByteBuffer（不连续的 ByteBuffer 数组）中，如图 9.15 所示。使用不连续的 ByteBuffer 数组的目的是方便分配和回收，因为如果 record 非常多，序列化后就需要一个非常大的数组来存储，而此时的内存空间如果没有连续的一大块空间，就无法存储。在之前的 MEMORY_ONLY 模式中不存在这个问题，因为单个普通 Java 对象可以存放在内存中的任意位置。

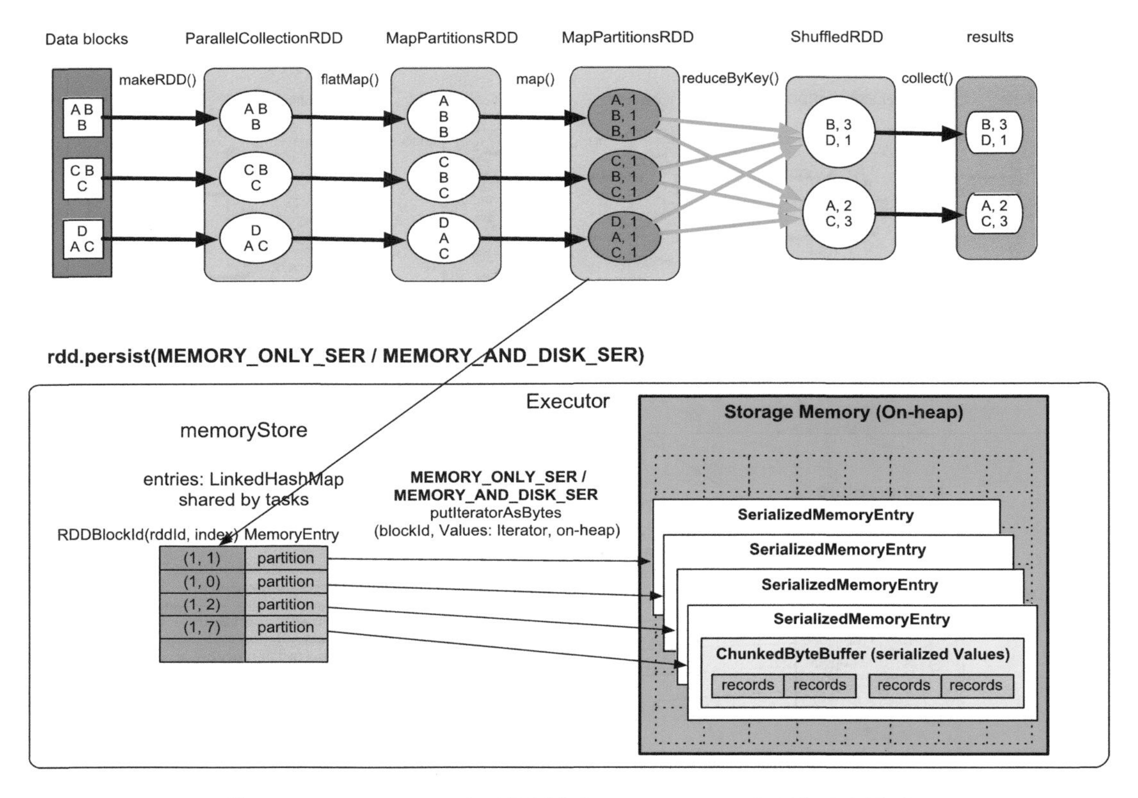

图 9.15　Memory only 序列化缓存与 memory+disk 序列化缓存模式

内存消耗：由存储的 record 总大小决定，即等于所有 task 缓存的 RDD partition 的 record 序列化后的总大小。

（3）OFF_HEAP 模式。

实现方式：如图 9.16 所示，该缓存模式的存储方式与 MEMORY_ONLY_SER / MEMORY_AND_DISK_SER 模式基本相同，需要缓存的 partition 中的 record 也是以序列化的方式存储在一个 ChunkedByteBuffer（不连续的 ByteBuffer 数组）中的，只是存放位置是堆外内存。

内存消耗：存放到 OFF-HEAP 中的 partition 的原始大小。

通过以上分析可以看到，目前堆内内存和堆外内存还是独立使用的，并没有可以同时存放到堆内内存和堆外内存的缓存级别，即堆内内存和堆外内存并没有协作。

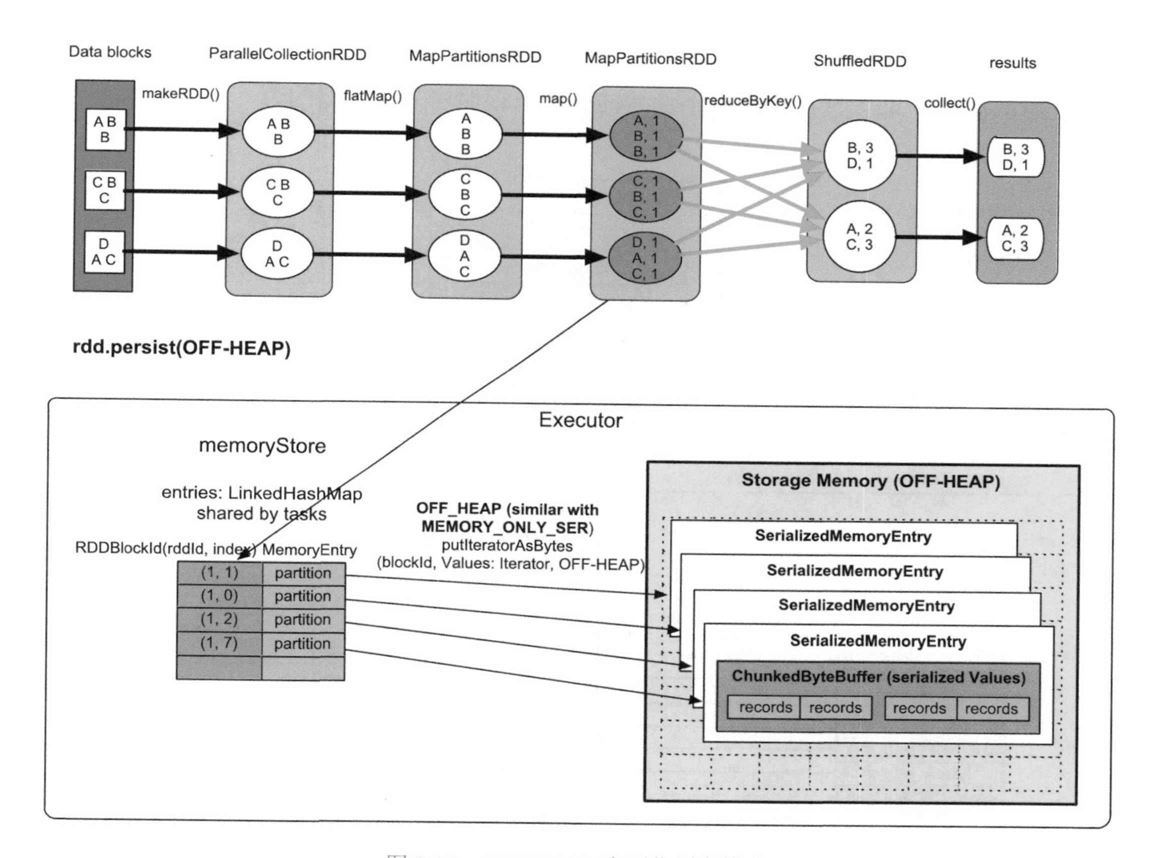

图 9.16 OFF-HEAP 序列化缓存模式

9.5.2 广播数据

有些应用在运行前，需要将多个 task 的公用数据广播到每个节点，如当 map stage 中的 task 都需要一部词典时，可以先将该词典广播给各个 Executor，然后每个 task 从 Executor 中读取词典，因此广播数据的存储位置是 Executor 的数据缓存空间。

实现方式：Broadcast 默认使用类似 BT 下载的 TorrentBroadcast 方式。如图 9.17 所示，需要广播的数据一般预先存储在 Driver 端，Spark 在 Driver 端将要广播的数据划分大小为 spark.Broadcast.blockSize = 4MB 的数据块（block），然后赋予每个数据块一个 blockId

为 BroadcastblockId(id, "piece" + i)，id 表示 block 的编号，piece 表示被划分后的第几个 block。之后，使用类似 BT 的方式将每个 block 广播到每个 Executor 中。Executor 接收到每个 block 数据块后，将其放到堆内的数据缓存空间的 ChunkedByteBuffer 里面，缓存模式为 MEMORY_AND_DISK_SER，因此，这里的 ChunkedByteBuffer 构造与 MEMORY_ONLY_SER 模式中的一样，都是用不连续的空间来存储序列化数据的。

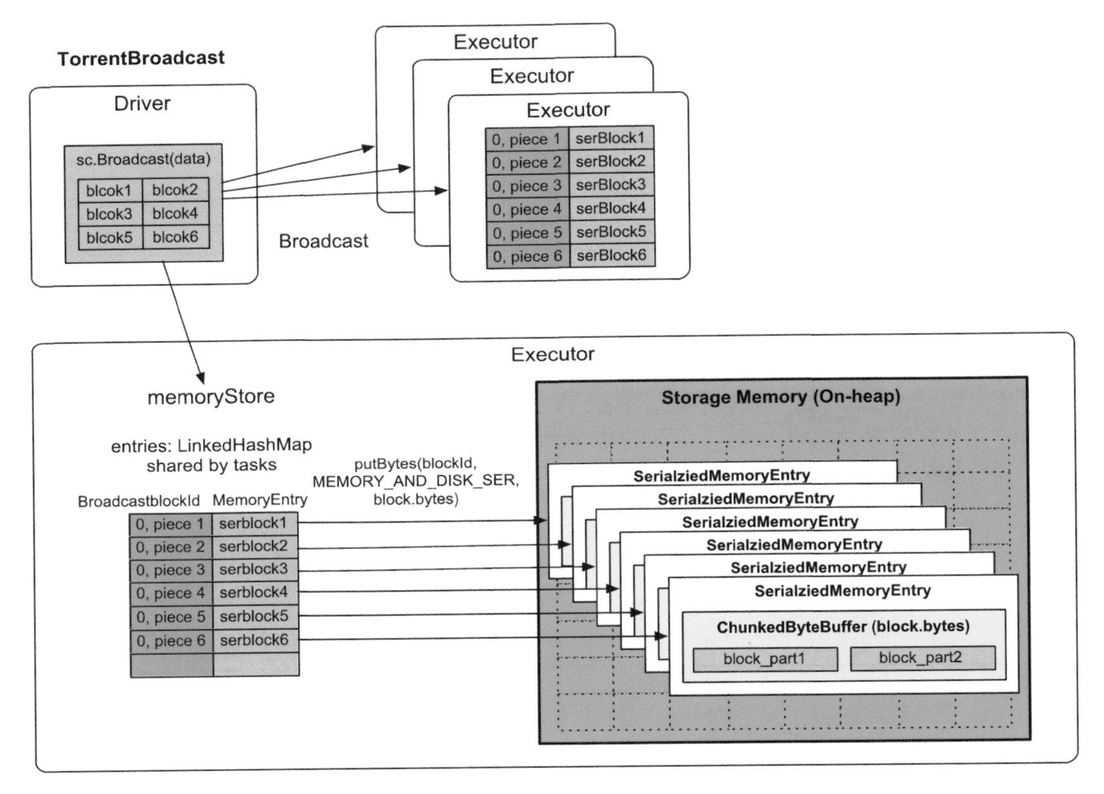

图 9.17 对广播数据进行缓存

内存消耗：序列化后的 Broadcast block 总大小。

内存不足：Broadcast data 的存放方式是内存＋磁盘，内存不足时放入磁盘。

9.5.3 task 的计算结果

许多应用需要在 Driver 端收集 task 的计算结果并进行处理，如调用了 rdd.collect() 的应用。当 task 的输出结果大小超过 spark.task.maxDirectResultSize=1MB 且小于 1GB 时，需要先将每个 task 的输出结果缓存到执行该 task 的 Executor 中，存放模式是 MEMORY_AND_DISK_SER，然后 Executor 将 task 的输出结果发送到 Driver 端进一步处理。

如图 9.18 所示，Driver 端需要收集 task1 和 task2 的计算结果，那么 task1 和 task2 计算得到结果 Result1 和 Result2 后，先将其缓存到 Executor 的数据缓存空间中，缓存级别为 MEMORY_AND_DISK_SER，缓存结构仍然采用 ChunkedByteBuffer。然后，Executor 将 Result1 和 Result2 发送到 Driver 端进行进一步处理。

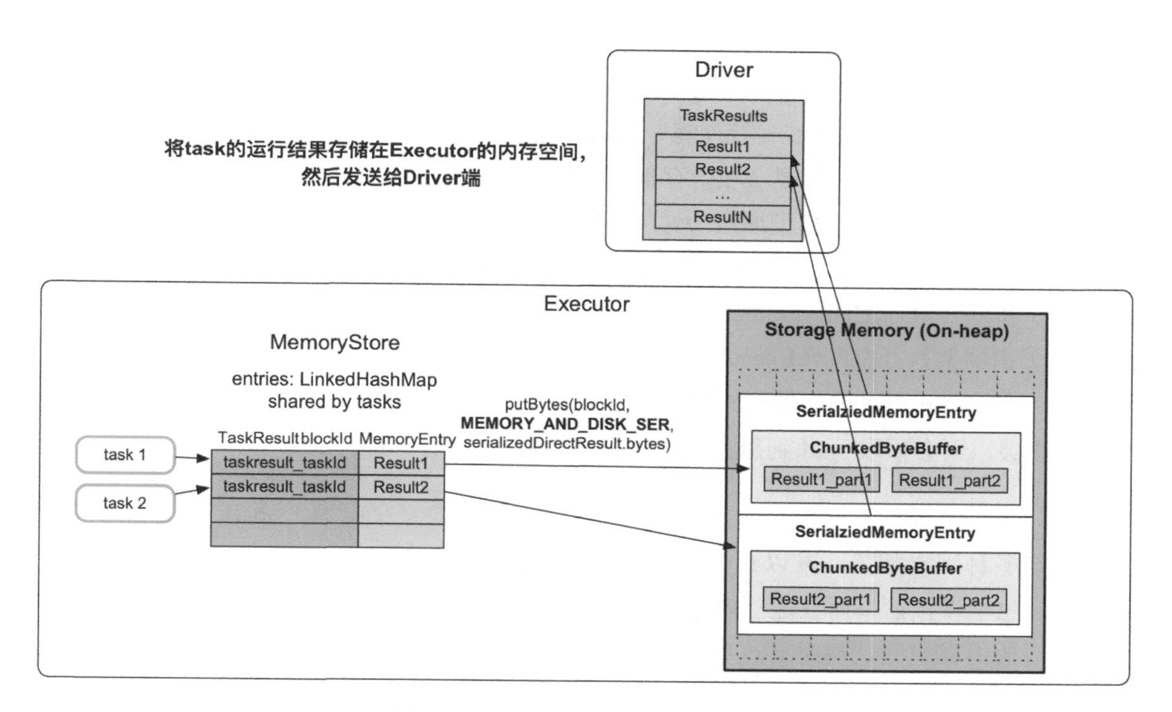

图 9.18 对 task 的计算结果进行缓存

内存消耗：序列化后的 task 输出结果大小，不超过 1GB。在 Executor 中一般运行多个 task，如果每个 task 都占用了 1GB 以上的话，则会引起 Executor 的数据缓存空间不足。

内存不足：因为缓存方式是内存＋磁盘，所以在内存不足时放入磁盘。

9.6 本章小结

1. 内存管理方法总结

介绍完 Spark 的内存管理模型后，我们再回到本章开头提到的挑战性问题，总结一下解决这些问题的主要方法。

（1）内存消耗来源多种多样，难以统一管理。Spark 在运行时的内存消耗主要包括 3 个方面：Shuffle 数据、数据缓存、用户代码运行。由于内存空间有限，如何对这些缓存数据和计算过程中的数据进行统一管理呢？ Spark 采用的主要方法是将内存划分为 3 个区域，每个区域分别负责存储和管理一项内存消耗来源。如何平衡数据计算与缓存的内存消耗？Spark 采用的统一内存管理模型通过“硬界限＋软界限”的方法来限制每个区域的内存消耗，并通过内存共享达到平衡。硬界限指的是 Spark 将内存分为固定大小的用户代码空间（User memory）和框架内存空间（Framework memory）。软界限指的是框架内存空间（Framework memory）由框架执行空间（Execution memory）和数据缓存空间（Storage memory）共享。如何解决内存空间不足的问题？框架执行空间或者数据缓存空间不足时可以向对方借用，如果还不够，则会采取 spill 到磁盘上、缓存数据替换、丢弃等方法。

（2）内存消耗动态变化难以预估，为内存分配和回收带来困难。Spark 在运行时的内存消耗与多种因素相关，难以预估。用户代码的内存用量与 func 的计算逻辑、输入数据量有关，也难以预估。而且这些内存消耗来源产生的内存对象的生命周期不同，如何分配大小合适的内存空间，何时对这些对象进行回收？由于内存消耗难以提前估计，Spark 采取的方法是边监控边调整，如通过监控 Shuffle Write/Read 过程中数据结构大小来观察是否达到框架执行空间界限、监控缓存数据大小观察是否达到数据缓存空间界限，如果达到界限，则进行数据结构扩容、空间借用或者将缓存数据移出内存。

（3）task 之间共享内存，导致内存竞争。在 Spark 中，多个 task 以线程方式运行在同一个 Executor JVM 中，task 之间还存在内存共享和内存竞争，如何平衡内存共享和内存竞争呢？在 Spark 的统一内存管理模型中，框架执行空间和数据缓存空间都是由并行运行的 task 共享的，为了平衡 task 间的内存消耗，Spark 采取均分的方法限制每个 task 的最大使用空间，同时保证 task 的最小使用空间。

2. 内存管理优化

虽然 Spark 的统一内存管理模型可以解决多个内存消耗来源的共享和平衡问题，但在不少方面还有提升空间。

（1）堆内内存和堆外内存管理问题：目前，Spark 主要利用堆内内存来进行数据 Shuffle 和数据缓存，内存消耗高、GC 开销大。虽然部分 Shuffle 方式可以利用堆外内存，但主要适用于无聚合、无排序的场景，而且需要用户自己设定堆外内存大小。使用堆外内存虽然可以降低 GC 开销，但也有弊端，如应用场景受限，也容易出现内存泄漏等问题。所以，Spark 还需要提高堆内内存和堆外内存的利用能力，降低用户负担，提高内存利用率。

（2）存储与计算分离问题：当前，Spark 的统一内存管理模型将数据缓存和数据计算都放在一个内存空间中进行，会产生内存竞争问题。实际上，Spark 团队已经意识到这个问题，设计实现了分布式内存文件系统 Alluxio（之前名为 Tachyon）[50] 来分离数据存储和数据计算：将数据缓存在 Alluxio 的内存空间里，而 Executor 内存空间主要用于用户代码和框架执行 Shuffle Write/Read。

（3）更高效的 Shuffle 方式：在本章中讨论了不同 Shuffle Write/Read 方式的内存消耗，也讨论了 Serialized Shuffle 的优势。然而，针对 RDD 操作，Spark 目前只提供了 Serialized Shuffle Write 方式，没有提供 Serialized Shuffle Read 方式。实际上，在 SparkSQL 项目中，Spark 利用 SQL 操作的特点（如 SUM、AVG 计算结果的等宽性），提供了更多的 Serilaized Shuffle 方式，直接在序列化的数据上实现聚合等计算，详情可以参考 UnsafeFixedWidthAggregationMap、ObjectAggregationMap 等数据结构的实现。未来，希望能将这些 Serialized Shuffle 方式应用在 RDD 操作上。

参考文献

[1] Facebook 大数据：每天处理逾 25 亿条内容和 500TB 数据．见链接 1.

[2] Google Processing 20,000 Terabytes A Day, And Growing. 见链接 2.

[3] A Comprehensive List of Big Data Statistics. 见链接 3.

[4] A Conversation On The Role Of Big Data In Marketing And Customer Service. 见链接 4.

[5] 为决策支持带来价值大数据的 4V 理论．见链接 5.

[6] J. Dean and S. Ghemawat. Mapreduce: Simplified data processing on large clusters. In 6th Symposium on Operating System Design and Implementation (OSDI), 2004: 137-150.

[7] S. Ghemawat, H. Gobioff and S. Leung. The google file system. In Proceedings of the 19th ACM Symposium on Operating Systems Principles (SOSP), 2003: 29-43.

[8] Apache Hadoop. 见链接 6.

[9] M. Isard, M. Budiu and Y. Yu. Dryad: distributed data-parallel programs from sequential building blocks. In Proceedings of the 2007 EuroSys Conference (EuroSys), 2007: 59-72.

[10] M. Zaharia, M. Chowdhury and T. Das. Resilient distributed datasets: A fault-tolerant abstraction for in-memory cluster computing. In Proceedings of the 9th USENIX Symposium on Networked Systems Design and Implementation (NSDI), 2012: 15-28.

[11] Apache Spark. 见链接 7.

[12] Apache Pig. 见链接 8.

[13] Apache Hive. 见链接 9.

[14] Apache Mahout. 见链接 10.

[15] J. E. Gonzalez, R. S. Xin and A. Dave. Graphx: Graph processing in a distributed dataflow framework. In 11th USENIX Symposium on Operating Systems Design and Implementation (OSDI), 2014: 599-613.

[16] MLlib: Apache Spark's scalable machine learning library. 见链接 11.

[17] Spark SQL: Spark's module for working with structured data. 见链接 12.

[18] Hadoop File System. 见链接 13.

[19] Apache HBase. 见链接 14.

[20] M. Zaharia, T. Das and H. Li. Discretized streams: fault-tolerant streaming computation at scale. In ACM SIGOPS 24th Symposium on Operating Systems Principles (SOSP), 2013: 423-438.

[21] Apache Flink. 见链接 15.

[22] G. Ananthanarayanan, A. Ghodsi and A. Warfield. Pacman: Coordinated memory caching for parallel jobs. In Proceedings of the 9th USENIX Symposium on Networked Systems Design and Implementation (NSDI), 2012: 267-280.

[23] H. Li, A. Ghodsi and M. Zaharia. Tachyon: Reliable, memory speed storage for cluster computing frameworks. In Proceedings of the ACM Symposium on Cloud Computing (SoCC), 2014: 6:1-6:15.

[24] Alluxio - Data Orchestration for the Cloud. 见链接 16.

[25] C. Chambers, A. Raniwala and F. Perry. Flumejava: easy, efficient data-parallel pipelines. In Proceedings of the 2010 ACM SIGPLAN Conference on Programming Language Design and Implementation (PLDI), 2010: 363-375.

[26] Cascading. 见链接 17.

[27] R. Pike, S. Dorward and R. Griesemer. Interpreting the data: Parallel analysis with sawzall. Scientific Programming, 2005, 13(4): 277-298.

[28] B. Chattopadhyay, L. Lin and W. Liu. Tenzing A SQL implementation on the mapreduce framework. PVLDB, 2011, 4(12): 1318-1327.

[29] Y. Yu, M. Isard, D. Fetterly. Dryadlinq: A system for general-purpose distributed data-parallel computing using a high-level language. In 8th USENIX Symposium on Operating Systems Design and Implementation (OSDI), 2008: 1-14.

[30] R. Chaiken, B. Jenkins and P. Larson. SCOPE: easy and efficient parallel processing of massive data sets. PVLDB, 2008, 1(2):1265-1276.

[31] Z. Guo, X. Fan and R. Chen. Spotting code optimizations in data-parallel pipelines through periscope. In 10th USENIX Symposium on Operating Systems Design and Implementation (OSDI), 2012: 121-133.

[32] H. Herodotou and S. Babu. Profiling, what-if analysis, and cost-based optimization of mapreduce programs. PVLDB, 2011, 4(11): 1111-1122.

[33] A. Verma, L. Cherkasova, and R. H. Campbell. ARIA: automatic resource inference and allocation for mapreduce environments. In Proceedings of the 8th International Conference on Autonomic Computing (ICAC), 2011: 235-244.

[34] A. Verma, L. Cherkasova, and R. H. Campbell. Resource provisioning framework for mapreduce jobs with performance goals. In ACM/IFIP/USENIX 12th International Middleware Conference (Middleware), 2011: 165-186.

[35] J. Tan, A. Chin and Z. Z. Hu. DynMR: dynamic mapreduce with reducetask interleaving and maptask backfilling. In Ninth Eurosys Conference (EuroSys), 2014: 2:1-2:14.

[36] T. Condie, N. Conway and P. Alvaro. Mapreduce online. In Proceedings of the 7th USENIX Symposium on Networked Systems Design and Implementation (NSDI), 2010: 313-328.

[37] L. Xu, J. Liu, and J. Wei. FMEM: A fine-grained memory estimator for mapreduce jobs. In 10th International Conference on Autonomic Computing (ICAC), 2013: 65-68.

[38] Y. Kwon, M. Balazinska and B. Howe. Skewtune: mitigating skew in mapreduce applications. In Proceedings of the ACM SIGMOD International Conference on Management of Data (SIGMOD), 2012: 25-36.

[39] M. Zaharia, B. Hindman and A. Konwinski. The datacenter needs an operating system. In 3rd USENIX Workshop on Hot Topics in Cloud Computing (HotCloud), 2011.

[40] V. K. Vavilapalli, A. C. Murthy and C. Douglas. Apache hadoop YARN: yet another resource negotiator. In ACM Symposium on Cloud Computing (SoCC), 2013: 5:1-5:16.

[41] B. Hindman, A. Konwinski and M. Zaharia. Mesos: A platform for fine-grained resource sharing in the data center. In Proceedings of the 8th USENIX Symposium on Networked Systems Design and Implementation (NSDI), 2011.

[42] Open MPI: Open Source High Performance Computing. 见链接 18.

[43] A. Rasmussen, V. T. Lam and M. Conley. Vahdat. Themis: an i/o-efficient mapreduce. In ACM Symposium on Cloud Computing (SoCC), 2012: 13.

[44] K. Nguyen, K. Wang and Y. Bu. FACADE: A compiler and runtime for (almost) object-bounded big data applications. In Proceedings of the Twentieth International Conference on Architectural Support for Programming Languages and Operating Systems (ASPLOS), 2015: 675-690.

[45] Y. Bu, V. R. Borkar and G. H. Xu. Carey. A bloat-aware design for big data applications. In International Symposium on Memory Management (ISMM), 119-130.

[46] L. Lu, X. Shi and Y. Zhou. Lifetime-based memory management for distributed data processing systems. PVLDB, 2016, 9(12):936-947.

[47] L. Xu, T. Guo and W. Dou. An experimental evaluation of garbage collectors on big data applications. PVLDB, 2019, 12(5):570-583.

[48] K. Nguyen, L. Fang and G. H. Xu. Yak: A high-performance big-data-friendly garbage collector. In 12th USENIX Symposium on Operating Systems Design and Implementation (OSDI), 2016: 349-365.

[49] Project Tungsten: Bringing Apache Spark Closer to Bare Metal. 见链接 19.

[50] K. Morton, A. L. Friesen and M. Balazinska. Estimating the progress of mapreduce pipelines. In Proceedings of the 26th International Conference on Data Engineering, (ICDE), 2010: 681-684.

[51] K. Morton, M. Balazinska, and D. Grossman. Paratimer: a progress indicator for mapreduce dags. In Proceedings of the ACM SIGMOD International Conference on Management of Data (SIGMOD), 2010: 507-518.

[52] N. Khoussainova, M. Balazinska, and D. Suciu. PerfXplain: Debugging mapreduce job performance. PVLDB, 2012, 5(7):598-609.

[53] S. Li, H. Zhou, H. Lin and T. Xiao. A characteristic study on failures of production distributed data-parallel programs. In 35th International Conference on Software Engineering (ICSE), 2013: 963-972.

[54] S. Kavulya, J. Tan and R. Gandhi. An analysis of traces from a production mapreduce cluster. In 10th IEEE/ACM International Conference on Cluster, Cloud and Grid Computing (CCGrid), 2010: 94-103.

[55] L. Xu, W. Dou and F. Zhu. Experience report: A characteristic study on out of memory errors in distributed data-parallel applications. In 26th IEEE International Symposium on Software Reliability Engineering (ISSRE), 2015: 518-529.

[56] M. Interlandi, K. Shah and S. D. Tetali. Titian: Data provenance support in spark. PVLDB, 2015, 9(3):216-227.

[57] M. A. Gulzar, M. Interlandi and S. Yoo. Bigdebug: debugging primitives for interactive big data processing in spark. In Proceedings of the 38th International Conference on Software Engineering (ICSE), 2016: 784-795.

[58] L. Xu, W. Dou and F. Zhu, C. Gao. Characterizing and diagnosing out of memory errors in

mapreduce applications. Journal of Systems and Software, 2018: 137:399-414.

[59] L. Fang, K. Nguyen and G. H. Xu. Interruptible tasks: treating memory pressure as interrupts for highly scalable data- parallel programs. In Proceedings of the 25th Symposium on Operating Systems Principles (SOSP), 2015: 394-409.

[60] H. Yang, A. Dasdan and R. Hsiao. Map-reduce-merge: simplified relational data processing on large clusters. In Proceedings of the ACM SIGMOD International Conference on Management of Data (SIGMOD), 2007: 1029-1040.

[61] T. Condie, N. Conway and P. Alvaro. Mapreduce online. In Proceedings of the 7th USENIX Symposium on Networked Systems Design and Implementation (NSDI), 2010: 313-328.

[62] Y. Bu, B. Howe and M. Balazinska. Haloop: Efficient iterative data processing on large clusters. PVLDB, 2010, 3(1):285-296.

[63] R. Power and J. Li. Piccolo: Building fast, distributed programs with partitioned tables. In 9th USENIX Symposium on Operating Systems Design and Implementation (OSDI), 2010: 293-306.

[64] Structured Streaming Programming Guide. 见链接 20.

[65] Spark SQL, DataFrames and Datasets Guide. 见链接 21.

[66] B. Chambers and M. Zaharia. Spark: the definitive guide: big data processing made simple. “O’Reilly Media, Inc.”, 2018.

[67] 朱锋、张韶全、黄明．Spark SQL 内核剖析．电子工业出版社，2018.

[68] Spark Cluster Mode Overview. 见链接 22.

[69] RDD Programming Guide. 见链接 23.

[70] White T. Hadoop 权威指南．清华大学出版社，2010.

[71] M. Armbrust, R. S. Xin and C. Lian. Spark SQL: relational data processing in spark. In Proceedings of the 2015 ACM SIGMOD International Conference on Management of Data (SIGMOD), 2015: 1383-1394.

[72] 周志华．机器学习．清华大学出版社，2016.

[73] Simple Techniques for Improving SGD. 见链接 24.

[74] M. Li, D. G. Andersen and J. W. Park. Scaling distributed machine learning with the parameter server. In 11th USENIX Symposium on Operating Systems Design and Implementation (OSDI), 2014: 583-598.

[75] E. P. Xing, Q. Ho and W. Dai. Petuum: A new platform for distributed machine learning

on big data. In Proceedings of the 21th ACM SIGKDD International Conference on Knowledge Discovery and Data Mining (KDD), 2015: 1335-1344.

[76] Spark on Angel: A Flexible and Powerful Parameter Server for large-scale machine learning. 见链接 25.

[77] H. Cui, J. Cipar and Q. Ho. Exploiting bounded staleness to speed up big data analytics. In 2014 USENIX Annual Technical Conference (USENIX ATC), 2014: 37-48.

[78] Generalized linear model. 见链接 26.

[79] Subgradient method. 见链接 27.

[80] (Sub)gradient Descent. 见链接 28.

[81] Subgradient Method. 见链接 29.

[82] Linear Methods - RDD-based API. 见链接 30.

[83] S. Brin and L. Page. The anatomy of a large-scale hypertextual web search engine. Computer Networks, 1998, 30(1-7):107-117.

[84] 卢昌海，谷歌背后的数学. 见链接 31.

[85] S. Verma, L. M. Leslie and Y. Shin. An experimental comparison of partitioning strategies in distributed graph processing. PVLDB, 2017, 10(5):493-504.

[86] G. Malewicz, M. H. Austern and A. J. C. Bik. Pregel: a system for large-scale graph processing. In Proceedings of the ACM SIGMOD International Conference on Management of Data (SIGMOD), 2010: 135-146.

[87] Y. Low, J. Gonzalez and A. Kyrola. Distributed graphlab: A framework for machine learning in the cloud. PVLDB, 2012, 5(8): 716-727.

[88] J. E. Gonzalez, Y. Low and H. Gu. Powergraph: Distributed graph-parallel computation on natural graphs. In 10th USENIX Symposium on Operating Systems Design and Implementation (OSDI), 2012: 17-30.

[89] GraphX Programming Guide. 见链接 32.

[90] H. Fu, D. K J Lin and H. Tsai. Damping factor in Google page ranking. Applied Stochastic Models in Business and Industry, 2006: 431-444.

[91] A. Roy, I. Mihailovic and W. Zwaenepoel. X-stream: edge-centric graph processing using streaming partitions. In ACM SIGOPS 24th Symposium on Operating Systems Principles (SOSP), 2013: 472-488.

[92] PowerGraph: A framework for large-scale machine learning and graph computation. 见链接 33.

[93] Bulk synchronous parallel - Wikipedia. 见链接 34.

[94] Gelly: Flink Graph API. 见链接 35.

[95] Iterative Graph Processing. 见链接 36.

[96] Spark Configuration. 见链接 37.

[97] Quadratic probing - Wikipedia. 见链接 38.

[98] Cache replacement policies - Wikipedia. 见链接 39.

[99] [SPARK-14289] Support multiple eviction strategies for cached RDD partitions. 见链接 40.

[100] Hadoop DistributedCache. 见链接 41.

[101] 范斌，顾荣．Alluxio：大数据统一存储原理与实践．电子工业出版社，2019.

[102] T. Xiao, J. Zhang and H. Zhou. Nondeterminism in mapreduce considered harmful? an empirical study on non-commutative aggregators in mapreduce programs. In 36th International Conference on Software Engineering (ICSE), 2014: 44-53.

具体链接请见博文视点官网。